工业和信息化部"十二五"规划教材

21 世纪高等学校
经济管理类规划教材

COMPENDIOUS PROBABILITY THEORY AND
MATHEMATICAL STATISTICS WITH APPLICATIONS

简明概率论与
数理统计及其应用

+ 李昌兴 主编

+ 仝秋娟 冯锋 谢卫强 李立峰 副主编

U0300216

人民邮电出版社
北京

图书在版编目（CIP）数据

简明概率论与数理统计及其应用 / 李昌兴主编. --
北京：人民邮电出版社，2014.12
21世纪高等学校经济管理类规划教材. 名家精品系列
ISBN 978-7-115-37821-7

Ⅰ. ①简… Ⅱ. ①李… Ⅲ. ①概率论－高等学校－教
材②数理统计－高等学校－教材 Ⅳ. ①021

中国版本图书馆CIP数据核字(2015)第002165号

内 容 提 要

本书根据教育部最新颁布的概率论与数理统计教学基本要求，结合作者多年的教学实践编写而成，书中内容包括：随机事件与概率、随机变量及其分布、多维随机变量及其分布、随机变量的数字特征、大数定律和中心极限定理、数理统计的基本概念、参数估计、假设检验、回归分析与方差分析、SPSS软件在统计分析中的运用. 全书重点着眼于介绍概率论、数理统计的基本概念、基本原理和基本方法，强调直观性，加强可读性，突出基本思想，注重实际应用.

本书可作为高等学校经济管理类、人文社科类和其他非数学类专业概率论与数理统计课程的教材，也可供各类专业技术人员及有志于考研的学生参考.

◆ 主　编　李昌兴

副主编　仝秋娟　冯　锋　谢卫强　李立峰
责任编辑　戴思俊
执行编辑　李　召
责任印制　沈　蓉　彭志环

◆ 人民邮电出版社出版发行　　北京市丰台区成寿寺路 11 号
邮编　100164　　电子邮件　315@ptpress.com.cn
网址　http://www.ptpress.com.cn
三河市潮河印业有限公司印刷

◆ 开本：787×1092　1/16
印张：14　　　　　　　　　2014 年 12 月第 1 版
字数：384 千字　　　　　　2014 年 12 月河北第 1 次印刷

定价：34.00 元

读者服务热线：(010)81055256　印装质量热线：(010)81055316
反盗版热线：(010)81055315

前　言 Preface

　　现实世界广泛存在着内禀的随机性和复杂性，而"概率论与数理统计"正是研究和揭示随机现象统计规律性的一门数学学科，为人们量化处理随机性问题提供了理论依据和科学方法．"概率论与数理统计"与实际应用结合紧密、面向数据、独具特色，在自然科学、工程技术、认知科学、社会科学、经济和管理科学等领域中获得了广泛的应用，已成为普通高等学校本科各专业普遍开设的一门公共基础课程．鉴于学科及实际应用发展的新动向，在考虑经济管理和人文社科类各专业教学特点的基础上，我们编写了这部《简明概率论与数理统计及其应用》教材．

　　在教材编写过程中，认真贯彻落实了教育部"高等教育面向 21世纪教学内容和课程体系改革计划"及"教育部关于'十二五'普通高等教育本科教材建设的若干意见"要求和精神，严格执行教育部"数学与统计学教学指导委员会"2009 年修订的工科和管理类"本科数学基础课程（概率论与数理统计）教学基本要求"，努力汲取国内外同类教材之精华，并融入编者近年来教学改革的新成果和新理念．本书着重突出以下几个特色：对现行教材的内容进行重构，知识模块由大到小、先易后难，做到结构严谨、逻辑清晰、前有孕伏、后有变化、逐步渗透、自然衔接；在基本概念和重要定理引入之前，结合经济学和社会科学等应用背景，提出一些生动有趣且富有启发性的问题，围绕这些问题的产生、发展与解决展开讨论，着重引导学生思考与探索，实现数学知识的返现过程，并力求简明扼要、张弛有度；在学生对基本概念的理解、基本方法的使用、基本技能的训练得到巩固的前提下，适当降低了知识难度，在叙述和论证上做到重点突出、难点分散、化繁为简、淡化抽象的理论推导，简化解题的技巧训练，将教学重点放在学生基本能力的培养与提高等方面；结合经济学和社会科学中的应用，选用的例题和习题更加贴近生活实际，如通过对女士品茶、出行路线的选择、录取者的最低分数、求职面试决策、控制不良贷款等问题的讨论，激发学生的学习兴趣，培养学生的实践能力；此外，为了强化学生创新思维和实践能力的训练，使数学建模思想融入教材，走进课堂，部分章节增设了适量的半开放性和开放性实例．

　　本书共分 10 章，内容包括随机事件与概率、随机变量及其分布、多维随机变量及其分布、随机变量的数字特征、大数定律和中心极限定理、数理统计的基本概念、参数估计、假设检验、回归分析与方差分析、SPSS 软件在统计分析中的运用. 本书中第 3、5 章由仝秋娟编写，第 4 章由冯锋编写，第 6、7 章由谢卫强编写，第 8 章由李立峰编写，其余各章由李昌兴编写，最后由李昌兴统纂定稿.

本书可作为经济管理类、人文社科类和其他非数学类专业概率论与数理统计课程的教材，也可供各类专业技术人员及有志于考研的学生参考.

在本书的编写过程中，参阅了大量国内同类教材及相关辅导书，得到了有益的启迪和教益，谨向有关作者表示谢意！

本书虽然经过深思熟虑和反复推敲，但难免一疏，欢迎广大读者批评指正，使本书在教学实践中不断完善.

编　者

2014 年 9 月

目 录 Contents

随机事件与概率 第1章

概率论与数理统计是研究随机现象统计规律性的一门数学学科，是自然科学、社会科学和思维科学等领域的工作者必备的数学工具. 本章主要介绍随机事件、概率的定义、古典概型与几何概型、条件概率以及事件的独立性等内容.

1.1 随机试验、样本空间

1.1.1 随机现象

在自然界和人类的社会生活中常常会出现各种各样的现象，如，一枚硬币向上抛起后必然落地；在标准大气压下，纯净水冷却到 0℃ 以下时必然会结冰；在相同的大气压与温度条件下，气罐内的分子对罐壁的压力是常数. 这类现象的共同特点是在一定条件下，必然会发生某一种结果或者必然不发生某一种结果，这类现象被称为**确定性现象**. 另一类现象则不然，如，用同一门炮向同一目标射击，各次弹着点不尽相同，在一次射击之前无法预测弹着点的确切位置. 再如，抛一枚硬币，着地时可能出现正面向上，也可能出现反面向上，而在每次抛掷之前，无法确定正面向上还是反面向上，结果呈现出不确定性. 但人们经过长期实践并深入研究之后，发现这类现象在大量重复试验或观察下，它的结果呈现出某种规律性. 例如，同一门炮向同一目标射击的弹着点按照一定的规律分布，多次重复抛一枚硬币得到正面向上的次数大致占到抛掷总次数的一半等. 这种在个别观测中其结果呈现出不确定性，而在大量重复观测中其结果又呈现出规律性的现象称为**随机现象**，这种规律称之为**统计规律**.

1.1.2 随机试验

为研究随机现象的统计规律性而进行的各种科学实验或对事物的某种特征进行的观察统称为试验.一般地，如果一个试验满足下列条件：

（1）每次试验的可能结果不止一个，并且在试验之前能明确试验的所有可能结果；

（2）进行一次试验之前不能预知哪一个结果会出现；

则称这样的试验为**随机试验**，用 E 来表示. 如果随机试验在相同的条件下可以重复进行，则称为**可重复的随机试验**，否则，称为**不可重复的随机试验**.

下面举一些随机试验的例子.

E_1：抛一枚硬币，观察正面 H、反面 T 出现的情况.

E_2：将一枚硬币连续抛两次，观察正面 H、反面 T 出现的情况.

E_3：将一枚硬币连续抛两次，观察正面 H 出现的次数.

E_4：抛一颗骰子，观察出现的点数.

E_5：记录某城市 119 防灾指挥中心一昼夜接到用户的呼叫次数.

E_6：在一批电子元件中任意抽取一只，测试它的寿命.

E_7：某人计划去西双版纳旅游，观察在预定的一天能否安全抵达目的地.

E_8：观察某场足球比赛的输赢.

E_9：观察某年国民生产总值的增长率.

试验 $E_1 \sim E_6$ 都是可重复的随机试验，而 $E_7 \sim E_9$ 均是不可重复的随机试验. 可重复的随机试验已得到广泛深入的研究，有一套成熟的理论和方法. 但随着科学技术的进步和社会经济的发展，特别是现代管理和决策分析的需要，对不可重复的随机试验的研究引起了人们的广泛关注. 但本书除了个别章节以外，只讨论可重复的随机试验. 因此，在不引起混淆的情况下，以后把可重复的随机试验简称为随机试验或试验.

1.1.3　样本空间

对于随机试验，尽管在每次试验之前不能预知试验的结果，但试验的所有可能结果组成的集合是已知的，我们把随机试验 E 的所有可能结果组成的集合称为 E 的**样本空间**，记为 S. 样本空间的元素，即 E 的每个结果，称为**样本点**.

下面写出上述试验 $E_i(i = 1, 2, 3, 4, 5, 6)$ 的样本空间 S_i：

$S_1 = \{H, T\}$;

$S_2 = \{HH, HT, TH, TT\}$;

$S_3 = \{0, 1, 2\}$;

$S_4 = \{1, 2, 3, 4, 5, 6\}$;

$S_5 = \{0, 1, 2, 3, \cdots\}$;

$S_6 = \{t \mid t \geqslant 0\}$.

应该注意的是，试验 E_2 和 E_3 的过程都是将一枚硬币连续抛两次，但是由于试验的目的不同，所以样本空间 S_2 和 S_3 截然不同，这说明试验的目的决定着试验所对应的样本空间.

1.2

随机事件

1.2.1　随机事件

在研究随机试验时，人们不仅关心试验的单个样本点，而且常常对试验的某些样本点所组成的集合更感兴趣. 例如，若规定某种电子元件的寿命小于 500 小时为次品，那么对于试验 E_6，我们关心电子元件的寿命是否满足 $t \geqslant 500$（小时），满足这一条件的样本点组成 S_6 的一个子集 $A = \{t \mid t \geqslant 500\}$，并称 A 是试验 E_6 的一个随机事件. 显然，当且仅当子集 A 中的一个样本点出现时，有 $t \geqslant 500$（小时），即电子元件为合格品. 如某次测试结果是电子元件的寿命为 650 小时，便认为 A 在这次试验中发生了.

一般地，称试验 E 的样本空间 S 的子集为 E 的**随机事件**，简称为**事件**①. 在一次试验中，当且

---

① 严格地说，事件是指 S 中的满足某些条件的子集. 当 S 是由有限个元素或由可列个元素组成时，每个子集都可作为一个事件. 当 S 由不可列的无限个元素组成时，某些子集必须排除在外. 幸运的是，这种不容许的子集在实际问题中几乎不会遇到. 本书后面讲到一个事件时都是假定它是容许考虑的那种子集. 读者如有兴趣，可参考较详细的资料.

仅当这一子集中的一个样本点出现时，称这一**事件发生**. 随机事件常用大写字母 A,B,C 等来表示.

下面举出一些随机事件的例子.

例 1.1 在 E_2 中，事件"两次抛硬币均出现正面"，即

$$A_1 = \{HH\},$$

事件"两次抛掷中至少出现一次反面"，即

$$A_2 = \{HT, TH, TT\},$$

在 E_4 中，事件"出偶数点"，即

$$A_3 = \{2,4,6\},$$

在 E_6 中，事件"寿命不超过 700 小时"，即

$$A_4 = \{t \mid 0 \leqslant t \leqslant 700\}.$$

特别地，由一个样本点组成的单点集，称为**基本事件**. 例如，试验 E_1 中有 2 个基本事件 $\{H\}$ 和 $\{T\}$，试验 E_3 中有 3 个基本事件 $\{0\}, \{1\}, \{2\}$.

样本空间 S 包含所有的样本点，它是 S 自身的子集，在每次试验中都发生，S 称为**必然事件**. 空集 $\varnothing$ 不包含任何样本点，它也作为样本空间的子集，而它在每次试验中都不发生，$\varnothing$ 称为**不可能事件**.

1.2.2 事件间的关系与运算

事件是样本空间的子集，所以事件间的关系与运算不外乎是集合与集合间的关系与运算.考虑到相应的概念在概率论中的特殊含义，我们能够对这些关系与运算做概率论方面的解释.

设试验 E 的样本空间为 S，而 $A, B, A_k (k = 1, 2, \cdots)$ 是 S 的子集.

（1）事件的包含 如果事件 A 发生必然导致事件 B 发生，则称事件 B 包含事件 A，记为 $B \supset A$ 或者 $A \subset B$.

例如，在试验 E_6 中，事件 A 表示"电子元件寿命不超过 300 小时"，事件 B 表示"电子元件寿命不超过 400 小时"，易见 $A \subset B$（或 $B \supset A$）.

（2）事件的相等 如果事件 $A \subset B$ 且事件 $B \subset A$，则称事件 A 与事件 B 相等，记为 $A = B$.

（3）和事件 事件 A 与 B 至少有一个发生的事件，称为事件 A 与 B 的和事件，记为 $A \cup B$（或 $A + B$）.

例如，在试验 E_2 中，事件 A 表示"两次都出现正面"，事件 B 表示"两次都出现反面"，则和事件 $A \cup B$ 表示"两次出现同一面".

类似地，称 $\bigcup\limits_{k=1}^{n} A_k$（或 $\sum\limits_{k=1}^{n} A_k$）为 n 个事件 $A_1, A_2, \cdots, A_n$ 的和事件，称 $\bigcup\limits_{k=1}^{+\infty} A_k$（或 $\sum\limits_{k=1}^{+\infty} A_k$）为可列个[①]事件 $A_1, A_2, \cdots$ 的和事件.

（4）积事件 事件 A 与 B 同时发生的事件，称为事件 A 与 B 的积事件，记为 $A \cap B$（或 AB）.

例如，某种圆柱形零件的长度与外径都合格才是合格的，事件 A 表示"长度合格"，B 表示"外径合格"，那么，积事件 $A \cap B$ 表示"产品合格".

类似地，称 $\bigcap\limits_{k=1}^{n} A_k$ 为 n 个事件 $A_1, A_2, \cdots, A_n$ 的积事件，称 $\bigcap\limits_{k=1}^{+\infty} A_k$ 为可列个事件 $A_1, A_2, \cdots$ 的积事件.

（5）差事件 事件 A 发生而 B 不发生的事件，称为事件 A 与 B 的差事件，记为 $A - B$.

例如，某输油管道长 7km，事件 A 表示"前 4km 正常工作"，事件 B 表示"后 3km 正常工作"，

---

① 可列个是指无限多个元素可以按照某种次序排成一列. 如自然数有可列无限多个.

那么差事件 $A-B$ 表示"前 4km 正常工作，而后 3km 非正常工作".

（6）互不相容事件 如果事件 A 与 B 不能同时发生，则称事件 A 与 B 互不相容（或互斥）.

如果 n 个事件 $A_1, A_2, \cdots, A_n$ 中任意两个事件是互不相容的，则称这 n 个事件 $A_1, A_2, \cdots, A_n$ 两两互不相容.

如在试验 E_6 中，事件 A 表示"电子元件寿命不超过 200 小时"，事件 B 表示"电子元件寿命至少为 300 小时"，那么，事件 A 与 B 互不相容. 如果事件 C 表示"电子元件寿命超过 200 小时，少于 300 小时"，那么 A、B、C 两两互不相容.

（7）对立事件 如果事件 A 与 B 必有一个发生，且仅有一个发生，则称事件 A 与 B 互为对立事件. 事件 A 的对立事件记为 $\bar{A}$.

例如，某公司经过一年的市场运作，事件 A 表示"该公司年底结算不盈利"，那么，事件 $\bar{A}$ 表示"公司年底结算亏损".

（8）完备事件组 如果事件 $A_1, A_2, \cdots, A_n$ 两两互不相容，即 $A_i A_j = \varnothing \ (i \neq j, i, j = 1, 2, \cdots, n)$，且 $\bigcup_{k=1}^{n} A_k = S$，则称 $A_1, A_2, \cdots, A_n$ 是样本空间 S 的一个完备事件组或样本空间 S 的一个**划分**.

若 $A_1, A_2, \cdots, A_n$ 是一个完备事件组，那么，对于每次试验，事件 $A_1, A_2, \cdots, A_n$ 中有一个且只有一个发生.

例如，在 E_4 中，E_4 的一组事件 $A_1 = \{1,2,3\}$，$A_2 = \{4,5\}$，$A_3 = \{6\}$ 是 S 的一个划分. 而事件 $B_1 = \{1,2,3\}$，$B_2 = \{3,4,5\}$，$B_3 = \{6\}$ 不是 S 的划分.

用图 1-1～图 1-6 可直观表示上述事件间的关系及运算. 例如，在图 1-1 中，长方形表示样本空间 S，圆 A 与圆 B 分别表示事件 A 与事件 B，事件 B 包含事件 A. 又如在图 1-2 中，长方形表示样本空间 S，圆 A 与圆 B 分别表示事件 A 与事件 B，而阴影部分表示和事件 $A \cup B$.

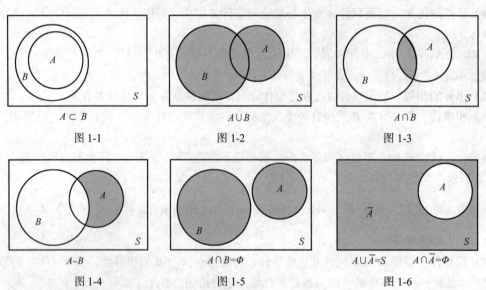

$A \subset B$	$A \cup B$	$A \cap B$
图 1-1	图 1-2	图 1-3

$A - B$	$A \cap B = \Phi$	$A \cup \bar{A} = S \qquad A \cap \bar{A} = \Phi$
图 1-4	图 1-5	图 1-6

在进行事件的运算时，经常要用到下列定律. 设 A, B, C 为事件，则有

交换律：$A \cup B = B \cup A$；$A \cap B = B \cap A$.

结合律：$(A \cup B) \cup C = A \cup (B \cup C)$；

$(A \cap B) \cap C = A \cap (B \cap C)$.

分配律：$(A \cup B) \cap C = (A \cap C) \cup (B \cap C)$；

$(A \cap B) \cup C = (A \cup C) \cap (B \cup C)$.

德摩根[①]律：$\overline{A \cup B} = \overline{A} \cap \overline{B}$；$\overline{A \cap B} = \overline{A} \cup \overline{B}$．

例 1.2 设试验 E 为抛一枚骰子观察出现的点数，事件 A 表示"出现奇数点"，B 表示"出现点数小于 5"，C 表示"出现点数小于 5 的偶数"．写出试验的样本空间 S 及事件 $A \cup B$，$A - B$，$A \cap B$，$A \cap C$，$A \cup \overline{C}$，$\overline{A \cup B}$．

解 由题意可知，样本空间 $S = \{1,2,3,4,5,6\}$，且 $A = \{1,3,5\}$，$B = \{1,2,3,4\}$，$C = \{2,4\}$．于是

$$A \cup B = \{1,3,5\} \cup \{1,2,3,4\} = \{1,2,3,4,5\}, \qquad A - B = \{1,3,5\} - \{1,2,3,4\} = \{5\},$$

$$A \cap B = \{1,3,5\} \cap \{1,2,3,4\} = \{1,3\}, \qquad A \cap C = \{1,3,5\} \cap \{2,4\} = \varnothing,$$

$$A \cup \overline{C} = \{1,3,5\} \cup \{1,3,5,6\} = \{1,3,5,6\}, \qquad \overline{A \cup B} = S - \{1,2,3,4,5\} = \{6\}.$$

例 1.3 从一批产品中每次取一件产品进行检验（每次取出的产品不放回），事件 A_i 表示第 i 次取到合格品（$i = 1,2,3$）．试用 A_1，A_2，A_3 表示下列事件：

（1）三次都取到合格品；

（2）三次中至少有一次取到合格品；

（3）三次中恰有两次取到合格品；

（4）三次中最多有一次取到合格品．

解 用 A, B, C, D 分别表示（1）、（2）、（3）、（4）所述的事件，则有

（1）事件"三次都取到合格品"意味着"第 1 次、第 2 次、第 3 次均取到合格品"，也就是事件"A_1, A_2, A_3 同时发生"，即 $A = A_1 A_2 A_3$；

（2）事件"三次中至少有一次取到合格品"意味着"第 1 次取到合格品，或第 2 次取到合格品，或第 3 次取到合格品"，也就是"A_1 发生，或 A_2 发生，或者 A_3 发生"，即 $B = A_1 \cup A_2 \cup A_3$；

（3）事件"三次中恰有两次取到合格品"，但未指明哪两次取到合格品，于是，可以是第 1、2 次恰好取到合格品，或第 2、3 次恰好取到合格品，或第 1、3 次恰好取到合格品．若第 1、2 次恰好取到合格品，则第 3 次必然取到的是不合格品，因而"三次中第 1、2 次恰好取到合格品"可表示为 $A_1 A_2 \overline{A_3}$．类似地，"三次中第 2、3 次恰好取到合格品"可表示为 $\overline{A_1} A_2 A_3$，"三次中第 1、3 次恰好取到合格品"可表示为 $A_1 \overline{A_2} A_3$．因此，$C = A_1 A_2 \overline{A_3} \cup \overline{A_1} A_2 A_3 \cup A_1 \overline{A_2} A_3$；

（4）事件"三次中最多有一次取到合格品"意味着"三次中至少有两次取到的是不合格品"，也就是"$\overline{A_1}, \overline{A_2}, \overline{A_3}$ 至少有两个发生"，即 $D = \overline{A_1}\, \overline{A_2} \cup \overline{A_2}\, \overline{A_3} \cup \overline{A_1}\, \overline{A_3}$．

例 1.4 事件 A_i 表示某射击手第 i 次击中目标（$i = 1,2,3$）．试用文字叙述下列事件：$A_1 \cup A_2$；$A_1 \cup A_2 \cup A_3$；$A_1 A_2 A_3$；$\overline{A_2}$；$A_3 - A_2$；$A_3 \overline{A_2}$；$\overline{A_1 \cup A_2}$；$\overline{A_1 \cap A_2}$；$\overline{A_2 \cup A_3}$；$\overline{A_2 A_3}$；$A_1 A_2 A_3 \cup A_1 A_2 \overline{A_3} \cup A_1 \overline{A_2} A_3 \cup \overline{A_1} A_2 A_3$．

解 $A_1 \cup A_2$ 表示前两次射击中至少有一次击中目标；

$A_1 \cup A_2 \cup A_3$ 表示三次射击中至少有一次击中目标；

$A_1 A_2 A_3$ 表示三次射击都击中目标；

$\overline{A_2}$ 表示第二次未击中目标；

$A_3 - A_2 = A_3 \overline{A_2}$ 表示第三次击中目标而第二次未击中目标；

$\overline{A_1 \cup A_2} = \overline{A_1} \cap \overline{A_2}$ 表示前两次都未击中目标；

$\overline{A_2 \cup A_3} = \overline{A_2}\, \overline{A_3}$ 表示第二次、第三次射击中至少有一次未击中目标；

$A_1 A_2 A_3 \cup A_1 A_2 \overline{A_3} \cup A_1 \overline{A_2} A_3 \cup \overline{A_1} A_2 A_3$ 表示三次射击中至少有两次击中目标．

---

① 德·摩根（De Morgan，1806—1871），19 世纪有相当的影响力的数学家，主要在分析学、代数学、数学史及逻辑学等方面作出重要的贡献．

1.3

随机事件的概率

除了必然事件和不可能事件外，任意一个事件在一次试验中可能发生，也可能不发生．我们希望找到一个恰当的数字刻画事件在一次试验中发生的可能性的大小．

1.3.1 事件的频率

对于随机事件而言，虽然在一次实验中是否发生不能预先确定，但是如果我们独立地重复进行这一试验，就会发现不同的事件发生的可能性的大小不尽相同．这种可能性的大小是事件本身固有的一种属性，不依赖于人的意志而发生转化．为了定量描述随机事件的这种属性，下面先介绍频率的概念．

定义 1.1 在相同的条件下将试验重复进行 n 次，在这 n 次试验中，事件 A 发生了 n_A 次，n_A 称为事件 A 在这 n 次试验中发生的**频数**，而比值 $f_n(A) = \dfrac{n_A}{n}$ 称为事件 A 在这 n 次试验中发生的**频率**．

根据定义，易知频率具有如下性质：

（1）对任意的事件 A，有 $0 \leqslant f_n(A) \leqslant 1$；

（2）对于必然事件 S，$f_n(S) = 1$；

（3）若 $A_1, A_2, \cdots, A_k$ 是两两互不相容的事件，则

$$f_n(A_1 \bigcup A_2 \bigcup \cdots \bigcup A_k) = f_n(A_1) + f_n(A_2) + \cdots + f_n(A_k).$$

即，两两互不相容事件和的频率等于每个事件频率之和．

由于事件 A 的频率是它发生的次数与试验次数之比 $\dfrac{n_A}{n}$ 的大小，它表示事件 A 发生的频繁程度．频率越大，事件 A 的发生就越频繁，这就意味着 A 在一次试验中发生的可能性越大．因此，直观的想法就是用事件 A 的频率表示事件 A 在一次试验中发生的可能性的大小，但是否可行呢？先考察下面的例子．

例 1.5 抛一枚质地均匀的硬币试验．将一枚硬币抛掷 10 次、100 次、1000 次，各做 10 遍．统计数据如表 1-1 所示（n 表示抛硬币的次数，n_H 表示出现正面的次数，$f_n(H)$ 表示出现正面的频率）．

表 1-1

实验序号	$n = 10$		$n = 100$		$n = 1000$	
	n_H	$f_n(H)$	n_H	$f_n(H)$	n_H	$f_n(H)$
1	4	0.4	58	0.58	503	0.503
2	5	0.5	48	0.48	496	0.496
3	3	0.3	55	0.55	482	0.482
4	6	0.6	52	0.52	518	0.518
5	7	0.7	46	0.46	498	0.498
6	6	0.6	42	0.42	516	0.516
7	5	0.5	51	0.51	495	0.495
8	2	0.2	57	0.57	527	0.527
9	9	0.9	45	0.45	476	0.476
10	5	0.5	53	0.53	503	0.503

这种试验历史上有人做过，统计数据如表 1-2 所示．

表 1-2

试验者	n	n_H	$f_n(H)$	$\lvert f_n(H)-0.5 \rvert$
德·摩根	2048	1061	0.518 1	0.018 1
蒲丰[①]	4040	2048	0.506 9	0.006 9
威廉·费勒[②]	10 000	4979	0.497 9	0.002 1
皮尔逊[③]	12 000	6019	0.501 6	0.001 6
皮尔逊	24 000	12 012	0.500 5	0.000 5
维尼	30 000	14 994	0.499 8	0.000 2

从上述数据可以看出，抛硬币的次数 n 较小时，出现正面的频率 $f_n(H)$ 在 0 与 1 之间波动，而且波动幅度较大．但随着 n 的增大，频率 $f_n(H)$ 呈现出稳定性，即当 n 逐渐增大时，$f_n(H)$ 总在 0.5 的附近摆动，而摆动的幅度越来越小，也就是 $f_n(H)$ 逐渐稳定于 0.5.

例 1.6 考察英语中特定字母出现的频率．当观察字母个数 n（试验次数）较小时，频率具有较大幅度的随机波动．但当 n 增大时，频率呈现出稳定性．表 1-3 就是一份英文字母的统计表[④].

表 1-3

字母	频率	字母	频率	字母	频率	字母	频率
A	0.078 8	B	0.015 6	C	0.026 8	D	0.038 9
E	0.126 8	F	0.025 6	G	0.018 7	H	0.057 3
I	0.070 7	J	0.001 0	K	0.006 0	L	0.039 4
M	0.024 4	N	0.070 6	O	0.077 6	P	0.018 6
Q	0.000 9	R	0.059 4	S	0.063 4	T	0.098 7
U	0.028 0	V	0.010 2	W	0.021 4	X	0.001 6
Y	0.020 2	Z	0.000 6				

大量的实验证实：当重复试验次数 n 逐渐增大时，频率 $f_n(A)$ 呈现出稳定性，逐渐稳定于某个常数．这种"频率稳定性"即通常所说的统计规律性，它揭示了隐藏在随机现象中的规律．重复试验大量的次数，计算 $f_n(A)$，以它刻画事件 A 发生的可能性的大小是相对合适的.

但是，在实际问题中，不可能也没有必要对每一个事件做大量的试验，从中求得事件的频率，用以刻画事件发生可能性的大小．同时，为了理论研究的需要，从频率的稳定性和性质得到启发，给出刻画事件发生可能性大小的概率的定义.

1.3.2 事件的概率

定义 1.2 设 E 为随机试验，S 是它的样本空间．对于 E 中的每一个事件赋予一个实数，记为 $P(A)$，称为事件 A 的概率．如果集合函数 $P(\cdot)$ 满足下列条件：

（1）**非负性**：对 E 中的每一个事件 A，有 $P(A) \geqslant 0$；

（2）**规范性**：对于必然事件，有 $P(S)=1$；

---

① 蒲丰（Buffon，1707—1788），法国数学家、自然科学家，几何概率的开创者.
② 威廉·费勒（William Feller，1907—1970），克罗地亚裔美国数学家，20 世纪最伟大的概率学家之一.
③ 皮尔逊（Pearson，1857—1936），英国数学家、哲学家，现代统计学的创始人之一，被尊称为统计学之父.
④ Dewey. G. 统计了约 438 023 个英语单词中各字母出现的频率.

（3）可列可加性：设 $A_1, A_2, \cdots, A_n, \cdots$ 是两两互不相容的事件，即对于 $A_i A_j = \varnothing$，$i \neq j$，$i, j = 1, 2, 3, \cdots$，有

$$P(A_1 \bigcup A_2 \bigcup \cdots \bigcup A_n \bigcup \cdots) = P(A_1) + P(A_2) + \cdots + P(A_n) + \cdots.$$

第 5 章中的伯努利[①]大数定理将阐明：当试验次数 n 充分大时，事件 A 的频率 $f_n(A)$ 在一定意义下接近于事件 A 的概率 $P(A)$．基于这一事实，我们有理由用概率 $P(A)$ 来度量 A 在一次试验中发生的可能性大小．

由概率的定义可以推出概率具有以下性质．

性质 1 $P(\varnothing) = 0$．

证 令 $A_n = \varnothing (n = 1, 2, 3, \cdots)$，则 $\bigcup\limits_{n=1}^{+\infty} A_n = \varnothing$，且 $A_i A_j = \varnothing$，$i \neq j$，$i, j = 1, 2, 3, \cdots$，由概率的可列可加性，得

$$P(\varnothing) = P(\bigcup\limits_{n=1}^{+\infty} A_n) = \sum\limits_{n=1}^{+\infty} P(A_n) = \sum\limits_{n=1}^{+\infty} P(\varnothing).$$

再由概率的非负性可知，$P(\varnothing) \geqslant 0$，故由上式知，$P(\varnothing) = 0$．

性质 2（可加性）若 $A_1, A_2, \cdots, A_n$ 是两两互不相容的事件，则有

$$P(A_1 \bigcup A_2 \bigcup \cdots \bigcup A_n) = P(A_1) + P(A_2) + \cdots + P(A_n).$$

证 令 $A_k = \varnothing (k = n+1, n+2, n+3, \cdots)$，则有 $A_i A_j = \varnothing$，$i \neq j$，$i, j = 1, 2, 3, \cdots$，由概率的可列可加性，得

$$P(A_1 \bigcup A_2 \bigcup \cdots \bigcup A_n) = P(\bigcup\limits_{k=1}^{+\infty} A_k) = \sum\limits_{k=1}^{+\infty} P(A_k) = \sum\limits_{k=1}^{n} P(A_k) + \sum\limits_{k=n+1}^{+\infty} P(A_k)$$
$$= P(A_1) + P(A_2) + \cdots + P(A_n).$$

性质 2 得证．

性质 3 设 A，B 是两个事件，且 $A \subset B$，则有 $P(B - A) = P(B) - P(A)$，$P(A) \leqslant P(B)$．

证 由 $A \subset B$（参见图 1-1），得 $B = A \bigcup (B - A)$，且 $A \bigcap (B - A) = \varnothing$，再由性质 2，得

$$P(B) = P(A) + P(B - A),$$

即

$$P(B - A) = P(B) - P(A).$$

又由概率的非负性知 $P(B - A) \geqslant 0$，从而，$P(A) \leqslant P(B)$．

性质 4 对任意一事件 A，有 $P(A) \leqslant 1$．

证 因为 $A \subset S$，由性质 3，得

$$P(A) \leqslant P(S) = 1.$$

性质 5 对任意一事件 A，有 $P(\bar{A}) = 1 - P(A)$．

证 因为 $A \bigcup \bar{A} = S$，$A \bigcap \bar{A} = \varnothing$，由性质 2，得

$$1 = P(S) = P(A \bigcup \bar{A}) = P(A) + P(\bar{A}).$$

移项整理得所证的性质 5．

性质 6（加法公式）对任意两个事件 A，B，有 $P(A \bigcup B) = P(A) + P(B) - P(AB)$．

证 由等式（参见图 1-2）$A \bigcup B = A \bigcup (B - AB)$，且有 $A(B - AB) = \varnothing$，$AB \subset B$，故由性质 2 及性质 3，得

$$P(A \bigcup B) = P(A) + P(B - AB) = P(A) + P(B) - P(AB).$$

[①] 伯努利（Jacob Bernoulli，1654—1705），瑞士数学家，极坐标和大数定律的创始人．

性质 6 可以推广到多个事件. 例如，设 A_1, A_2, A_3 为任意三个事件，则有

$$P(A_1 \bigcup A_2 \bigcup A_3) = P(A_1) + P(A_2) + P(A_3) - P(A_1A_2) - P(A_2A_3) - P(A_1A_3) + P(A_1A_2A_3).$$

一般地，对于任意 n 个事件 $A_1, A_2, \cdots, A_n$，由数学归纳法可证：

$$P(A_1 \bigcup A_2 \bigcup \cdots \bigcup A_n) = \sum_{i=1}^{n} P(A_i) - \sum_{1 \leqslant i < j \leqslant n} P(A_iA_j) + \sum_{1 \leqslant i < j < k \leqslant n} P(A_iA_jA_k) + \cdots + (-1)^{n+1} P(A_1A_2 \cdots A_n).$$

例 1.7 已知 $P(\overline{A}) = 0.5$，$P(\overline{A}B) = 0.2$，$P(B) = 0.4$，试求 $P(AB)$，$P(A-B)$，$P(A \bigcup B)$，$P(\overline{A}\,\overline{B})$.

解 由于 $P(\overline{A}B) = P(B) - P(AB)$，所以

$$P(AB) = P(B) - P(\overline{A}B) = 0.4 - 0.2 = 0.2.$$

而

$$P(A-B) = P(A) - P(AB) = [1 - P(\overline{A})] - P(AB) = (1 - 0.5) - 0.2 = 0.3,$$

$$P(A \bigcup B) = P(A) + P(B) - P(AB) = 0.5 + 0.4 - 0.2 = 0.7,$$

$$P(\overline{A}\,\overline{B}) = P(\overline{A \bigcup B}) = 1 - P(A \bigcup B) = 1 - 0.7 = 0.3.$$

1.4 古典概型与几何概型

1.4.1 古典概型

考察一类简单的随机试验，它们具有以下两个特点：

（1）试验的样本空间只包含有限个样本点，即 $S = \{e_1, e_2, \cdots, e_n\}$；

（2）试验中每个基本事件发生的可能性相同，即 $P(\{e_1\}) = P(\{e_2\}) = \cdots = P(\{e_n\})$.

具有上述两个特点的试验是大量存在的，这种试验称为**古典概率概型**，简称**古典概型**. 它是概率论发展初期的主要研究对象，古典概型的一些概念具有直观、易于理解的特点，并有着广泛的应用.

对于古典概率模型，由于基本事件两两互不相容，因此

$$1 = P(S) = P(\{e_1\} \bigcup \{e_2\} \bigcup \cdots \bigcup \{e_n\})$$
$$= P(\{e_1\}) + P(\{e_2\}) + \cdots + P(\{e_n\}) = nP(\{e_i\}),$$

从而

$$P(\{e_i\}) = \frac{1}{n}, \quad i = 1, 2, \cdots, n.$$

如果事件 A 包含 k 个样本点，即 $A = \{e_{i_1}, e_{i_2}, \cdots, e_{i_k}\}$，其中 $i_1, i_2, \cdots, i_k$ 是 $1, 2, \cdots, n$ 中某 k 个不同的数，则有

$$P(A) = P(\{e_{i_1}\}) + P(\{e_{i_2}\}) + \cdots + P(\{e_{i_k}\}) = \frac{k}{n} = \frac{A \text{中包含基本事件的总数}}{S \text{中包含基本事件的总数}}.$$

令 V_S 表示样本空间中基本事件的总数，V_A 表示事件 A 中包含的基本事件的总数，即有

$$P(A) = \frac{V_A}{V_S}. \tag{1.1}$$

这就是在古典概率模型中，事件 A 的概率计算公式[①]，其公式表明事件 A 的概率等于 A 中包含样本点的总数在样本空间的全部样本点总数中所占的比例.

---

① 易知式（1.1）所确定的概率满足非负性、规范性和可列可加性. 但此时由于 S 中只含有有限个子集，因而，若在 S 中取可列个两两互不相容的事件 $A_1, A_2, \cdots, A_n, \cdots$，则其中必包含无限多个不可能事件，即可列可加性和可加性是等价的.

例 1.8 将一枚硬币连续抛两次. 设事件 A_1 为"恰有一次出现正面", 事件 A_2 为"至少出现一次正面", 求 $P(A_1)$, $P(A_2)$.

解 设试验 E 为将一枚硬币连续抛两次, 观察出现正反面的情况, 则它的样本空间为
$$S = \{HH, HT, TH, TT\}.$$

S 中基本事件的总数 $V_S = 4$, 且每个基本事件是等可能发生的, 故此试验为古典概型. 又事件 $A_1 = \{HT, TH\}$ 包含的基本事件的总数 $V_{A_1} = 2$, 由式 (1.1), 得
$$P(A_1) = \frac{V_{A_1}}{V_S} = \frac{2}{4} = \frac{1}{2}.$$

又 $\overline{A_2} = \{TT\}$, 于是 $V_{\overline{A_2}} = 1$, 从而
$$P(A_2) = 1 - P(\overline{A_2}) = 1 - \frac{V_{\overline{A_2}}}{V_S} = 1 - \frac{1}{4} = \frac{3}{4}.$$

在本题中, 如果设 E 为将一枚硬币连续抛两次, 观察出现正面的次数. 此时, 样本空间 $S = \{0, 1, 2\}$ 中的每个基本事件发生的可能性不尽相同, 因此不能用古典概型的计算公式 (1.1) 来计算 $P(A_1)$, $P(A_2)$.

本题采用列举基本事件法. 这种方法直观、清晰. 但较为烦琐, 特别当样本空间中的样本点较多而不能一一罗列时, 这种方法就会失效. 此时, 我们需根据相关计数原理计算出 S 和 A 中包含的基本事件的总数, 再由式 (1.1) 求出 A 的概率.

例 1.9 把甲、乙、丙 3 名同学依次随机地分配[①]到 5 间宿舍中去, 假定每间宿舍最多可住 8 人. 试求这 3 名学生住在不同宿舍的概率.

解 由于每名同学都等可能地分配到这 5 间宿舍中的任意一间, 因此, 根据计数法的乘法原理, 共有 $5 \times 5 \times 5$ 种分配方案, 即 $V_S = 5 \times 5 \times 5 = 5^3$.

设事件 A 表示"这 3 名学生住在不同宿舍". 对于学生甲, 有 5 种分配方案; 甲分配之后, 为了使甲、乙不住同一宿舍, 对学生乙, 只有 4 种方案; 类似地, 对于学生丙, 只有 3 种方案. 于是, 根据计数法的乘法原理, 得 $V_A = 5 \times 4 \times 3$. 由式 (1.1), 得
$$P(A) = \frac{V_A}{V_S} = \frac{5 \times 4 \times 3}{5^3} = \frac{12}{25}.$$

例 1.10 一个盒子中装有 10 只晶体管, 其中 3 只是不合格品. 从这个盒子中依次随机地取 2 只晶体管. 在下列两种情况下分别求出 2 只晶体管中恰有 1 只是不合格品的概率:

(1) **有放回抽样** 第一次取出的 1 只晶体管, 做测试后放回盒子中, 第二次再从盒子中取 1 只晶体管;

(2) **无放回抽样** 第一次取出的 1 只晶体管, 做测试后不放回盒子中, 第二次再从盒子中取 1 只晶体管.

解 设事件 A 表示"2 只晶体管中恰有 1 只是不合格品". 从盒子中依次取 2 只晶体管, 每一种取法视为一个基本事件. 显然, 样本空间中仅含有限个样本点. 由于随机地抽取, 因此每个基本事件发生的可能性相同.

(1) 第一次抽取时有 10 个晶体管可抽取, 由于取后放回, 因此, 第二次抽取时仍有 10 个晶体管可抽取. 根据计数法的乘法原理, 一共有 10×10 种取法, 即 $V_S = 10 \times 10$.

对于事件 A, 第一次取到合格品且第二次取到不合格品的取法共有 7×3 种; 第一次取到不合格

---

① "随机分配"的含义是确保每位同学以相同的可能性分配到每间宿舍中去, 类似的情形以后不再做解释.

品且第二次取到合格品的取法共有 3×7 种. 于是, $V_A = 7\times3+3\times7$. 由式（1.1），得

$$P(A) = \frac{V_A}{V_S} = \frac{7\times3+3\times7}{10\times10} = \frac{21}{50}.$$

（2）第一次抽取时有 10 只晶体管可抽取，由于取后不放回，因此，第二次抽取时仅有 9 只晶体管可抽取. 根据计数法的乘法原理，一共有 10×9 种取法，即 $V_S = 10\times9$.

对于事件 A，第一次取到合格品且第二次取到不合格品的取法共有 7×3 种；第一次取到不合格品且第二次取到合格品的取法共有 3×7 种. 于是，$V_A = 7\times3+3\times7$. 由式（1.1），得

$$P(A) = \frac{V_A}{V_S} = \frac{7\times3+3\times7}{10\times9} = \frac{7}{15}.$$

在概率论中，当考虑事件与抽样的顺序无关，无放回抽样也可以看成一次取出若干个样品. 如在例 1.10 中，不放回地取 2 只晶体管也可以看作随机地一次取出 2 只晶体管. 由计数原理的组合公式①知道，共有 C_{10}^2 种取法，即 $V_S = C_{10}^2$. 对于事件 A，取到一个合格品、一个不合格品的取法有 $C_7^1 C_3^1$，即 $V_A = C_7^1 C_3^1$. 由式（1.1），得

$$P(A) = \frac{V_A}{V_S} = \frac{C_7^1 C_3^1}{C_{10}^2} = \frac{7}{15}.$$

这表明以两种不同观点来看待无放回抽样所得的概率是一样的，但是，两种不同观点下的样本点和样本空间是不相同的.

例 1.11　一个盒中装有 10 只小球，分别标记为 1 号到 10 号，任选 3 球记录其号码，试求：（1）最小号码为 5 的概率；（2）最大号码为 5 的概率；（3）最大号码小于 5 的概率.

解　把从 10 个号码中任取 3 个的可能取法作为基本事件，则其样本空间所含的基本事件总数为 $V_s = C_{10}^3 = 120$，它们组成一个有限等概率的样本空间.

（1）设 A 表示"取出球中最小号码为 5"，事件 A 可分两步：先确定最小号码为 5，有 C_1^1 种方法，其余 2 个号码应从 6，7，8，9，10 这五个号码中任选 2 个，共有 C_5^2 种方法. 由乘法原理知，事件 A 包含基本事件总数为 $V_A = C_1^1 C_5^2 = 10$，由式（1.1），得

$$P(A) = \frac{V_A}{V_S} = \frac{10}{120} = \frac{1}{12}.$$

（2）设 B 表示"取出球中最大号码为 5"，同理，事件 B 包含基本事件总数为 $V_B = C_1^1 C_4^2 = 6$，故

$$P(B) = \frac{V_B}{V_S} = \frac{6}{120} = \frac{1}{20}.$$

（3）C 表示"取出球中最大号码小于 5"，有两种互不相容的情形：最大号码为 4（记这一事件为 C_1）或最大号码为 3（记这一事件为 C_2）. 易知 $V_{C_1} = C_3^2$，$V_{C_2} = C_2^2$，注意到 C_1 和 C_2 互不相容. 于是，

$$P(C) = P(C_1 \bigcup C_2) = P(C_1) + P(C_2) = \frac{V_{C_1}}{V_S} + \frac{V_{C_2}}{V_S} = \frac{3}{120} + \frac{1}{120} = \frac{1}{30}.$$

例 1.12　（分球入盒问题）把 n 只球随意地放入 $N(n \leqslant N)$ 个盒子中，其中每只球都等可能地放入任意一个盒子，试求下列各事件的概率：

（1）某指定的 n 个盒子中各有一只球；

（2）恰有 n 个盒子，其中各有一只球；

---

① 从 n 个不同元素中，任取 $k(k \leqslant n)$ 个元素并成一组，叫做从 n 个不同元素中取出 k 个元素的一个组合；从 n 个不同元素中取出 $k(k \leqslant n)$ 个元素的所有组合的个数，叫做从 n 个不同元素中取出 k 个元素的组合数，记为 C_n^k，即 $C_n^k = \dfrac{n!}{k!(n-k)!}$.

（3）某指定盒子中恰有 $m(m \leqslant n)$ 只球.

解 将 n 只球放入 N 只盒子中去，每一种放法对应着一个基本事件. 易知本题是古典概型. 因为每只球都可以装入 N 个盒子中的任意一个盒子，每只球有 N 种放法，n 只球共有 $N \times N \times \cdots \times N = N^n$ 种放法，即 $V_S = N^n$.

（1）令 A 表示事件"某指定的 n 个盒子中各有一只球". 对于事件 A 而言，n 只球要放入指定的 n 个盒子中去，保证一个盒子各有一只球，第一只球有 n 种放法；放入一个盒子后，第二只球只能放入其余的 $n-1$ 个盒子，共有 $n-1$ 种放法，以此类推，最后一只球放入剩余的最后一个盒子，只有 1 种放法，故 A 包含的基本事件的总数为 $n!$，即 $V_A = n!$. 所以

$$P(A) = \frac{V_A}{V_S} = \frac{n!}{N^n}.$$

（2）令 B 表示事件"恰有 n 个盒子，其中各有一只球". 对事件 B 而言，先从 N 个盒子任意选出 n 个盒子，共有 C_N^n 种选法. 然后将 n 只球要放入已选出的 n 个盒子中，共有 $n!$ 种放法. 故事件 B 包含的基本事件总数为 $C_N^n n!$，即 $V_B = C_N^n n!$. 从而

$$P(B) = \frac{V_B}{V_S} = \frac{C_N^n n!}{N^n} = \frac{N!}{N^n (N-n)!}.$$

（3）令 C 表示"某指定盒子中恰有 m 只球". 这 m 只球可从 n 个球中任意选定，共有 C_n^m 种选法，并将这 m 个球放入指定的盒子. 而其余的 $n-m$ 只球可以任意分配到其余的 $N-1$ 个盒子中，有 $(N-1)^{n-m}$ 种放法，故 $V_C = C_n^m (N-1)^{n-m}$，因此

$$P(C) = \frac{V_C}{V_S} = \frac{C_n^m (N-1)^{n-m}}{N^n} = C_n^m \left(\frac{1}{N}\right)^m \left(1 - \frac{1}{N}\right)^{n-m}.$$

例 1.13 （女士品茶问题）一位常饮奶茶的女士声称：她能从一杯冲好的奶茶中辨别出该奶茶是先放牛奶冲制而成还是先放茶叶冲制而成. 做了 10 次测试，结果她都能辨别出来，问该女士的说法可信吗？

解 假设该女士的说法不可信，即纯粹靠运气猜对. 在此假设的条件下，每次试验的两个可能的结果：

奶+茶　或　茶+奶，

而且是等可能发生的，因此这是一个古典概型. 10 次试验一共有 2^{10} 个等可能的结果，即 $V_S = 2^{10}$. 设 A 表示"10 次试验中都能正确辨别放奶和放茶的先后次序"，则 $V_A = 1$，故

$$P(A) = \frac{V_A}{V_S} = \frac{1}{2^{10}} = 0.000\,976\,562\,5.$$

这是一个非常小的概率. 而人们在长期的社会实践中总结出来的所谓"实际推断原理"认为"概率很小的事件在一次试验中实际上几乎不可能发生". 但现在概率很小的事件在一次试验中居然发生了，因此有理由怀疑"该女士纯粹靠运气猜对"这一假设的正确性，而断言该女士确有这种分辨能力，即她的说法是可信的.

1.4.2 几何概型

古典概型是关于有限可能结果的随机试验的概率模型. 现在考察样本空间为一个线段、平面区域或空间立体等的等可能随机试验的概率模型，即**几何概型**.

如果在一个面积为 $m(S)$ 的区域 S 中等可能地任意投点（图 1-7），这里"等可能"的确切含义是

点落在 S 中的任何区域 A 的可能性的大小与区域 A 的面积 $m(A)$ 成正比，而与其位置和形状无关．事件 A 表示"点落入区域 A"，则 $P(A) = tm(A)$，其中 t 为比例常数，由 $P(S) = tm(S)$ 得 $t = \dfrac{1}{m(S)}$，从而

$$P(A) = \frac{m(A)}{m(S)}. \tag{1.2}$$

由式（1.2）确定的概率通常称为**几何概率**．不难验证，几何概率满足概率的定义 1.2．需要注意的是，如果在直线上的某线段或空间中的立体上投点，则几何概率计算公式（1.2）中的分子分母分别改为相应的长度或体积．

例 1.14 设甲、乙两人相约 7 点到 8 点之间在某地会面，先到者等待另一个人 10min，过时就离去．如果每个人可在指定的一小时内任意一时刻到达，试求甲、乙两人能够会面的概率．

解 记 7 点为计算时刻的 0 时，以分钟为单位．设 x, y 分别表示甲、乙两人到达指定地点的时刻，则样本空间如图 1-8 所示，即

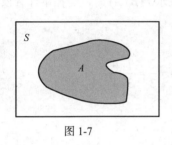

图 1-7

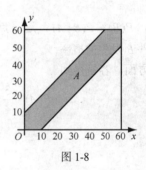

图 1-8

$$S = \{(x, y) \mid 0 \leqslant x \leqslant 60, 0 \leqslant y \leqslant 60\}.$$

两人能够会面当且仅当 $|x - y| \leqslant 10$，故

$$A = \{(x, y) \mid |x - y| \leqslant 10, 0 \leqslant x \leqslant 60, 0 \leqslant y \leqslant 60\}.$$

由几何概率的定义，两人能够会面的概率

$$P(A) = \frac{m(A)}{m(S)} = \frac{60^2 - 50^2}{60^2} = \frac{11}{36}.$$

在例 1.14 中，如事件 B 表示"甲、乙两人同时达到指定地点"，那么，由

$$B = \{(x, y) \mid x = y, 0 \leqslant x \leqslant 60, 0 \leqslant y \leqslant 60\}$$

可得到 $m(B) = 0$，从而 $P(B) = 0$．但是，现实生活告诉我们，B 是可能发生的，即 $B \neq \varnothing$．这表明：概率为零的事件不一定是不可能事件．类似地，概率为 1 的事件也不一定是必然事件．

1.5 条件概率

1.5.1 条件概率

在现实生活中常常需要考虑在固定试验条件下，外加某些条件时随机事件发生的概率．如在人寿保险中，关注的是人群中已知活到某一年龄的条件下在未来一年内死亡的概率．这就需要讨论在事件 A 已经发生的条件下事件 B 发生的概率（记为 $P(B \mid A)$）．下面先考察一个简单的例子．

例 1.15 一个家庭中有两个小孩，已知其中一个是女孩，问该家庭中有一个男孩的概率是多

少？（假设生男生女是等可能的）

解 设事件 A 表示"家庭中有一个是女孩"，事件 B 表示"家庭中有一个男孩"．由题意，样本空间

$$S = \{(\text{男，男}), (\text{男，女}), (\text{女，男}), (\text{女，女})\},$$
$$A = \{(\text{男，女}), (\text{女，男}), (\text{女，女})\},$$
$$B = \{(\text{男，男}), (\text{男，女}), (\text{女，男})\}.$$

易知这是古典概型问题．已知事件 A 已发生，有了这一信息，知道事件 $\{(\text{男，男})\}$ 不可能发生，即试验所有可能结果所形成的集合就是 A．A 中共有 3 个基本事件，而事件 B 包含的基本事件只占其中的两个，所以，在事件 A 发生的条件下事件 B 发生的条件概率为

$$P(B \mid A) = \frac{2}{3}.$$

在这个例子中，若不知道事件 A 已经发生这条信息，那么事件 B 发生的概率为

$$P(B) = \frac{3}{4}.$$

这里，$P(B) \neq P(B \mid A)$．这一点比较容易理解，因为在求 $P(B \mid A)$ 时，是在事件 A 发生的条件下考虑事件 B 发生的概率．

另一方面，容易得到

$$P(A) = \frac{3}{4}, \quad P(AB) = \frac{2}{4}, \quad P(B \mid A) = \frac{2}{3} = \frac{2/4}{3/4},$$

故有

$$P(B \mid A) = \frac{P(AB)}{P(A)}.$$

上述关系式对于一般的古典概型和几何概型也是成立的．因此，一般情形下，也可以用上述关系式作为条件概率的定义．

定义 1.3 设 A, B 是两个事件，且 $P(A) > 0$，称

$$P(B \mid A) = \frac{P(AB)}{P(A)}$$

为在事件 A 发生的条件下事件 B 发生的**条件概率**.

可以验证，条件概率满足定义 1.2 中的三个条件，即

（1）**非负性**：对任何一个事件 B，有 $P(B \mid A) \geqslant 0$；

（2）**规范性**：对于必然事件 S，有 $P(S \mid A) = 1$；

（3）**可列可加性**：设 $B_1, B_2, \cdots$ 是两两互不相容的事件，则

$$P\left(\bigcup_{k=1}^{+\infty} B_k \mid A\right) = \sum_{k=1}^{+\infty} P(B_k \mid A).$$

从而，概率所具有的性质对于条件概率也适用．如，对任意两个事件 B_1, B_2，有

$$P(B_1 \bigcup B_2 \mid A) = P(B_1 \mid A) + P(B_2 \mid A) - P(B_1 B_2 \mid A).$$

例 1.16 在一个盒子中有 10 件产品，其中一等品 6 件，二等品 4 件．随机地取两次，每次取 1 件，且不放回，求在第一次取到一等品的条件下，第二次也取到一等品的概率．

解 设 A 表示事件"第一次取到一等品"，B 表示事件"第二次取到一等品"．于是，

$$P(A) = \frac{C_6^1}{C_{10}^1} = \frac{3}{5}, \quad P(AB) = \frac{C_6^2}{C_{10}^2} = \frac{1}{3},$$

所以

$$P(B \mid A) = \frac{P(AB)}{P(A)} = \frac{1/3}{3/5} = \frac{5}{9} .$$

也可直接求 $P(B \mid A)$. 由于在事件 A 发生以后盒中现有产品 9 件，其中 5 件一等品，这时再取到一等品的概率为

$$P(B \mid A) = \frac{C_5^1}{C_9^1} = \frac{5}{9} .$$

1.5.2 乘法公式

由条件概率的定义，可推得下述乘法公式.

定理 1.1 设 $P(A) > 0$ ，则有

$$P(AB) = P(A)P(B \mid A) .$$

利用这个公式可以计算事件 A ，B 积事件的概率. 乘法公式可以推广到任意有限个事件的情形. 若 $A_1, A_2, \cdots, A_n$ 是 n ($n \geq 2$) 个事件，且 $P(A_1 A_2 \cdots A_{n-1}) > 0$ ，则

$$P(A_1 A_2 A_3 \cdots A_n) = P(A_1)P(A_2 \mid A_1)P(A_3 \mid A_1 A_2) \cdots P(A_n \mid A_1 A_2 \cdots A_{n-1}) .$$

例 1.17 某人忘记电话号码的最后一位数字，因而任意地拨打最后一位数，试求：（1）不超过四次能打通电话的概率；（2）若已知最后一位是偶数，则不超过三次能打通的概率是多少？

解 设事件 A_i 表示事件"第 i 次打通电话"（$i = 1, 2, 3, 4$）.

（1）若 A 表示事件"不超过四次能打通电话"，则 $A = A_1 \cup A_2 \cup A_3 \cup A_4$ ，于是

$$
\begin{aligned}
P(A) &= 1 - P(\overline{A}) = 1 - P(\overline{A_1 \cup A_2 \cup A_3 \cup A_4}) = 1 - P(\overline{A_1}\,\overline{A_2}\,\overline{A_3}\,\overline{A_4}) \\
&= 1 - P(\overline{A_1})P(\overline{A_2} \mid \overline{A_1})P(\overline{A_3} \mid \overline{A_1}\,\overline{A_2})P(\overline{A_4} \mid \overline{A_1}\,\overline{A_2}\,\overline{A_3}) \\
&= 1 - \frac{9}{10} \times \frac{8}{9} \times \frac{7}{8} \times \frac{6}{7} = \frac{2}{5} .
\end{aligned}
$$

（2）设 B 表示"已知最后一位偶数，不超过三次能打通电话"，B_i 表示"已知最后一位偶数，第 i 次能打通电话"，$i = 1, 2, 3$ ，则 $B = B_1 \cup B_2 \cup B_3$ ，故

$$
\begin{aligned}
P(B) &= 1 - P(\overline{B}) = 1 - P(\overline{B_1 \cup B_2 \cup B_3}) = 1 - P(\overline{B_1}\,\overline{B_2}\,\overline{B_3}) \\
&= 1 - P(\overline{B_1})P(\overline{B_2} \mid \overline{B_1})P(\overline{B_3} \mid \overline{B_1}\,\overline{B_2}) \\
&= 1 - \frac{4}{5} \times \frac{3}{4} \times \frac{2}{3} = \frac{3}{5} .
\end{aligned}
$$

1.5.3 全概率公式

在概率论中经常遇到要计算某些较为复杂事件的概率，通常根据事件在不同的情况或不同的原因或不同的途径下发生而将它分解为若干个互不相容的比较简单事件的和，分别计算每个较简单事件的概率，然后求和，我们先看一个例子.

例 1.18 在一个盒子中装有 5 只产品，其中 3 只正品，2 只次品，不放回地连续取两次，每次任取 1 只，求第二次取到正品的概率.

解 设 A_1 表示事件"第一次取到正品"，A_2 表示事件"第一次取到次品"，B 表示事件"第二次取到正品"，显然，$A_1 \cup A_2 = S$ ，$A_1 A_2 = \varnothing$ ，则

$$B = BS = B(A_1 \cup A_2) = BA_1 \cup BA_2 , \quad BA_1 \bigcap BA_2 = \varnothing .$$

从而

$$P(B) = P(BA_1 \bigcup BA_2) = P(BA_1) + P(BA_2)$$
$$= P(A_1)P(B \mid A_1) + P(A_2)P(B \mid A_2)$$
$$= \frac{3}{5} \times \frac{2}{4} + \frac{2}{5} \times \frac{3}{4} = \frac{3}{5}.$$

利用概率的可加性及乘法公式，就可得到如下的全概率公式.

定理 1.2 设试验 E 的样本空间为 S ，B 是 E 的事件，$A_1, A_2, \cdots, A_n$ 为 S 的一个划分，且 $P(A_i) > 0$ $(i = 1, 2, \cdots, n)$ ，则

$$P(B) = P(A_1)P(B \mid A_1) + P(A_2)P(B \mid A_2) + \cdots + P(A_n)P(B \mid A_n).$$

证 因为

$$B = BS = B(A_1 \bigcup A_2 \bigcup \cdots \bigcup A_n) = BA_1 \bigcup BA_2 \bigcup \cdots \bigcup BA_n,$$

由假设 $P(A_i) > 0$ $(i = 1, 2, \cdots, n)$ ，且 $(BA_i)(BA_j) = \varnothing$, $i \neq j$ ，$i, j = 1, 2, \cdots, n$. 那么

$$P(B) = P(BA_1) + P(BA_2) + \cdots + P(BA_n)$$
$$= P(A_1)P(B \mid A_1) + P(A_2)P(B \mid A_2) + \cdots + P(A_n)P(B \mid A_n).$$

如果把构成样本空间 S 的一个划分 $A_1, A_2, \cdots, A_n$ 看成引起事件 B 发生的各种"原因"，事件 B 看成"结果"，那么，全概率公式意味着：当某一"结果"的发生受到多种"原因"的影响，每一"原因"对此"结果"的发生作出了一定"贡献"，那么，这一"结果"发生的可能性可通过各种"原因"的"贡献"大小来确定.

例 1.19 有一批同一型号的产品，已知其中由甲厂生产的占 30% ，乙厂生产的占 50%，丙厂生产的占 20%，又知甲、乙、丙三个厂的产品次品率分别为 2%，1%，1%，问从这批产品中任取一件是次品的概率.

解 设 A_1 表示事件"取得的产品是甲厂生产"，A_2 表示事件"取得的产品是乙厂生产"，A_3 表示事件"取得的产品是丙厂生产"，B 表示事件"取得的产品为次品". 易知 A_1 ，A_2 ，A_3 是样本空间 S 的一个划分，且有

$$P(A_1) = 0.3 ，\quad P(A_2) = 0.5 ，\quad P(A_3) = 0.2 ，$$
$$P(B \mid A_1) = 0.02 ，\quad P(B \mid A_2) = 0.01 ，\quad P(B \mid A_3) = 0.01 .$$

由全概率公式得

$$P(B) = P(A_1)P(B \mid A_1) + P(A_2)P(B \mid A_2) + P(A_3)P(B \mid A_3)$$
$$= 0.3 \times 0.02 + 0.5 \times 0.01 + 0.2 \times 0.01 = 0.013 .$$

1.5.4 贝叶斯公式

利用全概率公式，人们可以通过综合分析一个事件发生的不同原因、情况或途径及其可能性求得该事件发生的概率. 现在考虑与之相反的问题，即观察到一个事件已经发生，我们要考虑所观察到事件发生的各种原因、情况或途径的可能性. 这里先看一个例子.

例 1.20 一道单项选择题列出了 5 个答案，一个考生可能正确理解而选对答案，也可能瞎猜一个. 假设他知道正确答案的概率为 $\frac{1}{3}$，瞎猜选对答案的概率为 $\frac{1}{5}$. 如果已知他选择了正确答案，试求他确实知道正确答案的概率.

解 设 A_1 表示事件"考生知道正确答案"，A_2 表示事件"考生不知道正确答案"，B 表示事件"考生选择正确答案". 那么，问题归结为求条件概率 $P(A_1 \mid B)$.

根据条件概率的定义，有

$$P(A_1 \mid B) = \frac{P(A_1B)}{P(B)},$$

由乘法公式得

$$P(A_1B) = P(A_1)P(B \mid A_1),$$

由全概率公式得

$$P(B) = P(A_1)P(B \mid A_1) + P(A_2)P(B \mid A_2),$$

于是

$$P(A_1 \mid B) = \frac{P(A_1)P(B \mid A_1)}{P(A_1)P(B \mid A_1) + P(A_2)P(B \mid A_2)}. \tag{1.3}$$

由题意知 $P(A_1) = \frac{1}{3}$，$P(A_2) = \frac{2}{3}$，$P(B \mid A_1) = 1$，$P(B \mid A_2) = \frac{1}{5}$．从而

$$P(A_1 \mid B) = \frac{\frac{1}{3} \times 1}{\frac{1}{3} \times 1 + \frac{2}{3} \times \frac{1}{5}} = \frac{5}{7}.$$

例 1.20 中的式（1.3）可以推广，将其表示为一般的公式，这也就是下面要叙述的贝叶斯[①]公式．

定理 1.3 设试验 E 的样本空间为 S．B 是 E 的事件，$A_1, A_2, \cdots, A_n$ 为 S 的一个划分，且 $P(B) > 0$，$P(A_i) > 0 \ (i = 1, 2, \cdots, n)$，则

$$P(A_i \mid B) = \frac{P(A_i)P(B \mid A_i)}{P(A_1)P(B \mid A_1) + P(A_2)P(B \mid A_2) + \cdots + P(A_n)P(B \mid A_n)}, \quad i = 1, 2, \cdots, n.$$

贝叶斯公式在概率论与数理统计中有着多方面的应用．贝叶斯公式是在已经观察到事件 B 发生的条件下，寻找导致发生的每个"原因" A_i 的概率．这些导致 B 发生的"原因" A_i 的概率 $P(A_i)$ 反映了各种"原因"出现的可能性大小，是由过去的经验确定的，先于试验，因此 $P(A_i)$ 称之为**先验概率**．现在若试验产生了事件 B（结果），这个信息有助于考察导致事件 B 发生各种"原因"的可能性大小，即条件概率 $P(A_i \mid B)$，因此 $P(A_i \mid B)$ 称为**后验概率**．如在医疗诊断中，如果我们从长期的临床经验中知道了有多种病因 A_i 引起某种症状 B，并且知道各种疾病 A_i 的患病率，就能依靠医学知识确定病因 A_i 引起症状 B 的可能性 $P(A_i \mid B)$．假设在一次诊断中检查发现症状 B，那么由贝叶斯公式就可确定症状 B 的病因 A_i 的可能性的大小，即 $P(A_i \mid B)$．

例 1.21 用血清甲胎蛋白法诊断肝癌．根据以往资料（临床记录），已知肝癌患者反应呈阳性的概率为 0.95，非肝癌患者反应呈阳性的概率为 0.1．假定人群中肝癌的患病率为 0.000 4．现在若有一人用此法的检查结果呈阳性，求此人患有肝癌的概率．

解 设 A 表示事件"被检查者患有肝癌"，B 表示事件"被检查者的检验结果呈阳性"．由已知条件有 $P(A) = 0.000\,4$，$P(B \mid A) = 0.95$，$P(B \mid \bar{A}) = 0.1$，由贝叶斯公式，得

$$P(A \mid B) = \frac{P(A)P(B \mid A)}{P(A)P(B \mid A) + P(\bar{A})P(B \mid \bar{A})}$$

$$= \frac{0.000\,4 \times 0.95}{0.000\,4 \times 0.95 + 0.999\,6 \times 0.1}$$

$$\approx 0.003\,79.$$

因此，虽然检查法相当可靠，但被诊断为肝癌的人确实患有肝癌的可能性并不大，需要再做其他检查，以便进行确诊．

---

① 贝叶斯（Bayes，1702—1763），英国数学家．

1.6 | 事件的独立性与伯努利概型

1.6.1 事件的独立性

设 A ， B 是随机试验 E 的两个事件， $P(A) > 0$ ．一般而言，条件概率 $P(B|A) \neq P(B)$ ，即事件 A 的发生对事件 B 发生的可能性是有影响的．在实际问题中，也会遇到事件 A 的发生对事件 B 发生的可能性无影响，即 $P(B|A) = P(B)$ 的情形．下面就是这样的一个例子．

例 1.22 在一个盒子中装有 6 只小球，其中 2 只黑球，4 只白球，从中有放回地抽取两次，每次取一只球．设 A 表示事件 "第一次抽到的是红球"， B 表示事件 "第二次抽到的是红球"，由古典概率的计算公式，得

$$P(A) = \frac{4}{6} = \frac{2}{3}, \quad P(B) = \frac{6 \times 4}{6^2} = \frac{2}{3}, \quad P(AB) = \frac{4 \times 4}{6 \times 6} = \frac{4}{9}.$$

于是

$$P(B|A) = \frac{P(AB)}{P(A)} = \frac{4/9}{2/3} = \frac{2}{3} = P(B).$$

因此 $P(B|A) = P(B)$ ，即事件 A 的发生不改变 B 发生的概率．

设 A ， B 是随机试验 E 的两个事件，且 $P(A) > 0$ ， $P(B) > 0$ ，若 $P(B|A) = P(B)$ ，则

$$P(A|B) = \frac{P(AB)}{P(B)} = \frac{P(A)P(B|A)}{P(B)} = \frac{P(A)P(B)}{P(B)} = P(A).$$

这表明：若 A 的发生不影响事件 B 发生的概率，那么， B 的发生也不影响事件 A 发生的概率．又由于 $P(AB) = P(A)P(B|A)$ ，故当 $P(B|A) = P(B)$ 时，有

$$P(AB) = P(A)P(B).$$

由此我们给出以下定义．

定义 1.4 设 A ， B 是两个事件，若

$$P(AB) = P(A)P(B),$$

则称事件 A 与事件 B **相互独立**，简称 A ， B **独立**．

容易证明，若 $P(A) > 0$ ， $P(B) > 0$ ，则 A ， B 相互独立与 A ， B 互不相容不能同时成立．

定理 1.4 设 A ， B 是两个事件，且 $P(A) > 0$ ．若 A ， B 相互独立，则 $P(B|A) = P(B)$ ，反之亦然．

定理 1.4 的证明留给读者自己完成．

定理 1.5 若 A ， B 相互独立，则下列各对事件

$$A \text{ 与 } \bar{B}, \quad \bar{A} \text{ 与 } B, \quad \bar{A} \text{ 与 } \bar{B}$$

也相互独立．

证 因为 $P(AB) = P(A)P(B)$ ，由事件的运算关系及概率的性质，得

$$P(A\bar{B}) = P(A - B) = P(A - AB)$$

$$= P(A) - P(AB) = P(A) - P(A)P(B)$$

$$= P(A)(1 - P(B)) = P(A)P(\bar{B}),$$

因此 A 与 $\bar{B}$ 相互独立．同理可证 $\bar{A}$ 与 B ， $\bar{A}$ 与 $\bar{B}$ 相互独立．

下面将独立性的概念推广到两个以上的事件．

定义 1.5 设 A, B, C 是三个事件，如果满足等式

$$\begin{cases} P(AB) = P(A)P(B), \\ P(BC) = P(B)P(C), \\ P(AC) = P(A)P(C), \end{cases}$$

则称事件 A,B,C **两两独立**.

类似地，也有 n 个事件两两独立的定义.

定义 1.6 设 A,B,C 是三个事件，如果满足等式

$$\begin{cases} P(AB) = P(A)P(B), \\ P(BC) = P(B)P(C), \\ P(AC) = P(A)P(C), \\ P(ABC) = P(A)P(B)P(C), \end{cases}$$

则称事件 A,B,C **相互独立**.

三个事件相互独立一定是两两独立的，但两两独立未必是相互独立的.

一般地，设 $A_1,A_2,\cdots,A_n$ 是 $n\,(n \geq 2)$ 个事件，若任意 $k\,(1 < k \leq n)$ 个事件的积事件的概率等于各事件概率的乘积，则称事件 $A_1,A_2,\cdots,A_n$ 相互独立.

由定义，还可得到以下两个结论.

（1）若 $n\,(n \geq 2)$ 个事件 $A_1,A_2,\cdots,A_n$ 相互独立，则其中任意 $k\,(1 < k < n)$ 个事件也相互独立.

（2）若 $n\,(n \geq 2)$ 个事件 $A_1,A_2,\cdots,A_n$ 相互独立，则将 $A_1,A_2,\cdots,A_n$ 中任意多个事件换成它们各自的对立事件，所得的 n 个事件仍然相互独立.

在实际问题中，事件的独立性往往根据事件的实际意义去判断. 一般地，若由实际情况分析 A,B 两个事件之间没有关联或者关联很微弱，就可以认为它们是相互独立的. 例如，A，B 分别表示甲、乙两人患肺结核. 如果甲、乙两人的活动范围相距非常遥远，就认为 A，B 相互独立. 如果甲、乙两人同居一室，那就不能认为 A，B 相互独立了.

例 1.23 某研究生给 4 家公司各发了一份求职信，假定这些公司彼此独立工作，通知她去面试的概率分别为 $\dfrac{1}{3},\dfrac{1}{4},\dfrac{1}{5},\dfrac{1}{6}$. 问这个学生至少有一次面试机会的概率是多少？

解 设 A_i 表示事件"第 i 家公司通知她去面试"（$i = 1,2,3,4$），则

$$P(A_1) = \frac{1}{3}, \quad P(A_2) = \frac{1}{4}, \quad P(A_3) = \frac{1}{5}, \quad P(A_4) = \frac{1}{6}.$$

根据题意，所求概率为

$$\begin{aligned} P(A_1 \cup A_2 \cup A_3 \cup A_4) &= 1 - P(\overline{A_1 \cup A_2 \cup A_3 \cup A_4}) \\ &= 1 - P(\overline{A_1}\,\overline{A_2}\,\overline{A_3}\,\overline{A_4}) \\ &= 1 - P(\overline{A_1})P(\overline{A_2})P(\overline{A_3})P(\overline{A_4}) \\ &= 1 - [1 - P(A_1)][1 - P(A_2)][1 - P(A_3)][1 - P(A_4)] \\ &= 1 - \frac{2}{3} \times \frac{3}{4} \times \frac{4}{5} \times \frac{5}{6} = \frac{2}{3}. \end{aligned}$$

例 1.24 观察表明，一家医院的挂号处，新到患者是急诊病人的概率为 $\dfrac{1}{7}$，求第 k 位到达的病人为首例急诊病人的概率. 设各个到达的病人是否为急诊病人相互独立.

解 设 B_i 表示事件"第 i 位病人为到达的急诊病人"，$i = 1,2,\cdots$，A_k 表示事件"第 k 位到达的病人为首例急诊病人"，则有

$$A_k = \overline{B_1} \cap \overline{B_2} \cap \cdots \cap \overline{B_{k-1}} \cap B_k,$$

由题中假设知 B_1, B_2, ..., B_k 相互独立. 那么 $\bar{B}_1$, $\bar{B}_2$, ..., $\bar{B}_{k-1}$, B_k 也相互独立，所以

$$P(A_k) = P(\bar{B}_1 \bigcap \bar{B}_2 \bigcap \cdots \bigcap \bar{B}_{k-1} \bigcap B_k)$$
$$= P(\bar{B}_1)P(\bar{B}_2)\cdots P(\bar{B}_{k-1})P(B_k)$$
$$= (1-\frac{1}{7})^{k-1}\frac{1}{7} = (\frac{6}{7})^{k-1}\frac{1}{7},$$

其中 $k = 1, 2, 3, \cdots$.

1.6.2 伯努利概型

设试验 E 只有两个可能的结果 A 和 $\bar{A}$，则称 E 为**伯努利试验**. 设 $P(A) = p$ $(0 < p < 1)$，此时 $P(\bar{A}) = 1-p$. 将 E 独立地重复进行 n 次，则称这一串重复的独立试验为 n **重伯努利试验**.

这里所谓的"重复"是指在每次试验中 $P(A) = p$ 保持不变；"独立"是指一次试验的任何结果与另一次试验的任一结果相互独立，即若以 C_i 记第 i 次试验的结果，C_i 为 A 或 $\bar{A}$，$i = 1, 2, \cdots, n$. "独立"是指

$$P(C_1 C_2 \cdots C_n) = P(C_1)P(C_2)\cdots P(C_n).$$

例如，E 是抛掷一枚硬币观察出现的正面或反面，A 表示"出现正面"，这是一个伯努利试验. 如将硬币抛掷 n 次，就是 n 重伯努利试验. 又如抛一颗骰子，若以 A 表示"出现 1 点"，$\bar{A}$ 表示"出现非 1 点"，将骰子抛 n 次，就是 n 重伯努利试验. 再如，在袋中装有 4 只白球，6 只黑球. 试验 E 是在袋中任取一只球，观察其颜色. 以 A 表示"取到白球"，$P(A) = 0.4$. 若做有放回抽样，连续取球 n 次，这就是 n 重伯努利试验. 然而，若做不放回抽样连续取球 n $(n \leqslant 10)$ 次，虽然每次试验都有 $P(A) = 0.4$（读者可自己证明），但各次试验不再相互独立，因而不再是 n 重伯努利试验.

在 n 重伯努利试验中，事件 A 可能发生的次数为 0，1，2，...，n. 由于各次试验是相互独立的，故而，事件 A 在指定的 $k (1 \leqslant k \leqslant n)$ 次试验中发生，而在其他的 $n-k$ 次试验中不发生的概率为

$$\underbrace{p \cdot p \cdot \cdots \cdot p}_{k\text{个}} \cdot \underbrace{(1-p) \cdot \cdots \cdot (1-p)}_{n-k\text{个}} = p^k(1-p)^{n-k}.$$

这种指定的方式共有 C_n^k 种，它们是互不相容的，因此，在 n 重伯努利试验中，事件 A 恰好发生 k 次的概率为 $C_n^k p^k(1-p)^{n-k}$，记 $q = 1-p$，即有

$$P_n(k) = C_n^k p^k q^{n-k} \quad k = 0, 1, 2, \cdots, n. \tag{1.4}$$

从式（1.4）中可以看出，$C_n^k p^k q^{n-k}$ 恰好是二项式 $(p+q)^n$ 的展开式中出现 p^k 的那一项，因此，我们称 $P_n(k)$ 为二项概率.

根据伯努利试验和二项概率得到的概率模型称为**伯努利概型**，尽管它比较简单，却概括了许多实际问题中的数学模型，具有极强的使用价值.

例 1.25 对某种药物的疗效进行研究，设这种药物对某种疾病的有效率为 $p = 0.8$，现有 10 名此种疾病的患者同时服用此药，求其中至少有 6 名患者服用此药有效的概率.

解 依据题意，这是伯努利概型问题，$n = 10$，$p = 0.8$，设 A 表示事件"至少有 6 名患者服用此药有效"，则由式（1.4），有

$$P(A) = P_{10}(6) + P_{10}(7) + P_{10}(8) + P_{10}(9) + P_{10}(10)$$

$$= \sum_{k=6}^{10} C_{10}^k 0.8^k 0.2^{10-k} \approx 0.97.$$

概率的简单应用

1.7.1 说谎的孩子

故事"说谎的孩子"讲的是一个小孩每天到山上放羊，山里时常有狼出没. 有一天，他在山上喊："狼来了！狼来了！"山下的村民闻声赶来打狼，可是到了山上却发现狼没有来，放羊的孩子感到很可笑，这么多人都上了自己的当；第二天仍是如此；第三天，狼真的来了，可是无论放羊的孩子怎么叫喊，也没有人来解救他，因为他前两次说了谎话，人们不再相信他了，狼把他的羊吃了，放羊的孩子也差一点丢了性命.

现在用贝叶斯公式来分析这个故事中村民对放羊孩子的诚实性的判断或者说村民的心理活动. 首先假设村民们对放羊孩子的印象一般，他说谎话（记为事件 F）和说真话（记为事件 $\overline{F}$）的概率相同，即设

$$P(F) = P(\overline{F}) = \frac{1}{2}.$$

另外，再假设说谎话的孩子喊狼来了时，狼真的来了（记为事件 W）的概率为 $\frac{1}{3}$，说真话的孩子喊狼来了时，狼真的来了的概率为 $\frac{3}{4}$，即设

$$P(W \mid F) = \frac{1}{3}, \quad P(W \mid \overline{F}) = \frac{3}{4}.$$

当第一次村民上山打狼，发现狼没有来（$\overline{W}$ 发生）时，村民对说谎的孩子的认识集中体现在条件概率 $P(F \mid \overline{W})$ 上. 根据以上假设，利用贝叶斯（逆概）公式可得

$$P(F \mid \overline{W}) = \frac{P(F)P(\overline{W} \mid F)}{P(F)P(\overline{W} \mid F) + P(\overline{F})P(\overline{W} \mid \overline{F})} = \frac{\dfrac{1}{2} \times \dfrac{2}{3}}{\dfrac{1}{2} \times \dfrac{2}{3} + \dfrac{1}{2} \times \dfrac{1}{4}} = \frac{8}{11}.$$

类似地，可算得这时村民认为放羊孩子不说谎的概率 $P(\overline{F} \mid \overline{W}) = \frac{3}{11}$. 这表明村民认为放羊孩子说谎的概率由 $\frac{1}{2}$ 调整到 $\frac{8}{11}$，从而改写概率

$$P(F) = \frac{8}{11}, \quad P(\overline{F}) = \frac{3}{11}.$$

在此基础上村民听到喊狼来了再一次上山打狼，狼还是没有来，这时村民再一次调整对放羊孩子说谎的认识. 即

$$P(F \mid \overline{W}) = \frac{P(F)P(\overline{W} \mid F)}{P(F)P(\overline{W} \mid F) + P(\overline{F})P(\overline{W} \mid \overline{F})} = \frac{\dfrac{8}{11} \times \dfrac{2}{3}}{\dfrac{8}{11} \times \dfrac{2}{3} + \dfrac{3}{11} \times \dfrac{1}{4}} = \frac{64}{73}.$$

这表明：村民经过两次上当，认为放羊孩子说谎的概率由 $\frac{1}{2}$ 调整到 $\frac{64}{73}$，即 10 句话中有近 9 句在说谎，放羊孩子给村民留下了这样的印象，当他们第三次听到喊"狼来了！狼来了"时，就不会

再有村民上山打狼了，说谎的孩子咎由自取.

1.7.2 敏感性问题调查

政治问题的民意调查人、公众意见的调查员、社会科学家等需要精确地测定持有某种信念或经常介入某种具体行为的人所占的百分比（如大学生中看过不健康书刊的人数的百分比，某群体中服用过兴奋剂的比例数，大学生中考试作弊的人所占的百分比，市民乘坐公共汽车逃票人所占的比例，某群体中参加赌博人数的比例、吸毒的比例、个体经营者偷漏税户的比例等）. 他们的出发点是要从人群中随机挑选出一些人，得到他们对所提问题的诚实回答. 但人们认为这些问题属于个人隐私，常常因为怀疑调查者是否能保密而不愿意如实回答.

1965 年，Stanley L.Warner 发明了一种能消除人们抵触情绪的"随机化应答"方法. 该方案的核心是如下两个问题.

问题 A：你的生日是否在 7 月 1 日之前（一般来说，生日在 7 月 1 日以前的概率为 0.5）？

问题 B：你是否看过不健康的书刊？

被调查者事先从一个装有黑球和白球的箱子中随机抽取一个球，看过颜色后又放回. 若抽出白球，则回答问题 A；若抽出黑球，则回答问题 B. 箱中黑球所占比率是已知的. 即

$P\{$任意抽取一个是黑球$\}=a$

$P\{$任意抽取一个是白球$\}=1-a$

被调查者无论回答 A 题或 B 题，都只需在一张只有"是"和"否"两个选项的答卷上作出选择，然后投入密封的投票箱内. 上述抽球和答卷都在一间无人的房间内进行，任何人都不知道被调查者抽到什么颜色的球以及在答卷中如何选择，这样就不会暴露个人的秘密，从而保证了答卷的真实可靠性.

当有较多的人（譬如 1 000 人）参加调查后，打开投票箱进行统计. 设共有 n 张有效答卷，其中 k 张选择"是"，则可用频率 $\dfrac{k}{n}$ 估计回答"是"的概率 φ，记为

$$\varphi = P = \{回答"是"\}\ \frac{k}{n}.$$

回答是"是"有两种情况：一种是摸到白球对问题 A 回答"是"，也就是被调查者"生日在 7 月 1 日之前"的概率，一般认为是 0.5，即 $P\{$答"是"$|$抽白球$\}=0.5$；另一种是摸到黑球后对问题 B 回答"是"，这个条件概率就是看不健康书刊的学生在参加调查的学生中的比率 p，即 $P\{$答"是"$|$抽黑球$\}=p$，这是我们最关心的.

利用全概率公式，得

$P\{$答"是"$\}=P\{$抽白球$\}P\{$答"是"$|$抽白球$\}+P\{$抽黑球$\}P\{$答"是"$|$抽黑球$\}$，

$\varphi = P \{$回答"是"$\} = 0.5(1-a)+ap$.

而 φ 的估计值 $\hat{\varphi} = \dfrac{k}{n}$，由此可得感兴趣的问题的概率

$$p = \frac{\varphi - 0.5(1-a)}{a} = \frac{\dfrac{k}{n} - 0.5(1-a)}{a}.$$

假设箱子中共有 50 个球，其中 30 个黑球，则 a=0.6. 如有一项关于大学生是否看过不健康书刊的调查共有全校 1 583 名学生参加，最后统计答卷，全部有效. 其中回答"是"的有 389 张，据此可估算出：

$$p = \frac{\frac{389}{1\,583} - 0.5(1-0.6)}{0.6} = 0.076\,2,$$

这表明全校 1 583 名学生中约有 7.62%的学生看过不健康的书刊.

习题 1

1.1 写出下列随机试验的样本空间.

（1）连续掷一枚骰子直至 6 个结果中有一个结果出现两次，记录投掷的次数；

（2）连续掷一枚骰子直至 6 个结果中有一个结果连续出现两次，记录投掷的次数；

（3）在半径为 1 的圆内任取一点，记录该点的坐标；

（4）记录一个班一次数学考试的平均分数（设以百分制记分）.

（5）对某工厂出厂的产品进行检查，合格品记为"正品"，不合格品记为"次品"，如连续查出了 2 件次品就停止检查，或检查了 4 件产品就停止，记录检查的结果.

1.2 设 A,B,C 为三事件，用 A,B,C 的运算关系表示下列各事件：

（1）A 发生，B 与 C 不发生；

（2）A，B，C 都不发生；

（3）A，B，C 中至少有一个发生；

（4）A，B，C 中恰有两个发生；

（5）A，B，C 中至少有两个发生；

（6）A，B，C 中不多于一个发生；

（7）A，B，C 中至多有两个发生.

1.3 设试验 E 为抛一枚骰子观察出现的点数，样本空间 $S = \{1,2,3,4,5,6\}$. 事件 $A = \{2,4,6\}$，$B = \{1,3\}$，$C = \{3,4\}$，求 $A \cap B$，$B \cup C$，$A \cup (B \cap C)$，$\overline{A \cup B}$，$C - A$.

1.4 若 $P(A) = 0.5$，$P(B) = 0.4$，$P(A-B) = 0.3$，求 $P(A \cup B)$ 和 $P(\overline{A} \cup \overline{B})$.

1.5 设 A,B 为两事件且 $P(A) = 0.6$，$P(B) = 0.7$，问：

（1）在什么条件下，$P(AB)$ 取到最大值，最大值是多少？

（2）在什么条件下，$P(AB)$ 取到最小值，最小值是多少？

1.6 设 A,B,C 为三事件，且 $P(A) = P(B) = P(C) = \frac{1}{4}$，$P(AB) = P(BC) = \frac{1}{8}$，$P(AC) = 0$，求：

（1）A,B,C 都发生的概率；

（2）A,B,C 至少有一个发生的概率；

（3）A,B,C 都不发生的概率.

1.7 在 100，101，…，999 这 900 个 3 位数中，任取一个 3 位数，求不包含数字 1 的概率.

1.8 从一批由 45 件正品、5 件次品组成的产品中任取 3 件产品，求其中恰有 1 件次品的概率.

1.9 从 5 双不同的鞋子中任取 4 只，求这 4 只鞋子中至少有 2 只鞋子配成一双的概率.

1.10 一批产品有 10 件，其中有 3 件次品.

（1）从中随机地取 3 件，求恰有 2 件次品的概率；

（2）从中连续取三次，每次取 1 件，检查后不放回，求三次中恰好抽到 2 件次品的概率；

（3）从中连续取三次，每次取 1 件，检查后放回，求三次中恰好抽到 2 件次品的概率.

1.11 已知 10 只晶体管中有 7 只正品及 3 只次品，每次任意抽取一只进行测试，测试后不再放回，直至把 3 只次品都找到为止，求需要测试 7 次的概率.

1.12 三封信随机投向标号为 I、II、III、IV 的四个邮筒投寄，试求：

（1）第 II 号邮筒内恰好被投入一封信的概率；

（2）前三个邮筒内均有信的概率；

（3）三封信平均被投入两个邮筒内的概率.

1.13 在 1～2 000 的整数中随机地取一个数，试求取到的整数既不能被 6 整除，又不能被 8 整除的概率.

1.14 某人午休醒来，发现表已停止，他打开收音机，想听电台报时.设电台是整点报时一次，求他等待报时的时间短于 10min 的概率.

1.15 在 (0,1) 中随机地取两个数，求它们乘积不大于 $\frac{1}{4}$ 的概率.

1.16 将长为 L 的细棒随机截成三段，求三段构成三角形的概率.

1.17 已知 $P(A) = 0.7$，$P(B) = 0.4$，$P(A\bar{B}) = 0.5$，求 $P(B \mid A \cup \bar{B})$.

1.18 已知 $P(A) = \frac{1}{4}$，$P(B \mid A) = \frac{1}{3}$，$P(A \mid B) = \frac{1}{2}$，求 $P(A \cup B)$.

1.19 甲、乙两班共有 70 名同学，其中女同学 40 名，设甲班有 30 名同学，其中女同学 15 名. 问在碰到甲班同学时，正好碰到一名女同学的概率.

1.20 从混有 5 张假钞的 20 张百元钞票中任意抽出 2 张，将其中 1 张放到验钞机上检验发现是假钞，求抽出 2 张都是假钞的概率.

1.21 某人有一笔资金，他投入基金的概率为 0.58，购买股票的概率为 0.28，两项投资都做的概率为 0.19.

（1）已知他已投入基金，再购买股票的概率是多少？

（2）已知他已购买股票，再投入基金的概率是多少？

1.22 某地区工商银行的贷款范围内有甲、乙两家同类企业，设一年内甲申请贷款的概率为 0.15，乙申请贷款的概率为 0.2，在甲不向银行申请贷款的条件下，乙向银行申请贷款的概率为 0.23，求在乙不向银行申请贷款的条件下，甲向银行申请贷款的概率.

1.23 某厂的产品中 4% 的废品，在 100 件合格品种有 75 件是一等品，试求在该厂的产品中任取一件产品是一等品的概率.

1.24 设 50 件产品中有 5 件次品，每次取一件，不放回地连续取 3 件，A_i 表示事件"第 i 次抽取到次品"，其中 $i = 1,2,3$. 试求 $P(A_1)$，$P(A_1 A_2)$，$P(A_1 \bar{A}_2 A_3)$.

1.25 假设在某个时期内影响股票价格变化的因素只有银行存款利率的变化.经分析，该时期内利率不会上调，利率下调的概率为 0.6，利率不变的概率是 0.4. 根据经验，在利率下调时，某只股票上涨的概率为 0.5，在利率不变时，这只股票上涨的概率为 0.25. 求这只股票上涨的概率.

1.26 某种产品的商标为"MAXAM"，其中有两个字母脱落，有人捡起随意放回，求放回后仍为"MAXAM"的概率.

1.27 有朋自远方来，他坐火车、坐船、坐汽车和坐飞机的概率分别为 0.3，0.2，0.1，0.4，若坐火车，迟到的概率是 0.25；若坐船，迟到的概率是 0.3；若坐汽车，迟到的概率是 0.1；若坐飞机，则不会迟到.求他最后迟到的概率.

1.28 已知男人中有 5% 是色盲患者，女人中有 0.25% 是色盲患者，今从男女人数相等的人群中随机地挑选一人，恰好是色盲患者，问此人是男性的概率是多少？

1.29　发报台分别以概率 0.7 和 0.3 发出信号 0 和 1，由于通信系统受到干扰，当发出信号 0 时，收报台分别以 0.9 和 0.1 的概率收到信号 0 和 1；当发出信号 1 时，收报台分别以 0.8 和 0.2 的概率收到信号 1 和 0．如果收报台收到信号 0，求发报台发出信号 0 的概率.

1.30　设有两台机床加工同样的零件，第一台机床出废品的概率为 0.03，第二台机床出废品的概率是 0.02．加工出来的零件混放在一起，并且已知第一台机床加工的零件比第二台机床多一倍.

（1）求任意取出的一个零件是合格品的概率；

（2）如果任意取出一个零件经过检验后发现是废品，求它是第二台机床加工的概率.

1.31　有两箱同种类的零件，第一箱装 50 只，其中 10 只一等品；第二箱装 30 只，其中 18 只一等品，今从两箱中任挑出一箱，然后从该箱中取两次做不放回抽样．求：

（1）第一次取得零件是一等品的概率；

（2）已知第一次取的零件是一等品，第二次取到的零件也是一等品的概率.

1.32　甲、乙、丙三人同时独立地向同一目标各射击一次，命中率分别为 $\frac{1}{3}$，$\frac{1}{2}$，$\frac{2}{3}$，求目标被命中的概率.

1.33　进行摩托车比赛，在甲、乙两地之间设立了 3 个障碍．设骑手在每一个障碍前停车的概率为 0.1，从乙地到终点丙地之间骑手不停车的概率为 0.7．假定骑手是否在各障碍及从乙地到终点丙地之间停车相互独立，试求在甲、丙之间骑手不停车的概率.

1.34　甲、乙两人单独完成一项任务，甲单独完成任务的概率为 0.9，乙单独完成任务的概率为 0.8.

（1）求任务被完成的概率；

（2）已知任务被完成，求任务是由甲完成的概率.

1.35　甲、乙、丙三部机床独立工作，并由一名工人照管，某段时间内，它们不需要工人照管的概率分别为 0.9，0.8 及 0.85．求在这段时间内，有机床需要工人照管的概率、机床因无人照管而停工的概率以及恰有一部机床需要工人照管的概率.

1.36　将一枚均匀硬币连续独立抛掷 10 次，试求：

（1）恰有 5 次出现正面的概率；

（2）有 4 次至 6 次出现正面的概率是多少？

第2章 随机变量及其分布

第 1 章介绍了随机事件与概率，使我们对随机现象的规律性有了初步的认识. 但有些随机事件不是数集，这给深入研究随机现象带来了诸多困难. 为此，在本章中我们主要讨论随机变量的概念、离散型随机变量、连续型随机变量及随机变量函数的分布.

2.1 随机变量及其分布函数

2.1.1 随机变量

从第 1 章可以看到，许多随机现象的样本点与实数具有密切的联系. 例如，抛掷一枚骰子时所有可能出现的点数；商场每天接待的顾客数；某个企业生产的产品的寿命等. 这些随机试验的样本空间都是一个数集. 另外，还有一些随机试验的样本点表面上与实数之间没有联系，即样本空间不是数集，如抛掷一枚硬币，可能出现正面，也可能出现反面；检验一件产品的质量，可能为正品、次品或废品. 对于样本空间是数集的随机事件，可以直接引入一个变量 X，如用 X 表示抛掷一枚骰子出现的点数，那么，试验的所有可能结果可以由 X 的取值来表示，如 " $X = 2$ " 可表示 "出现 2 点"，" $X = 5$ " 可表示 "出现 5 点". 对于样本空间不是数集的随机试验，也可采用适当的方法建立样本点与实数之间的一种关系. 例如，在抛掷一枚硬币的试验中，可以约定，"出现反面" 记为 0，"出现正面" 记为 1；在检验一件产品质量的试验中，抽取到正品的事件记为 1，次品的记为 2，废品的记为 3 等. 这样，无论是哪一种情形，都可建立起试验结果与实数之间的一种对应关系. 这种对应关系实质上是定义在样本空间 S 上的一个函数，即 $X = X(e)$，$e \in S$. X 的取值随试验结果的不同而取不同的值，而试验的结果是随机的，将导致 X 的取值具有随机性，我们称这样的变量 X 是一个随机变量.

一般地，有如下定义.

定义 2.1 设随机试验 E 的样本空间为 $S = \{e\}$. $X = X(e)$ 是定义在样本空间 S 上的实值单值函数，并且对于任意实数 x，事件 $\{e \mid X(e) \leqslant x\}$ 有确定的概率，则称 $X = X(e)$ 为**随机变量**.

本书中，以大写字母 W, X, Y, Z 等表示随机变量，而以小写字母 w, x, y, z 等表示实数.

例 2.1 一名射手对目标进行射击，击中目标记为 1 分，未击中目标记为 0 分. 设 X 表示该射手在一次射击中所得的分数，则 X 是一个随机变量，并可表示为

$$X = X(e) = \begin{cases} 1, & e = \text{击中目标}, \\ 0, & e = \text{未击中目标}. \end{cases}$$

例 2.2 观察 120 急救中心在一段时间 $(0, T]$ 内接到用户的呼叫次数. 如果 X 表示呼叫次数，那么 X 是一个随机变量，$\{X = k\}$ 和 $\{X \leqslant k\}$ $(k = 0, 1, 2, \cdots)$ 都表示随机事件.

例 2.3 设公司生产一批手机电池，从中任取一只测试其使用寿命. 令 X 表示使用寿命，则 X 是一个随机变量. 显然，X 的可能取值为非负实数，即 $X \geqslant 0$. 事件 "使用寿命不超过 500h" 可表示为 $\{X \leqslant 500\}$.

一般地，若 I 是一个实数集，$\{X \in I\}$ 记为事件 B，即 $B = \{e \mid X(e) \in I\}$，于是

$$P\{X \in I\} = P(B) = P\{e \mid X(e) \in I\}.$$

随机变量的取值随试验结果而定，在试验之前，只知道它可能取值的范围，而不能预知它取什么值，且随机变量的取值具有一定的概率. 这些性质显示了随机变量与普通函数之间的区别. 例如，在例 2.1 中，假定该射手的命中率为 0.8，则 $P\{X = 1\} = 0.8$，$P\{X = 0\} = 0.2$.

根据随机变量取值的特点，可以将它们分成离散型随机变量和非离散型随机变量两类，非离散型随机变量中最重要的是连续型随机变量. 本书主要研究离散型随机变量和连续型随机变量.

2.1.2 随机变量的分布函数

对于随机试验而言，人们关心的不是它可能出现什么样的随机事件，而是这些事件出现的可能性大小. 因此，对于一个随机变量，我们不必关心随机变量 X 取哪些数值，只需要知道它取这些数值的可能性大小，也就是它以多大的概率取到这些数值. 一般地，如果对于任意一个实数 x，若能确定事件 $\{X \leqslant x\}$ 的概率，就能知道 X 在任何一个数集中取值的概率. 为此，将引入随机变量的分布函数的定义.

定义 2.2 设 X 是一个随机变量，x 是任意实数，函数

$$F(x) = P\{X \leqslant x\}, \quad -\infty < x < +\infty,$$

称为 X 的**分布函数**.

对于任意实数 $x_1, x_2 \, (x_1 < x_1)$，事件 $\{X \leqslant x_2\}$ 包含事件 $\{X \leqslant x_1\}$，于是

$$P\{x_1 < X \leqslant x_2\} = P\{X \leqslant x_2\} - P\{X \leqslant x_1\},$$

即

$$P\{x_1 < X \leqslant x_2\} = F(x_2) - F(x_1). \tag{2.1}$$

从式 (2.1) 可知，如果已知 X 的分布函数，那么就能知道 X 落在任意一个区间 $(x_1, x_2]$ 的概率. 从这个意义上说，分布函数完整地刻画了随机变量的统计规律. 分布函数是一个普通的函数，正是通过它，我们将能用数学分析的方法来研究随机变量.

如果将 X 看成是数轴上的随机点的坐标，那么，分布函数 $F(x)$ 在 x 处的函数值就表示 X 落在区间 $(-\infty, x]$ 上的概率.

分布函数的基本性质：

（1）$F(x)$ 是一个不减函数.

事实上，由式（2.1）对于任意的实数 $x_1, x_2 (x_1 < x_2)$，有

$$F(x_2) - F(x_1) = P\{x_1 < X \leqslant x_2\} \geqslant 0,$$

即 $F(x_1) \leqslant F(x_2)$.

（2）$0 \leqslant F(x) \leqslant 1$，且 $F(-\infty) = \lim\limits_{x \to -\infty} F(x) = 0$，$F(+\infty) = \lim\limits_{x \to +\infty} F(x) = 1$.

可以从几何上来说明这一性质，在图 2-1 中，将区间端点 x 沿数轴无限向左移动(即 $x \to -\infty$)，则事件"点 X 落在点 x 左侧"趋于不可能事件，从而其概率趋于 0，即 $F(-\infty) = \lim\limits_{x \to -\infty} F(x) = 0$；若将点 x 无限右移(即 $x \to +\infty$)，则事件"点 X 落在点 x 左侧"趋于必然事件，从而其概率趋于 1，即 $F(+\infty) = \lim\limits_{x \to +\infty} F(x) = 1$.

图 2-1

（3）$F(x)$ 是一个右连续函数，也就是对任意 x，有

$$F(x+0) = \lim_{x \to x+0} F(x) = F(x).$$

（证略）.

值得指出的是，随机变量的分布函数具有上述 3 条性质，反过来，一个具有上述 3 条性质的函数 $F(x)$ $(-\infty < x < +\infty)$ 一定可以作为某个随机变量的分布函数.

例 2.4　设随机变量 X 的分布函数为

$$F(x) = A + B \arctan x, \quad -\infty < x < +\infty$$

试求：（1）常数 A, B；（2）随机变量 X 落在区间 $(-1, 1]$ 内的概率.

解　（1）由于

$$\lim_{x \to +\infty} F(x) = \lim_{x \to +\infty}(A + B \arctan x) = A + \frac{\pi}{2}B,$$

$$\lim_{x \to -\infty} F(x) = \lim_{x \to -\infty}(A + B \arctan x) = A - \frac{\pi}{2}B,$$

再由分布函数的基本性质，得

$$\begin{cases} A + \dfrac{\pi}{2}B = 1, \\[2mm] A - \dfrac{\pi}{2}B = 0, \end{cases}$$

即 $A = \dfrac{1}{2}, B = \dfrac{1}{\pi}$.

（2）随机变量 X 落在区间 $(-1, 1]$ 内的概率为

$$P\{-1 < X \leqslant 1\} = F(1) - F(-1) = \left(\frac{1}{2} + \frac{1}{\pi}\arctan 1\right) - \left[\frac{1}{2} + \frac{1}{\pi}\arctan(-1)\right] = \frac{1}{2}.$$

例 2.5　一个靶子是半径为 2m 的圆盘，设击中靶上任何一同心圆上点的概率与该圆盘的面积成正比，并设射击都能中靶，以 X 表示弹着点与圆心的距离. 试求随机变量 X 的分布函数.

解　设 X 的分布函数为 $F(x)$，即 $F(x) = P\{X \leqslant x\}$. 由已知得

当 $x < 0$ 时，$\{X \leqslant x\}$ 是不可能事件，从而 $F(x) = 0$；

当 $x \geqslant 2$ 时，$\{X \leqslant x\}$ 是必然事件，那么 $F(x) = 1$；

当 $0 \leqslant x \leqslant 2$ 时，由题意 $P\{0 \leqslant X \leqslant x\} = kx^2$，$k$ 是常数，为了确定 k 的值，取 $x = 2$，有 $P\{0 \leqslant X \leqslant x\} = 2^2 k$，但已知 $P\{0 \leqslant X \leqslant x\} = 1$，故得 $k = \dfrac{1}{4}$，即

$$P\{0 \leqslant X \leqslant x\} = \frac{1}{4}x^2.$$

于是，

$$F(x) = P\{X \leqslant x\} = P\{X < 0\} + P\{0 \leqslant X \leqslant x\} = \frac{1}{4}x^2.$$

综上所述，所求随机变量 X 的分布函数为

$$F(x) = \begin{cases} 0, & x < 0, \\[2mm] \dfrac{1}{4}x^2, & 0 \leqslant x < 2, \\[2mm] 1, & x \geqslant 1. \end{cases}$$

2.2 | 离散型随机变量

有些随机变量，它可能取到的全部不相同的值是有限个或可列无限个，这种随机变量称为**离散型随机变量**. 如例 2.1 和例 2.2 中的随机变量 X 可能取得不相同的值分别是有限个和可列无限个，它们都是离散型随机变量. 再如，例 2.3 和例 2.5 中的随机变量 X 的可能取值充满一个区间，而无法按照一定次序一一列举出来，因此，它是一个非离散型随机变量.

2.2.1 离散型随机变量及其分布

对于离散型随机变量，如果知道了它的可能取值以及其相应的概率，那么，对这个随机变量的情况就有了比较全面的了解.

定义 2.3 设离散型随机变量 X，其所有可能取的不同值为 $x_1, x_2, \cdots, x_n, \cdots$，取各个值的概率分别为 $p_1, p_2, \cdots, p_n, \cdots$，即

$$P\{X = x_k\} = p_k, \qquad k = 1, 2, \cdots \tag{2.2}$$

则称式（2.2）为离散型随机变量 X 的**概率分布**，亦可简称为 X 的**分布律（列）**.

概率分布也可以用表格的形式来表示，见表 2-1.

表 2-1

X	x_1	x_2	$\cdots$	x_k	$\cdots$
P	p_1	p_2	$\cdots$	p_k	$\cdots$

此表又称为**概率分布表**.

离散型随机变量 X 的分布律具有如下性质：

（1）$p_k \geqslant 0, k = 1, 2, \cdots$； $\tag{2.3}$

（2）$\sum\limits_{k=1}^{+\infty} p_k = 1$. $\tag{2.4}$

由于 $\{X = x_1\} \bigcup \{X = x_2\} \bigcup \cdots$ 是必然事件，且 $\{X = x_j\} \bigcap \{X = x_k\} = \varnothing, k \neq j$，因此 $1 = P\left(\bigcup\limits_{k=1}^{+\infty} \{X = x_k\} \right) = \sum\limits_{k=1}^{+\infty} P\{X = x_k\}$，即 $\sum\limits_{k=1}^{+\infty} p_k = 1$.

若数列 $\{p_k\}$ 满足式（2.3）和式（2.4），则它一定可以作为某一离散型随机变量的分布律.

表 2-1 直观地表示了随机变量 X 取各个值的概率的规律. X 取各个值各占一定概率，这些概率合起来是 1. 可以想象成：概率 1 以一定的规律分布在各个可能值上，这就是表 2-1 被称为概率分布的缘由.

对于任意实数 x，随机事件 $\{X \leqslant x\}$ 可表示为

$$\{X \leqslant x\} = \bigcup_{x_k \leqslant x} \{X = x_k\},$$

由于 x_k 互不相同. 根据概率的性质，得随机变量的分布函数

$$F(x) = P\{X \leqslant x\} = \sum_{x_k \leqslant x} P\{X = x_k\} = \sum_{x_k \leqslant x} p_k. \tag{2.5}$$

有时为了明显表示离散型随机变量的概率分布,可用横轴上的点表示随机变量的可能取值 $x_1, x_2, \cdots, x_k, \cdots$,而对应的纵坐标表示随机变量取这些值的概率 $p_1, p_2, \cdots, p_k, \cdots$.再用虚线依次把 x_i 与 p_i 连接起来,就得到随机变量的**概率分布图**.该图象为散点图(虚线不包括在内,但虚线的长度之和等于1),如图 2-2.

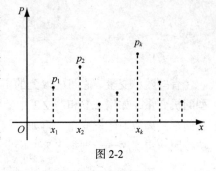

图 2-2

例 2.6　在一袋中装有 5 件产品,其中一等品 2 件,二等品 3 件,先从这 5 件产品中随机地取出 3 件,求取出的产品中一等品件数的概率分布,并画出其概率分布图和分布函数的图象.

解　令 X 表示取出产品中一等品的件数,则 X 是一个随机变量,它的所有可能取值为 0,1,2,3.由题意有:

$$P\{X=0\}=\frac{C_3^3}{C_5^3}=0.1 , \quad P\{X=1\}=\frac{C_3^2 C_2^1}{C_5^3}=0.6 , \quad P\{X=2\}==\frac{C_3^1 C_2^2}{C_5^3}=0.3 .$$

于是,其概率分布表见表 2-2.

表 2-2

X	0	1	2
P	0.1	0.6	0.3

分布函数为

$$F(x)=\begin{cases} 0, & x<0, \\ P\{X=0\}, & 0 \leqslant x<1, \\ P\{X=0\}+P\{X=1\}, & 1 \leqslant x<2 \\ P\{X=0\}+P\{X=1\}+P\{X=2\}, & x \geqslant 2. \end{cases}$$

$$=\begin{cases} 0, & x<0, \\ 0.1, & 0 \leqslant x<1, \\ 0.1+0.6, & 1 \leqslant x<2, \\ 0.1+0.6+0.3, & x \geqslant 2. \end{cases}$$

即

$$F(x)=\begin{cases} 0, & x<0, \\ 0.1, & 0 \leqslant x<1, \\ 0.7, & 1 \leqslant x<2, \\ 1, & x \geqslant 2. \end{cases}$$

概率分布图、分布函数图分别如图 2-3 和图 2-4 所示.

2.2.2　常见几种离散型随机变量

在实际问题中,我们会经常遇到下列几种重要的分布,对于这些分布,我们既要掌握它们的概率分布,还要了解它们的背景.

1. 两点分布

定义 2.4　设随机变量 X 具有概率分布

$$P\{X=x_k\}=p^k(1-p)^{1-k} ,$$

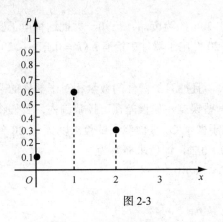

图 2-3

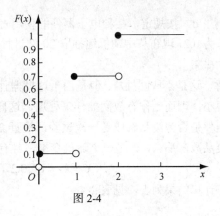

图 2-4

其中 $k=0,1$，$0<p<1$，则称 X 服从以 p 为参数的**两点分布**.

特别地，随机变量 X 的概率分布

$$P\{X=k\}=p^k(1-p)^{1-k}, \qquad k=0,1 \qquad (0<p<1),$$

或写成表 2-3.

表 2-3

X	0	1
P	$1-p$	p

则称 X 服从以 p 为参数的（**0-1**）**分布**.

两点分布是一种常用的分布. 例如"抛硬币"试验、对新生婴儿的性别统计以及产品质量是否合格等都可以用两点分布进行描述.

2. 二项分布

定义 2.5 设随机变量 X 具有概率分布

$$P\{X=k\}=C_n^k p^k(1-p)^{n-k}, \quad k=0,1,\cdots,n,$$

其中 $0<p<1$，则称 X 服从以 n，p 为参数的**二项分布**，记作 $X \sim B(n,p)$.

特别是当 $n=1$ 时，二项分布 $B(1,p)$ 的概率分布

$$P\{X=k\}=p^k q^{1-k}, \quad k=0,1.$$

这就是（0-1）分布.

例 2.7 设射手向同一目标连续射击 4 次，每次击中目标的概率 $p=0.8$，且各次射击相互独立. 击中目标的次数以 X 记. （1）写出 X 的概率分布；（2）求恰好击中 3 次的概率；（3）求至少击中 2 次的概率.

解 将观察射手在一次射击是否击中目标看成一次试验，它是伯努利试验. 观察 4 次独立射击，是一个 4 重伯努利试验. 于是，$X \sim B(4,0.8)$.

（1）X 的概率分布为

$$P\{X=k\}=C_4^k 0.8^k(1-0.8)^{4-k}, \quad k=0,1,2,3,4.$$

（2）恰好击中 3 次的概率为

$$P\{X=3\}=C_4^3 0.8^3(1-0.8)=0.409\,6.$$

（3）至少击中 2 次的概率为

$$P\{X \geqslant 2\}=1-P\{X<2\}=1-P\{X=0\}-P\{X=1\}$$

$$=1-C_4^0(1-0.8)^4-C_4^1 \times 0.8(1-0.8)^3=0.972\,8.$$

例 2.8 按规定,某种电子器件的使用寿命不超过 20h 的为废品. 已知一大批这种电子器件的废品率为 0.2,现在从中随机地抽取 20 件进行检查. 问 20 件电子器件中恰有 k ($k = 0,1,2,\cdots,20$)件是废品的概率.

解 这是不放回抽样. 但是由于这批器件数量很大,且抽查的器件的数量相对于器件的总数量来说很小,因而当作有放回抽样来处理,这样做会有一些误差,但误差在可控范围内. 我们将检查一件器件是否为废品看成是一次试验,检查 20 件相当于做了 20 重伯努利试验. 以 X 记 20 件器件中的废品数,那么,X 是一个随机变量,且有 $X \sim B(20, 0.2)$,即所求概率为

$$P\{X = k\} = C_{20}^k 0.2^k (1-0.2)^{20-k}, \quad k = 0,1,2,\cdots,20.$$

将计算结果列表,见表 2-4.

表 2-4

$P\{X=0\} = 0.011\,53$	$P\{X=4\} = 0.218\,20$	$P\{X=8\} = 0.022\,16$
$P\{X=1\} = 0.057\,65$	$P\{X=5\} = 0.174\,56$	$P\{X=9\} = 0.007\,39$
$P\{X=2\} = 0.136\,91$	$P\{X=6\} = 0.109\,13$	$P\{X=10\} = 0.002\,03$
$P\{X=3\} = 0.205\,36$	$P\{X=7\} = 0.054\,55$	$P\{X=11\} = 0.000\,46$

当 $k \geq 12$ 时,$P\{X=k\} < 0.000\,5$.

其概率分布图如图 2-5 所示.

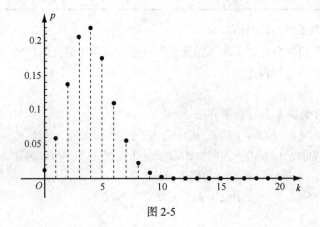

图 2-5

从图 2-5 中看到,当 k 增加时,概率 $P\{X = k\}$ 先是增加,直至达到最大值(本例中当 $k = 4$ 时取到最大值),随后单调减少. 一般地,对于固定的 n 及 p,二项分布 $B(n,p)$ 都具有这样的性质.

例 2.9 (人力资源合理安排问题)设有 80 台同类型设备,各台工作相互独立,发生故障的概率都是 0.01,且一台设备的故障只能由一人去处理,不考虑维修时间的长短. 现有两种配备维修工人的方法,一种是由 4 人各自维护,每人独立负责 20 台;另一种是由 3 人共同维护 80 台. 试比较两种方法在设备发生故障时不能得到及时维修的概率.

解 对于第一种方法,设 X 表示"第 1 名维修工负责的 20 台设备中同时发生故障的台数",以 A_i 表示事件"第 i 个维修工负责的 20 台设备发生故障不能及时维修" ($i = 1,2,3,4$). 由已知 $X \sim B(20,0.01)$,故

$$P\{X \geq 2\} = 1 - P\{X = 0\} - P\{X = 1\}$$
$$= 1 - 0.99^{20} - 20 \times 0.01 \times 0.99^{20-1} \approx 0.016\,859\,3,$$

于是,80 台中发生故障而不能得到及时维修的概率

$$P(A_1 \bigcup A_2 \bigcup A_3 \bigcup A_4) = 1 - P(\overline{A_1}\overline{A_2}\overline{A_3}\overline{A_4}) = 1 - P(\overline{A_1})P(\overline{A_2})P(\overline{A_3})P(\overline{A_4})$$
$$\approx 1 - (1 - 0.016\,859\,3)^4 \approx 0.065\,751.$$

对于第二种方法，设 Y 表示"80 台设备中同一时刻发生故障的台数"。此时，$Y \sim B(80,0.01)$，故 80 台设备中发生故障而不能得到及时维修的概率为

$$P\{Y \geqslant 4\} = 1 - \sum_{k=0}^{3} C_{80}^k 0.01^k 0.99^{80-k} \approx 0.008\,659\,19.$$

我们发现，在后一种情况中，尽管任务加重了（平均每人负责大约 27 台），但工作效率不仅没有降低，反而提高了。因此，安排维修工作时让维修工协同作战，可以提高工作效率。

3. 泊松分布

定义 2.6 设随机变量 X 具有概率分布

$$P\{X = k\} = \frac{\lambda^k e^{-\lambda}}{k!}, \quad k = 0,1,2,\cdots,$$

其中 $\lambda > 0$ 是常数，则称随机变量 X 服从以 λ 为参数的**泊松**[①]**分布**，记为 $X \sim \pi(\lambda)$。

易知，$\dfrac{\lambda^k e^{-\lambda}}{k!} \geqslant 0, \; k = 0,1,2,\cdots,$ 且 $\displaystyle\sum_{k=0}^{+\infty} \frac{\lambda^k e^{-\lambda}}{k!} = e^{-\lambda} \sum_{k=0}^{+\infty} \frac{\lambda^k}{k!} = e^{-\lambda} \cdot e^{\lambda} = 1$，即 $P\{X = k\}$，$\; k = 0,1,2,\cdots,$ 满足式（2.3）和式（2.4）

关于泊松分布中参数 λ 的意义将在第 4 章说明，服从泊松分布的随机变量的数学模型在此不做讨论。

在实际应用中，很多随机变量都服从泊松分布。如某段时间内电话交换台接到的呼唤次数、十字路口发生的交通事故数、人寿保险中的年死亡人数、宇宙中单位体积内的星球数、铸件或布匹的疵点数、营业员在一天内接待的顾客数、放射性物质在某段时间内放射的粒子数等，一般都服从泊松分布。简而言之，一些稀有事件构成的粒子流（泊松流）在一定"范围"内到达的粒子数均服从泊松分布。

例 2.10 某商店出售某种商品，根据以往的销售记录，此商品的月销售量服从参数为 8 的泊松分布。为了以 99%以上的概率保证不脱销，问在月底应库存多少件这样的商品（设只在月底进货）？

解 设该商店每月销售该商品的销售量为 X，月底进货量为 m，则当 $X \leqslant m$ 时保证不会脱销。依据题意，要求 m 使得

$$P\{X \leqslant m\} \geqslant 0.99.$$

由于 X 服从参数为 8 的泊松分布，上式即为

$$\sum_{k=0}^{m} \frac{8^k}{k!} e^{-8} \geqslant 0.99.$$

由附表 4，可查知

$$\sum_{k=0}^{14} \frac{8^k}{k!} e^{-8} \approx 0.982\,74 < 0.99, \quad \sum_{k=0}^{15} \frac{8^k}{k!} e^{-8} \approx 0.991\,77 > 0.99.$$

于是，这家商店只要在月底保证库存不低于 15 件就能以 99%以上的概率保证不脱销。

关于二项分布与泊松分布的关系，有如下定理。

定理 2.1 设随机变量 X 服从二项分布，其概率分布为

$$P\{X = k\} = C_n^k p^k (1-p)^{n-k}, \quad k = 0,1,\cdots,n.$$

又设 $np = \lambda$，则对于任意固定常数 k，有

---

① 泊松（Poisson，1781—1840），法国数学家，物理学家和力学家。

$$\lim_{n\to\infty} P\{X=k\} = \lim_{n\to\infty} C_n^k p^k (1-p)^{n-k} = \frac{\lambda^k}{k!}e^{-\lambda}.$$

证　由 $p = \dfrac{\lambda}{n}$，有

$$P\{X=k\} = \frac{n(n-1)\cdots(n-k+1)}{k!}\left(\frac{\lambda}{n}\right)^k\left(1-\frac{\lambda}{n}\right)^{n-k}$$

$$= \frac{\lambda^k}{k!}\left[\frac{n}{n}\cdot\frac{n-1}{n}\cdots\cdots\frac{n-k+1}{n}\right]\left(1-\frac{\lambda}{n}\right)^{n-k}$$

$$= \frac{\lambda^k}{k!}\left[1\cdot\left(1-\frac{1}{n}\right)\cdots\cdots\left(1-\frac{k-1}{n}\right)\right]\left(1-\frac{\lambda}{n}\right)^n\left(1-\frac{\lambda}{n}\right)^{-k}.$$

对于任意一个固定的常数 k，当 $n\to\infty$ 时，

$$1\cdot\left(1-\frac{1}{n}\right)\cdots\cdots\left(1-\frac{k-1}{n}\right)\to 1, \quad \left(1-\frac{\lambda}{n}\right)^n\to e^{-\lambda}, \quad \left(1-\frac{\lambda}{n}\right)^{-k}\to 1,$$

所以

$$\lim_{n\to\infty} P\{X=k\} = \frac{\lambda^k}{k!}e^{-\lambda}, \quad k = 0,1,\cdots,n.$$

定理 2.1 的条件 $np = \lambda$ (常数)意味着当 n 很大时 p 必定很小，这表明当 n 很大，p 很小($np = \lambda$)时，二项分布的概率分布近似于泊松分布，即

$$C_n^k p^k (1-p)^{n-k} \approx \frac{\lambda^k}{k!}e^{-\lambda}, \quad (np = \lambda).$$

在实际计算中，当 $n \geqslant 10$，$p \leqslant 0.1$ 时，就可以用 $\dfrac{\lambda^k}{k!}e^{-\lambda}$ $(\lambda = np)$ 作为 $C_n^k p^k (1-p)^{n-k}$ 的近似值，而前者有表可查，计算较为方便.

例 2.11 （寿命保险问题）有 2 500 个同一年龄和社会阶层的人参加了人寿保险. 在每一年里，每个人死亡的概率为 0.002，每个参加保险的人在 1 月 1 日须交 12 元保险费，而在死亡时家属可从保险公司里领取 2 000 元赔偿金. 试求：（1）保险公司亏本的概率；（2）保险公司获利分别不少于 10 000 元、20 000 元的概率.

解 显然，可以把考察“参加保险的人在一年中是否死亡”看作是一次随机试验，因为有 2 500 个人参加保险，从而可以把该问题看作是具有死亡概率 $p = 0.002$ 的 2 500 重伯努利试验.

设 X 表示一年中的死亡人数，这样保险公司在元旦收入 $2\,500\times 12 = 30\,000$ 元，而保险公司在这一年中应付出 $2\,000X$ 元.

（1）“保险公司亏本”（不计利息）等价于 $2000X > 30\,000$，即 $X > 15$，因此，

$$P\{\text{保险公司亏本}\} = P\{X > 15\} = \sum_{k=16}^{2\,500} C_{2\,500}^k 0.002^k 0.998^{2\,500-k}$$

$$\approx \sum_{k=16}^{2\,500}\frac{5^k}{k!}e^{-5} = 1 - \sum_{k=0}^{15}\frac{5^k}{k!}e^{-5} \approx 0.000\,07.$$

（2）“保险公司获利不少于 10 000 元”等价于 $30\,000 - 2000X \geqslant 10\,000$，即 $X \leqslant 10$，所以，“保险公司获利不少于 10 000 元”的概率为

$$P\{X \leqslant 10\} = \sum_{k=0}^{10} C_{2\,500}^k 0.002^k 0.998^{2\,500-k} \approx \sum_{k=0}^{10}\frac{5^k}{k!}e^{-5} \approx 0.986\,30,$$

即保险公司获利不少于 10 000 元的概率在 98% 以上.

"保险公司获利不少于 20 000 元"等价于 $30\,000 - 2\,000X \geqslant 20\,000$，即 $X \leqslant 5$，于是，"保险公司获利不少于 20 000 元"的概率为

$$P\{X \leqslant 5\} = \sum_{k=0}^{5} C_{2\,500}^{k} 0.002^{k} 0.998^{2\,500-k} \approx \sum_{k=0}^{5} \frac{5^{k}}{k!} \mathrm{e}^{-5} \approx 0.615\,96 .$$

从以上的计算结果可以看出，在一年中，保险公司亏本的概率是非常小的，即在 10 万年中约有 7 年亏本，而保险公司获利不少于 10 000 元和 20 000 元的概率分别在 98%和 61%以上.

2.3 连续型随机变量

上一节讨论的离散型随机变量的可能取值是有限个或可列无限个. 而在实际问题中，还有一类随机变量可能的取值可充满一个区间，而不能一一罗列，因此不能用离散型随机变量的概率分布来描述它们的统计规律. 例如，电子元件的使用寿命、客机达到某机场的时刻就是这类随机变量. 下面讨论其中一类常见的随机变量——连续型随机变量.

2.3.1 连续型随机变量的概念

定义 2.7 如果对于随机变量 X 的分布函数 $F(x)$，存在非负函数 $f(x)$，使对任意实数 x 有

$$F(x) = P\{X \leqslant x\} = \int_{-\infty}^{x} f(t)\mathrm{d}t , \tag{2.6}$$

则称 X 为**连续型随机变量**，其中 $f(x)$ 称为 X 的**概率密度函数**，简称**概率密度**[①].

由（2.6）式，根据微积分的知识可得，连续型随机变量的分布函数是连续函数.

由定义 2.7 可知，概率密度 $f(x)$ 具有以下性质：

（1） $f(x) \geqslant 0$.

（2） $\int_{-\infty}^{+\infty} f(x)\mathrm{d}x = 1$.

反之，如果函数 $f(x)$ 满足性质（1）和性质（2），则由式（2.6）定义的函数 $F(x)$ 也一定可以作为某个连续型随机变量 X 的分布函数.

（3）对于任意实数 $x_1, x_2, (x_1 \leqslant x_2)$ ，

$$P\{x_1 < X \leqslant x_2\} = F(x_2) - F(x_1) = \int_{x_1}^{x_2} f(x)\mathrm{d}x .$$

（4）若 $f(x)$ 在点 x 处连续，则有 $F'(x) = f(x)$.

从几何意义来说，概率密度曲线的图形位于 x 轴的上方；介于密度曲线 $y = f(x)$ 与 x 轴之间的面积等于 1（如图 2-6）；X 落在区间 $(x_1, x_2]$ 的概率 $P\{x_1 < X \leqslant x_2\}$ 等于区间 $(x_1, x_2]x$ 轴之上曲线 $y = f(x)$ 之下的曲边梯形的面积（如图 2-7）.

由性质（4），在 $f(x)$ 的连续点 x 处有

$$f(x) = \lim_{\Delta x \to 0^+} \frac{F(x+\Delta x) - F(x)}{\Delta x} = \lim_{\Delta x \to 0^+} \frac{P\{x < X \leqslant x+\Delta x\}}{\Delta x} . \tag{2.7}$$

从式（2.7）看到，概率密度的定义与物理学中的线密度的定义相类似，这就是 $f(x)$ 被称为概率密度的缘故.

---

① 由定义 2.7 及微积分的基本知识可知，改变概率密度 $f(x)$ 在个别点处的函数值不影响分布函数 $F(x)$ 的取值. 因此，对于 $f(x)$ 而言，改变它在个别点的函数值将是允许的.

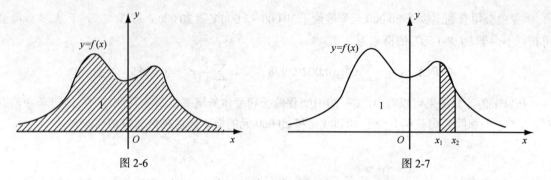

图 2-6　　　　　　　　　　　　　　图 2-7

又由式（2.7）知，若不计高阶无穷小，有

$$P\{x < X \leqslant x + \Delta x\} \approx f(x)\Delta x ,$$

这表示 X 落在小区间 $(x, x + \Delta x]$ 的概率近似地等于 $f(x)\Delta x$．

例 2.12　设随机变量 X 具有概率密度

$$f(x) = \begin{cases} ax + 1, & 0 < x < 2, \\ 0, & \text{其他.} \end{cases}$$

求：（1）常数 a；（2）求 X 的分布函数 $F(x)$；（3）$P\{1 < X \leqslant 3\}$．

解　（1）由于

$$\int_{-\infty}^{+\infty} f(x)\mathrm{d}x = \int_{-\infty}^{0} f(x)\mathrm{d}x + \int_{0}^{2} f(x)\mathrm{d}x + \int_{2}^{+\infty} f(x)\mathrm{d}x$$

$$= \int_{-\infty}^{0} 0\mathrm{d}x + \int_{0}^{2} (ax+1)\mathrm{d}x + \int_{2}^{+\infty} 0\mathrm{d}x$$

$$= \left(\frac{1}{2}ax^2 + x\right)\Big|_{0}^{2} = 2(a+1).$$

根据概率密度的性质，$\int_{-\infty}^{+\infty} f(x)\mathrm{d}x = 1$，得 $2(a+1) = 1$，即 $a = -\dfrac{1}{2}$．

（2）当 $x < 0$ 时，$F(x) = \int_{-\infty}^{x} f(t)\mathrm{d}t = \int_{-\infty}^{x} 0\mathrm{d}t = 0$；

当 $0 \leqslant x < 2$ 时，$F(x) = \int_{-\infty}^{0} f(t)\mathrm{d}t + \int_{0}^{x} f(t)\mathrm{d}t = \int_{0}^{x}\left(-\dfrac{1}{2}t + 1\right)\mathrm{d}t = -\dfrac{1}{4}x^2 + x$；

当 $x \geqslant 2$ 时，$F(x) = \int_{-\infty}^{0} f(t)\mathrm{d}t + \int_{0}^{2} f(t)\mathrm{d}t + \int_{2}^{x} f(t)\mathrm{d}t = \int_{0}^{2}\left(-\dfrac{1}{2}t + 1\right)\mathrm{d}t = 1$．

所以，X 的分布函数为

$$F(x) = \begin{cases} 0, & x < 0, \\ -\dfrac{1}{4}x^2 + x, & 0 \leqslant x < 2, \\ 1, & x \geqslant 2. \end{cases}$$

（3）$P\{1 < X \leqslant 3\} = F(3) - F(1) = 1 - \left(-\dfrac{1}{4} \times 1^2 + 1\right) = \dfrac{1}{4}$．

对于连续型随机变量 X，它取任一指定的数值 a 的概率均为 0，即 $P\{X = a\} = 0$．事实上，设 X 的分布函数为 $F(x)$，$\Delta x > 0$，则由 $\{X = a\} \subset \{a - \Delta x < X \leqslant a\}$ 得

$$0 \leqslant P\{X = a\} \leqslant P\{a - \Delta x < X \leqslant a\} = F(a) - F(a - \Delta x).$$

在上述不等式中，令 $\Delta x \to 0^+$，注意到 X 为连续型随机变量，其分布函数 $F(x)$ 是连续的，即得

$$P\{X = a\} = 0.$$

据此，计算连续型随机变量落在某一区间的概率时，可以不分区间是开区间、闭区间和半闭区间. 例如，

$$P\{a < X \leqslant b\} = P\{a \leqslant X \leqslant b\} = P\{a < X < b\} = \int_a^b f(x)\mathrm{d}x .$$

这一特点对于离散型随机变量是不适用的，离散型随机变量概率的计算要"点点计较".

本书以后提到一个随机变量 X 的"概率分布"时，指的是它的分布函数；或者，当 X 是连续型时，指的是它的概率密度，而当 X 是离散型时，指的是它的分布律.

2.3.2　几种重要的连续型随机变量

1. 均匀分布

定义 2.8　若连续型随机变量 X 的概率密度为

$$f(x) = \begin{cases} \dfrac{1}{b-a}, & a < x < b, \\ 0, & \text{其他,} \end{cases} \tag{2.8}$$

则称 X 在区间 (a,b) 内服从**均匀分布**，记为 $X \sim U(a,b)$.

根据均匀分布的概率密度，易知 $f(x) \geqslant 0$，且 $\int_{-\infty}^{+\infty} f(x)\mathrm{d}x = 1$.

由式（2.8）得 X 的分布函数为

$$F(x) = \begin{cases} 0, & x < a, \\ \dfrac{x-a}{b-a}, & a \leqslant x < b, \\ 1, & x \geqslant b. \end{cases}$$

它的概率密度和分布函数的图形分别如图 2-8 和图 2-9 所示.

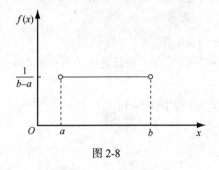

图 2-8

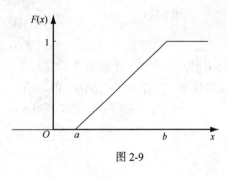

图 2-9

在区间 (a,b) 内服从均匀分布的随机变量 X，具有下述意义的等可能性，即它落在区间 (a,b) 中任意等长度的子区间内的可能性是相同的. 或者说，它落在 (a,b) 的子区间内的概率只依赖于子区间的长度而与子区间的位置无关.

事实上，对于任一长度 l 的子区间 $(c,c+l), a \leqslant c < c+l \leqslant b$, 有

$$P\{c < X \leqslant c+l\} = \int_c^{c+l} f(x)\mathrm{d}x = \int_c^{c+l} \frac{1}{b-a}\mathrm{d}x = \frac{l}{b-a} .$$

例 2.13　（**等待时间问题**）设公共汽车每 15min 按时通过某车站，且它可在随机选择的时间到达该车站，已知乘客等车的时间 X（单位：min）服从 $(0,15)$ 内的均匀分布，求乘客等车时间不超过 5min 的概率.

解 由于 X 服从 $(0,15)$ 内的均匀分布，所以 X 的概率密度为

$$f(x) = \begin{cases} \dfrac{1}{15}, & 0 < x < 15, \\ 0, & \text{其他.} \end{cases}$$

进而，等车时间不超过 5min 的概率为

$$P\{X \leqslant 5\} = \int_{-\infty}^{5} f(x)\mathrm{d}x = \int_{0}^{5} \frac{1}{15}\mathrm{d}x = \frac{1}{3}.$$

2. 指数分布

定义 2.9 若连续型随机变量 X 的概率密度为

$$f(x) = \begin{cases} \lambda \mathrm{e}^{-\lambda x}, & x > 0, \\ 0, & \text{其他,} \end{cases} \tag{2.9}$$

其中 $\lambda > 0$ 为常数，则称 X 服从参数为 λ 的**指数分布**，记为 $X \sim \mathrm{Exp}(\lambda)$.

易知 $f(x) \geqslant 0$，且 $\int_{-\infty}^{+\infty} f(x)\mathrm{d}x = 1$. 图 2-10 中画出了 $\lambda = 3$，$\lambda = 1$，$\lambda = \dfrac{1}{2}$ 时 $f(x)$ 的图形.

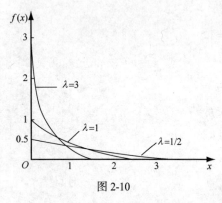

图 2-10

由式（2.9）容易得到随机变量 X 的分布函数为

$$F(x) = \begin{cases} 1 - \mathrm{e}^{-\lambda x}, & x > 0, \\ 0, & \text{其他.} \end{cases}$$

例 2.14 假设一台设备在任意长为 t 的时间内发生故障的次数 $N(t)$ 服从参数为 λt 的泊松分布 $\pi(\lambda t)$，求相继 2 次故障之间的间隔时间 T 的概率密度.

解 由定义 2.2，T 的分布函数

$$F(t) = P\{T \leqslant t\}, \quad -\infty < t < +\infty.$$

由于 2 次故障之间的间隔时间总是大于 0，因此当 $t \leqslant 0$ 时，$\{T \leqslant t\}$ 是不可能事件. 因而

$$F(t) = P\{T \leqslant t\} = 0.$$

当 $t > 0$ 时，事件 $\{T > t\}$ 表示 2 次故障之间的间隔时间大于 t，也就是在长为 t 的时间区间内设备没有发生故障，即 $\{T > t\} = \{N(t) = 0\}$. 所以，

$$F(t) = P\{T \leqslant t\} = 1 - P\{T > t\} = 1 - P\{N(t) = 0\}$$

$$= 1 - \frac{(\lambda t)^0}{0!}\mathrm{e}^{-\lambda t} = 1 - \mathrm{e}^{-\lambda t}.$$

综上所述，

$$f(t) = F'(t) = \begin{cases} \mathrm{e}^{-\lambda t}, & t > 0, \\ 0, & t \leqslant 0. \end{cases}$$

指数分布常见于下列情形：电子元件的使用寿命，随机服务系统的服务时间，机器正常工作的时间等. 指数分布在可靠性理论与排队论中有广泛的应用.

服从指数分布的随机变量 X 具有以下性质：对于任意 $s, t > 0$，有

$$P\{X > s + t \mid X > s\} = P\{X > t\}. \tag{2.10}$$

事实上，

$$P\{X > s + t \mid X > s\} = \frac{P\{(X > s + t) \bigcap (X > s)\}}{P\{X > s\}} = \frac{P\{X > s + t\}}{P\{X > s\}}$$

$$= \frac{1-F(s+t)}{1-F(s)} = \frac{\mathrm{e}^{-\lambda(s+t)}}{\mathrm{e}^{-\lambda s}} = \mathrm{e}^{-\lambda t} = P\{X > t\}.$$

式（2.10）称为**无记忆性**. 如果 X 是某一元件的寿命，那么式（2.10）表明：已知元件已使用了 s 小时，它总共能使用至少 $s+t$ 小时的条件概率，与从开始使用时算起它至少能使用 t 小时的概率相等. 这就是说，元件对它已使用过 s 小时没有记忆. 这一性质是指数分布具有广泛性应用的重要原因.

3．正态分布

定义 2.10　设连续型随机变量 X 的概率密度为

$$f(x) = \frac{1}{\sqrt{2\pi}\sigma} \mathrm{e}^{-\frac{(x-\mu)^2}{2\sigma^2}}, \quad -\infty < x < +\infty, \tag{2.11}$$

其中 $\mu, \sigma(\sigma > 0)$ 为常数，则称 X 服从参数为 μ, σ^2 的**正态分布**或**高斯**①**分布**，记为 $X \sim N(\mu, \sigma^2)$.

由式（2.11）易知 $f(x) \geqslant 0$，并可以证明 $\int_{-\infty}^{+\infty} f(x)\mathrm{d}x = 1$.

X 的分布函数为

$$F(x) = \frac{1}{\sqrt{2\pi}\sigma} \int_{-\infty}^{x} \mathrm{e}^{-\frac{(t-\mu)^2}{2\sigma^2}} \mathrm{d}t, \quad -\infty < x < +\infty. \tag{2.12}$$

$f(x)$ 和 $F(x)$ 的图形分别如图 2-11 及图 2-12 所示，关于参数 μ，σ 的意义将在第 4 章中说明.

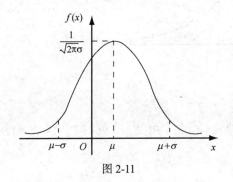

图 2-11

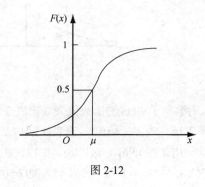

图 2-12

由图 2-11 容易看到：概率密度曲线 $y = f(x)$ 关于 $x = \mu$ 对称，并在 $x = \mu$ 处取到最大值 $\frac{1}{\sqrt{2\pi}\sigma}$；在横坐标 $x = \mu \pm \sigma$ 处有拐点；以 x 轴为其水平渐近线.

如果固定 σ，改变 μ 的值，则 $f(x)$ 的图形沿着 x 轴平移，但其形状不变(如图 2-13)，即参数 μ 决定着 $f(x)$ 图形的位置，因此，μ 称为**位置参数**.

如果 μ 固定，改变 σ 的值，则由最大值 $\frac{1}{\sqrt{2\pi}\sigma}$ 可知，当 σ 变得越大时，$f(x)$ 的图形在 $x = \mu$ 附近变得越平坦；当 σ 变得越小时，$f(x)$ 的图形在 $x = \mu$ 附近变得越陡峭（如图 2-14），X 落在 $x = \mu$ 附近的概率越大，所以，σ 称为**尺度参数**，它的大小反应了 X 取值的集中或分散的程度.

特别地，当 $\mu = 0, \sigma = 1$ 时，称 X 服从**标准正态分布**. 其概率密度和分布函数分别用 $\varphi(x)$ 和 $\Phi(x)$ 表示，即有

---

① 高斯（Gauss，1777—1855），德国著名数学家、物理学家、天文学家、大地测量学家. 他有"数学王子"的美誉，并被誉为"历史上最伟大的数学家之一".

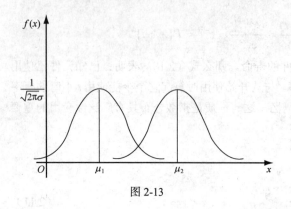

图 2-13

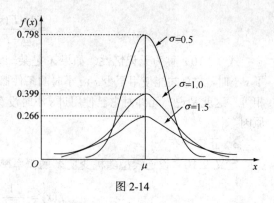

图 2-14

$$\varphi(x) = \frac{1}{\sqrt{2\pi}} e^{-\frac{x^2}{2}}, \quad \Phi(x) = \frac{1}{\sqrt{2\pi}} \int_{-\infty}^{x} e^{-\frac{t^2}{2}} dt.$$

根据概率密度 $\varphi(x)$ 的对称性及分布函数的几何意义，容易（见图 2-15）得到

$$\Phi(-x) = 1 - \Phi(x).$$

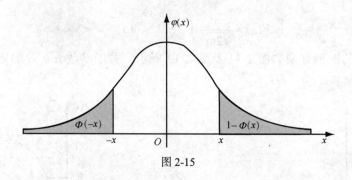

图 2-15

人们编制了 $\Phi(x)$ 的函数值表（附表 3），供查用.

例 2.15 设 $X \sim N(0,1)$，查表计算 $P\{X \leqslant 1.96\}$，$P\{X < -1.96\}$，$P\{|X| < 1.96\}$，$P\{-1 < X < 1.96\}$.

解 $P\{X \leqslant 1.96\} = \Phi(1.96) = 0.97\,500$，

$P\{X < -1.96\} = 1 - \Phi(1.96) = 1 - 0.97\,500 = 0.02\,500$，

$P\{|X| < 1.96\} = \Phi(1.96) - \Phi(-1.96) = \Phi(1.96) - [1 - \Phi(1.96)]$

$\qquad = 2\Phi(1.96) - 1 = 2 \times 0.97\,500 - 1 = 0.95\,000$，

$P\{-1 < X < 1.96\} = \Phi(1.96) - \Phi(-1) = \Phi(1.96) + \Phi(1) - 1$

$\qquad = 0.975 + 0.841\,34 - 1 = 0.861\,34$.

关于一般正态分布与标准正态分布的关系，我们有下面的结论.

定理 2.2 若 $X \sim N(\mu, \sigma^2)$，则 $Z = \dfrac{X - \mu}{\sigma} \sim N(0,1)$.

证 $Z = \dfrac{X - \mu}{\sigma}$ 的分布函数为

$$P\{Z \leqslant x\} = P\left\{\frac{X - \mu}{\sigma} \leqslant x\right\} = P\{X \leqslant \mu + \sigma x\} = \frac{1}{\sqrt{2\pi}\sigma} \int_{-\infty}^{\mu + \sigma x} e^{-\frac{(t-\mu)^2}{2\sigma^2}} dt,$$

令 $\dfrac{t - \mu}{\sigma} = u$，得

$$P\{Z \leqslant x\} = \frac{1}{\sqrt{2\pi}} \int_{-\infty}^{x} e^{-\frac{u^2}{2}} du = \Phi(x),$$

从而可知，$Z = \dfrac{X-\mu}{\sigma} \sim N(0,1)$.

因此，若 $X \sim N(\mu,\sigma^2)$，则它的分布函数 $F(x)$ 可写成

$$F(x) = P\{X \leqslant x\} = P\left\{\frac{X-\mu}{\sigma} \leqslant \frac{x-\mu}{\sigma}\right\} = \Phi\left(\frac{x-\mu}{\sigma}\right). \tag{2.13}$$

从而对于任意区间 $(x_1,x_2]$，有

$$P\{x_1 < X \leqslant x_2\} = \Phi\left(\frac{x_2-\mu}{\sigma}\right) - \Phi\left(\frac{x_1-\mu}{\sigma}\right). \tag{2.14}$$

注意到式（2.13）、（2.14）右端由附表 3 可查，无须直接计算.

例 2.16　假设某地区成年男性的身高（单位：cm）$X \sim N(171,9^2)$，从该地区任选一人，试求：（1）他的身高在 165cm 与 180cm 之间的概率；（2）他的身高超过 186cm 的概率.

解　（1）$P\{165 \leqslant X \leqslant 180\} = \Phi\left(\dfrac{180-171}{9}\right) - \Phi\left(\dfrac{165-171}{9}\right) = \Phi(1) - \Phi\left(-\dfrac{2}{3}\right)$

$$= \Phi(1) + \Phi\left(\frac{2}{3}\right) - 1 = 0.841\,34 + 0.748\,57 - 1 = 0.589\,91.$$

（2）$P\{X > 186\} = 1 - P\{X \leqslant 186\} = 1 - \Phi\left(\dfrac{186-171}{9}\right) = 1 - \Phi\left(\dfrac{5}{3}\right)$

$$= 1 - 0.952\,54 = 0.047\,46.$$

例 2.17　（出行路线的选择问题）某人从南郊前往北郊火车站乘火车，有两条路可走. 第一条路穿过市中心，路程较短，但交通拥挤，所需时间（以分钟计）服从正态分布 $N(35,80)$；第二条路沿环城公路走，路程较长，但意外阻塞较少，所需时间服从正态分布 $N(40,20)$. 试问：（1）假如有 50 分钟时间可用，应走哪条路？（2）若只有 40 分钟时间可用，又应该走哪条路线？

解　设 X 表示"该人沿第一条路线从南郊到北郊火车站所需的时间"，Y 表示"该人沿第二条路线从南郊到北郊火车站所需的时间"，依题意 $X \sim N(35,80)$，$Y \sim N(40,20)$.

（1）若有 50 分钟可用，由于

$$P\{X \leqslant 50\} = \Phi\left(\frac{50-35}{\sqrt{80}}\right) \approx \Phi(1.68) = 0.953\,52,$$

$$P\{Y \leqslant 50\} = \Phi\left(\frac{50-40}{\sqrt{20}}\right) \approx \Phi(2.24) \approx 0.987\,45.$$

于是，该人沿第二条路从南郊到北郊火车站，在 50 分钟内到达的概率比沿第一条路的概率大，故此时应选择第二条路走.

（2）若有 40 分钟可用，由于

$$P\{X \leqslant 40\} = \Phi\left(\frac{40-35}{\sqrt{80}}\right) \approx \Phi(0.56) = 0.712\,26,$$

$$P(Y \leqslant 40) = \Phi\left(\frac{40-40}{\sqrt{20}}\right) = \Phi(0) = 0.5.$$

因此，该人沿第一条路从南郊到北郊火车站，在 40 分钟内到达的概率比沿第二条路的概率大，故此时应选择第一条路走.

例 2.18 （录用者的最低分数）某大型企业招聘 24 825 人，按考试成绩从高分到低分一次录用，共有 100 000 人报名. 假设报名者的成绩服从 $N(\mu, \sigma^2)$，已知 90 分以上的有 3 593 人，60 分以下的有 11 507 人，试问录用者最低分数是多少？

解 设报名者的成绩为 X，由题意 $X \sim N(\mu, \sigma^2)$. 因为

$$P\{X > 90\} = 1 - P\{X \leqslant 90\} = 1 - \Phi\left(\frac{90-\mu}{\sigma}\right) = \frac{3\,593}{100\,000}, \quad P\{X < 60\} = \Phi\left(\frac{60-\mu}{\sigma}\right) = \frac{11\,507}{100\,000},$$

于是

$$\Phi\left(\frac{90-\mu}{\sigma}\right) = 1 - 0.035\,93 = 0.964\,07, \quad \Phi\left(\frac{60-\mu}{\sigma}\right) = 0.115\,07.$$

查附表 3，得

$$\frac{90-\mu}{\sigma} = 1.8, \quad \frac{60-\mu}{\sigma} = -1.2.$$

解之得 $\mu = 72, \sigma = 10$.

再设录用者的最低分数为 x，由题意

$$P\{X > x\} = 1 - P\{X \leqslant x\} = 1 - \Phi\left(\frac{x-\mu}{\sigma}\right) = \frac{24\,825}{100\,000},$$

即

$$\Phi\left(\frac{x-\mu}{\sigma}\right) = 1 - 0.248\,25 = 0.751\,75,$$

查附表 3，得 $\dfrac{x-\mu}{\sigma} = 0.68$，故录用者的最低分数为

$$x = \mu + 0.68\sigma = 72 + 0.68 \times 10 = 78.8.$$

设 $X \sim N(\mu, \sigma^2)$，由 $\Phi(x)$ 的函数表还能得到（图 2-16）：

$$P\{\mu - \sigma < X < \mu + \sigma\} = \Phi(1) - \Phi(-1) = 2\Phi(1) - 1 = 0.682\,68,$$

$$P\{\mu - 2\sigma < X < \mu + 2\sigma\} = \Phi(2) - \Phi(-2) = 0.954\,50,$$

$$P\{\mu - 3\sigma < X < \mu + 3\sigma\} = \Phi(3) - \Phi(-3) = 0.997\,30.$$

由此可见，尽管正态分布的取值范围是 $(-\infty, +\infty)$，但它的值落在区间 $(\mu - 3\sigma, \mu + 3\sigma)$ 以外的概率可以忽略不计，这就是人们通常所说的 "3σ 规则".

为了便于今后在数理统计中的应用，对于标准正态随机变量，我们引入上 α 分位点的定义.

设 $X \sim N(0,1)$，若 z_α 满足条件

$$P\{X > z_\alpha\} = \alpha,$$

则称点 z_α 为标准正态分布的上 α 分位点. 这表示图 2-17 中右侧阴影部分的面积等于 α. 表 2-5 列出几个常用的 z_α 的值.

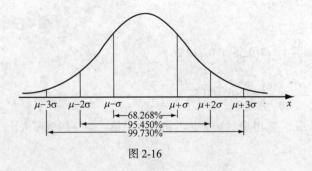

图 2-16

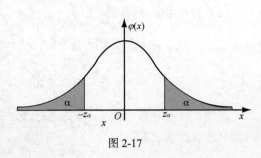

图 2-17

表 2-5

α	0.001	0.005	0.01	0.025	0.05	0.10
z_α	3.090	2.576	2.326	1.960	1.645	1.282

另外，根据 $\varphi(x)$ 图形的对称性知，$z_{1-\alpha} = -z_\alpha$.

在自然现象和社会现象中，大量的随机变量服从正态分布. 例如，农作物的亩产量、海洋波浪的高度、一个地区男性成年人的身高、测量误差、电子器件中的热噪声电压、学生的考试成绩等，都服从正态分布. 在概率论和数理统计的理论研究和实际应用中，正态随机变量起着至关重要的作用. 在第 5 章，我们将进一步说明正态随机变量的重要性.

2.4 随机变量函数的分布

在实际问题中经常会遇到这样一种情况，随机变量 X 的分布是已知的，而我们却需要知道与此相关的另一个随机变量，即 X 的某个函数的分布. 例如，某种商品一天的销售量 X 是一个随机变量，它的分布是已知的，一天的销售收入 Y 是 X 的函数，Y 也是一个随机变量. 下面将讨论如何由已知随机变量 X 的概率分布去计算它的函数 $Y = g(X)$ 的概率分布，其中 $g(x)$ 是连续函数.

2.4.1 离散型随机变量函数的分布

例 2.19 设随机变量 X 的概率分布见表 2-6.

表 2-6

X	−2	−1	0	1	2
P	0.2	0.1	0.3	0.2	0.2

求 $Y = (X+1)^2$ 的概率分布.

解 随机变量 $Y = (X+1)^2$ 的所有可能取值为 0，1，4，9，且 Y 的每一个取值的概率分别为

$$P\{Y=0\} = P\{(X+1)^2 = 0\} = P\{X=-1\} = 0.1，$$
$$P\{Y=1\} = P\{(X+1)^2 = 1\} = P\{X=-2\} + P\{X=0\} = 0.5，$$
$$P\{Y=4\} = P\{(X+1)^2 = 4\} = P\{X=1\} = 0.2，$$
$$P\{Y=9\} = P\{(X+1)^2 = 9\} = P\{X=2\} = 0.2，$$

所以，$Y = (X+1)^2$ 的概率分布见表 2-7

表 2-7

Y	0	1	4	9
P	0.1	0.5	0.2	0.2

一般地，设离散型随机变量 X 的概率分布

$$P\{X = x_k\} = p_k，\quad k = 1,2,\cdots，$$

则 $Y = g(X)$ 有

$$P\{Y = g(x_k)\} = p_k，\quad k = 1,2,\cdots，$$

如果数值 $g(x_k)$($k=1,2,\cdots$)中有相等的，就把 Y 取这些相等数值的概率相加，作为 $Y=g(X)$ 取该值的概率，便可得 $Y=g(X)$ 的概率分布.

2.4.2 连续型随机变量的函数的分布

设 X 为连续型随机变量，其分布函数和概率密度分别为 $F_X(x)$ 和 $f_X(x)$，要求随机变量 X 的函数 $Y=g(X)$ 的分布函数 $F_Y(y)$ 和概率密度 $f_Y(y)$.

例 2.20 设随机变量 X 概率密度为

$$f(x)=\begin{cases}2x, & 0<x<1,\\ 0, & \text{其他.}\end{cases}$$

求随机变量 $Y=2X+1$ 的概率密度.

解 设 X，Y 的分布函数分别为 $F_X(x)$ 和 $F_Y(y)$. 由分布函数的定义，得

$$F_Y(y)=P\{Y\leqslant y\}=P\{2X+1\leqslant y\}$$

$$=P\left\{X\leqslant\frac{y-1}{2}\right\}=F_X\left(\frac{y-1}{2}\right).$$

于是，由分布函数与概率密度的关系，随机变量 Y 的概率密度

$$f_Y(y)=F_Y'(y)=\left[F_X\left(\frac{y-1}{2}\right)\right]'=f\left(\frac{y-1}{2}\right)\left(\frac{y-1}{2}\right)'$$

$$=\frac{1}{2}\cdot f\left(\frac{y-1}{2}\right)=\begin{cases}\dfrac{y-1}{2}, & 0\leqslant\dfrac{y-1}{2}\leqslant1,\\ 0, & \text{其他.}\end{cases}$$

$$=\begin{cases}\dfrac{y-1}{2}, & 1\leqslant y\leqslant3,\\ 0, & \text{其他.}\end{cases}$$

例 2.21 设随机变量 X 服从标准正态分布 $N(0,1)$，求随机变量 $Y=X^2$ 的概率密度.

解 设 X，Y 的分布函数分别为 $F_X(x)$ 和 $F_Y(y)$. 由于

$$F_Y(y)=P\{Y\leqslant y\}=P\{X^2\leqslant y\}.$$

当 $y<0$ 时，$\{X^2\leqslant y\}$ 是不可能事件，所以，$F_Y(y)=0$；

当 $y\geqslant0$ 时，有

$$F_Y(y)=P\{X^2\leqslant y\}=P\{-\sqrt{y}\leqslant X\leqslant\sqrt{y}\}$$

$$=\Phi(\sqrt{y})-\Phi(-\sqrt{y}).$$

将 $F_Y(y)$ 关于 y 求导数，得 Y 的概率密度为

$$f_Y(y)=F_Y'(y)=\begin{cases}\dfrac{1}{2\sqrt{y}}[\Phi'(\sqrt{y})+\Phi'(-\sqrt{y})], & y>0,\\ 0, & y\leqslant0.\end{cases}$$

$$=\begin{cases}\dfrac{1}{2\sqrt{y}}[\varphi(\sqrt{y})+\varphi(-\sqrt{y})], & y>0,\\ 0, & y\leqslant0.\end{cases}$$

$$=\begin{cases}\dfrac{1}{\sqrt{2\pi y}}\mathrm{e}^{-\frac{y}{2}}, & y>0,\\ 0, & y\leqslant0.\end{cases}$$

此时称 Y 服从自由度为 1 的 χ^2 分布，它在数理统计中有着重要的应用.

上述例子的解法具有普遍性. 一般地，先求 Y 的分布函数，然后将 $F_Y(y)$ 求导数得到 Y 的概率密度. 在求 $F_Y(y)$ 时，设法将其转化为 X 的分布函数. 具体地说，由 $Y \leqslant y$，即 $g(X) \leqslant y$ 解出 X，得到一个与 $g(X) \leqslant y$ 等价的 X 的不等式，并以后者代替 $g(X) \leqslant y$. 这是关键的一步. 此外，要依据函数 $y = g(x)$ 的值域对分布函数 $F_Y(y)$ 的自变量的定义域进行恰当的划分，并对相应的每个区间逐个讨论. 按照这种方法，对 $Y = g(X)$（其中 g 是严格单调函数的情况）可得出下面一般的结果.

定理 2.3 设随机变量 X 具有概率密度 $f_X(x)$，$-\infty < x < +\infty$，函数 $g(x)$ 处处可导且恒有 $g'(x) < 0$（或恒有 $g'(x) > 0$），则 $Y = g(X)$ 是连续型随机变量，其概率密度为

$$f_Y(y) = \begin{cases} f_X[h(y)]\,|h'(y)|, & \alpha < y < \beta, \\ 0, & \text{其他.} \end{cases} \tag{2.15}$$

其中 $\alpha = \min\{g(-\infty), g(+\infty)\}$，$\beta = \max\{g(-\infty), g(+\infty)\}$，$h(y)$ 是 $g(x)$ 的反函数.

证 先考虑 $g'(x) < 0$ 的情况. 此时 $g(x)$ 在 $(-\infty, +\infty)$ 上严格单调递减，它的反函数 $h(y)$ 存在，且在 (α, β) 严格单调递减、可导. 分别记 X, Y 的分布函数为 $F_X(x), F_Y(y)$.

由于 $Y = g(X)$ 在 (α, β) 取值，故当 $y \leqslant \alpha$ 时 $F_Y(y) = P\{Y \leqslant y\} = 0$；当 $y \geqslant \beta$ 时，$F_Y(y) = P\{Y \leqslant y\} = 1$.

当 $\alpha < y < \beta$ 时，

$$F_Y(y) = P\{Y \leqslant y\} = P\{g(X) \leqslant y\} = P\{X \geqslant h(y)\} = 1 - F_X[h(y)].$$

将 $F_Y(y)$ 关于 y 求导数，即得 Y 的概率密度

$$f_Y(y) = \begin{cases} f_X[h(y)][-h'(y)], & \alpha < y < \beta, \\ 0, & \text{其他.} \end{cases} \tag{2.16}$$

再考虑 $g'(x) > 0$ 的情况，类似可得

$$f_Y(y) = \begin{cases} f_X[h(y)][h'(y)], & \alpha < y < \beta, \\ 0, & \text{其他.} \end{cases} \tag{2.17}$$

合并式（2.16）与式（2.17），式（2.15）得证.

例 2.22 设随机变量 X 服从正态分布 $N(\mu, \sigma^2)$，求 $Y = aX + b$（$a \neq 0$）的概率密度.

解 X 的概率密度为

$$f_X(x) = \frac{1}{\sqrt{2\pi}\sigma} e^{-\frac{(x-\mu)^2}{2\sigma^2}}, \quad -\infty < x < +\infty.$$

现在 $y = g(x) = ax + b$，由此式解得 $x = h(y) = \dfrac{y-b}{a}$，且有 $h'(y) = \dfrac{1}{a}$. 由定理 2.3，得 $Y = aX + b$ 的概率密度为

$$f_Y(y) = \frac{1}{|a|} f_X\left(\frac{y-b}{a}\right) = \frac{1}{|a|} \times \frac{1}{\sqrt{2\pi}\sigma} e^{-\frac{\left(\frac{y-b}{a} - \mu\right)^2}{2\sigma^2}}$$

$$= \frac{1}{|a|\sigma\sqrt{2\pi}} e^{-\frac{[y-(b+a\mu)]^2}{2(a\sigma)^2}}, \quad -\infty < y < +\infty.$$

因此，$Y = aX + b \sim N(a\mu + b, (a\sigma)^2)$.

若取 $a = \dfrac{1}{\sigma}, b = -\dfrac{\mu}{\sigma}$，得 $Y = \dfrac{X-\mu}{\sigma} \sim N(0, 1)$，这就是定理 2.2 的结果.

习题 2

2.1 设一质点在数轴上的开区间（2,6）内随机游动，以 X 表示质点的坐标，则 X 是一个随机变量．设质点位于（2,6）内任意一个子区间 (c,d) 上的概率与这个子区间的长度 $d-c$ 成正比，而与子区间的位置无关，求随机变量 X 的分布函数．

2.2 设随机变量 X 的分布函数为

$$F(x) = \begin{cases} a, & x \leq 0, \\ bx^2 + c, & 0 < x \leq 1, \\ d, & x > 1. \end{cases}$$

求：（1）常数 a,b,c,d ；（2）随机变量 X 落在 $[0.3,0.7]$ 内的概率．

2.3 已知随机变量 X 的概率分布为 $P\{X = k\} = \dfrac{a}{3^k}$ ， $k = 0,1,2,3$ ，试求：（1）常数 a ；（2） $P\{X \leq 1\}$ ；（3） $P\left\{\dfrac{1}{2} < X < \dfrac{5}{2}\right\}$ ．

2.4 一盒中装有 6 只同样大小的小球，其中 2 只是白色小球，现从中随机取出 3 只，试求取出的白色小球数 X 的概率分布及其分布函数．

2.5 已知离散型随机变量 X 的分布函数为

$$F(x) = \begin{cases} 0, & x < -1, \\ 0.4, & -1 \leq x < 1, \\ 0.8, & 1 \leq x < 3, \\ 1, & x \geq 3. \end{cases}$$

写出随机变量 X 的概率分布．

2.6 一汽车沿一街道行驶到达目的地，需要通过 4 个均设有红绿信号灯的路口，每个路口信号灯为红或绿与其他路口信号灯为红或绿相互独立，且红绿两种信号显示的时间为 1:2，以 X 表示该汽车首次停下时已通过有红绿灯的路口数，试求 X 的概率分布．

2.7 一个盒子中装有 4 只小球，球上分别标有 0，1，1，2 的号码数，连续有放回地取两次，每次取 1 只球，以 X 表示两次抽到球上号码数的乘积，求 X 的概率分布．

2.8 设有 10 件产品，其中 7 件是正品，3 件是次品.每次从这批产品中任取一件，在下列三种情况下，求直到取到正品为止所需抽取次数的概率分布．（1）每次取出的产品不再放回；（2）每次取出的产品仍放回；（3）每次取出一件后总是另取一件正品放回到这批产品中．

2.9 将一枚硬币接连掷 5 次，假设至少有 1 次国徽不出现，试求国徽出现的次数与不出现的次数之比 Y 的概率分布．

2.10 设试验成功的概率为 $\dfrac{3}{4}$ ，失败的概率为 $\dfrac{1}{4}$ ，独立重复试验直到成功两次和三次为止，分别求所需试验次数的概率分布．

2.11 设随机变量 $X \sim B(6,p)$ ，已知 $P\{X = 1\} = P\{X = 5\}$ ，求 $P\{X = 2\}$ 的值．

2.12 设 X 服从二项分布，其概率分布为

$$P\{X = k\} = C_n^k p^k (1-p)^{n-k}, \quad k = 0,1,2,\cdots,$$

问当 k 取何值时 $P\{X = k\}$ 最大．

2.13　要在公路交叉路口处设计一条左转弯车道（图 2-18），根据长期资料统计，得知左转弯的车辆数 X 服从参数 $\lambda = 2$ 的泊松分布，左转弯信号灯循环时间为 1 分钟．设计左转弯停车道的长度能在 98%的时间内满足要求，问左转弯车道的长度应是多少？（根据交通管理部门的要求，每辆车停车需要 6 米的长度）．

图 2-18

2.14　某汽车站有大量汽车通过，每辆汽车在一天内某段时间发生事故的概率为 0.000 1，在某天该段时间内有 1000 辆汽车通过，求事故数不少于 2 的概率．

2.15　某电话交换台每分钟收到呼唤的次数服从参数 4 的泊松分布，求：（1）每分钟恰有 8 次呼唤的概率；（2）每分钟的呼唤次数大于 10 的概率．

2.16　设 X 服从泊松分布，其分布规律为 $P\{X = k\} = \dfrac{\lambda^{k} \mathrm{e}^{-\lambda}}{k!}$ ，$k = 0, 1, 2, \cdots$，问当 k 取何值时 $P\{X = k\}$ 最大．

2.17　某人上班，从自己家里去办公楼要经过某交通指示灯，该指示灯有 80%的时间亮红灯，此时他在指示灯旁等待直至绿灯亮．等待时间在区间 $(0, 30)$（以秒计）内服从均匀分布．以 X 表示他的等待时间，求 X 的分布函数 $F(x)$，并说明 X 是否为连续型随机变量，是否为离散型随机变量．

2.18　已知连续型随机变量 X 的分布函数

$$F(x) = \begin{cases} 0, & x \leqslant -a, \\ A + B \arcsin \dfrac{x}{a}, & -a \leqslant x < a, \\ 1, & x \geqslant a. \end{cases}$$

试求：（1）常数 A 和 B 的值；（2）$P\left\{-\dfrac{a}{2} < X < \dfrac{a}{2}\right\}$；（3）随机变量 X 的概率密度．

2.19　设随机变量 X 的概率密度为

$$f(x) = \begin{cases} c + x, & -1 \leqslant x < 0, \\ c - x, & 0 \leqslant x \leqslant 1, \\ 0, & |x| > 1. \end{cases}$$

求：（1）常数 c；（2）概率 $P\{|X| \leqslant 0.5\}$；（3）分布函数 $F(x)$．

2.20　设随机变量 X 概率密度 $f(x) = \begin{cases} ax + b, & 0 < x < 1, \\ 0, & \text{其他,} \end{cases}$ 且 $P\left\{X < \dfrac{1}{3}\right\} = P\left\{X > \dfrac{1}{3}\right\}$，求常数 a 和 b．

2.21　设随机变量 X 的概率密度为 $f(x) = A\mathrm{e}^{-|x|}$，$-\infty < x < +\infty$，求：（1）系数 A；（2）$P\{0 < X < 1\}$；（3）X 的分布函数．

2.22　设随机变量 X 在区间（1，6）内服从均匀分布，求方程 $x^2 + Xx + 1 = 0$ 有实根的概率．

2.23　某仪器装有 3 只独立工作的同型号电器元件，其寿命都服从同一指数分布，概率密度为

$$f(x) = \begin{cases} \dfrac{1}{600} \mathrm{e}^{-\frac{x}{600}}, & x > 0, \\ 0, & \text{其他.} \end{cases}$$

试求在仪器使用的最初 200 小时内，至少有 1 只电子元件损坏的概率．

2.24　某种型号的电子管的寿命 X（以小时计）具有以下的概率密度

$$f(x) = \begin{cases} \dfrac{1000}{x^2}, & x > 1000, \\ 0, & \text{其他} \end{cases}$$

若一架收音机上装有三只这样的电子管. (1) 求使用的最初 1500 小时内，至少有两只电子管被烧坏的概率；(2) 求在使用的最初 1500 小时内烧坏的电子管数 Y 的概率分布；(3) 求 Y 的分布函数.

2.25　设顾客在某银行的窗口等待服务的时间 X（以分计）服从指数分布，其概率密度为

$$f(x) = \begin{cases} \dfrac{1}{5} \mathrm{e}^{-\frac{x}{5}}, & x > 0, \\ 0, & \text{其他}. \end{cases}$$

某顾客在窗口等待服务，若超过 10 分钟，他就离开，他一个月要到银行 5 次，以 Y 表示一个月里他未等到服务就离开的次数，写出 Y 的概率分布，并求 $P\{Y \geqslant 1\}$.

2.26　一台大型设备在任何长为 t 的时间内发生故障的次数 $N(t)$ 服从参数为 λt 的泊松分布，求：(1) 相继两次故障之间的时间间隔 T 的概率分布；(2) 在设备已经无故障工作 8h 的情况下，再无故障工作 8h 的概率.

2.27　设 X 服从 $N(-1,16)$，借助于标准正态分布的分布函数表计算：(1) $P\{X < 2.44\}$；(2) $P\{X > 1.48\}$；(3) $P\{X < -2.8\}$；(4) $P\{|X| < 4\}$；(5) $P\{-5 < X < 2\}$；(6) $P\{|X-1| > 1\}$.

2.28　设 $Z \sim N(2,\sigma^2)$，且 $P\{z < 8 < 4\} = 0.3$，求 $P\{8 < 0\}$.

2.29　某校抽样调查结果表明，考生的数学成绩(百分制) 近似服从正态分布，平均成绩为 72 分，96 分以上的考生占 2.275%，试求考生成绩在 60 分至 84 分之间的概率.

2.30　在某类人群中，假定人们的体重 $X \sim N(55,10^2)$ (单位：kg)，任意选一人，试求：(1) 他的体重在 40kg 与 68kg 之间的概率；(2) 他的体重不少于 85kg 的概率.

2.31　设随机变量 X 的分布率见表 2-8.

表 2-8

X	-2	-1	0	2
P	0.2	0.3	0.4	0.1

分别求 $Y = X^2$，$Z = 3X+1$，$W = |X|-1$ 的概率分布.

2.32　设随机变量 X 的概率密度为

$$f(x) = \begin{cases} \dfrac{x}{8}, & 0 \leqslant x \leqslant 4, \\ 0, & \text{其他}. \end{cases}$$

求随机变量 $Y = 2X+8$ 的概率密度.

2.33　设随机变量 X 服从 $(0,1)$ 内的均匀分布，求：(1) $Y = \mathrm{e}^X$ 的概率密度；(2) $Z = -2\ln X$ 的概率密度.

2.34　若随机变量 X 的概率密度为 $f(x) = \begin{cases} 3x^2, & 0 < x < 1, \\ 0, & \text{其他}, \end{cases}$ 求 $Y = \dfrac{1}{X}$ 的分布函数和概率密度.

2.35　设随机变量 X 的概率密度为

$$f(x) = \frac{a}{1+x^2}, \quad -\infty < x < +\infty .$$

试求：(1) 常数 a 的值；(2) $Y = \arctan X$ 的概率密度；(3) $Z = X^2$ 的概率密度.

第3章

多维随机变量及其分布

在第 2 章里，我们所讨论的随机变量是一维的，但在实际问题中，某些随机现象需要同时用两个或两个以上的随机变量来描述. 例如，要考察某一国家的经济增长状况，就要考察消费者物价指数、生产者物价指数等指标，它们都是随机变量. 要研究这些随机变量之间的关系，就应同时考虑若干个随机变量即多维随机变量及其分布. 为简明起见，本章主要讨论二维随机变量及其分布，它的很多结果可推广到 $n\,(n>2)$ 维随机变量的情形.

3.1 二维随机变量

3.1.1 二维随机变量及其分布函数

定义 3.1 设 E 是一个随机试验，它的样本空间是 $S=\{e\}$，设 $X=X(e)$ 和 $Y=Y(e)$ 是定义在 S 上的随机变量，由它们构成的一个向量 (X,Y) 叫做二维随机向量或二维随机变量（如图 3-1）.

以下我们借助分布函数研究二维随机变量.

定义 3.2 设 (X,Y) 是二维随机变量，对于任意实数 x,y，称二元函数

$$F(x,y)=P\{(X\leqslant x)\bigcap(Y\leqslant y)\}\overset{\Delta}{=}P\{X\leqslant x,Y\leqslant y\}$$

为二维随机变量 (X,Y) 的**分布函数**，或 X 和 Y 的**联合分布函数**.

若将二维随机变量 (X,Y) 视为平面上随机点的坐标，那么分布函数 $F(x,y)$ 在 (x,y) 处的函数值就是随机点 (X,Y) 落在以点 (x,y) 为顶点且位于该点左下方的无穷矩形域内（如图 3-2）的概率.

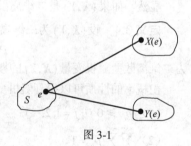

图 3-1

依照上述解释，借助图 3-3，容易计算随机点 (X,Y) 落在矩形域 $\{(x,y)\mid x_1<x\leqslant x_2,\ y_1<y\leqslant y_2\}$ 的概率为

$$P\{x_1<X\leqslant x_2,y_1<Y\leqslant y_2\}=F(x_2,y_2)-F(x_2,y_1)-F(x_1,y_2)+F(x_1,y_1). \quad (3.1)$$

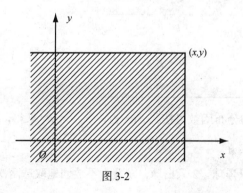

图 3-2

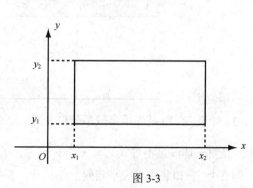

图 3-3

3.1.2 二维随机变量的分布函数的性质

由分布函数 $F(x,y)$ 的定义及概率的性质可以证明 $F(x,y)$ 具有以下基本性质：

（1）对任意的 x,y，有 $0 \leqslant F(x,y) \leqslant 1$，且

$$F(-\infty, y) = \lim_{x \to -\infty} F(x,y) = 0 , \quad F(x, -\infty) = \lim_{y \to -\infty} F(x,y) = 0 ,$$

$$F(-\infty, -\infty) = \lim_{\substack{x \to -\infty \\ y \to -\infty}} F(x,y) = 0 , \quad F(+\infty, +\infty) = \lim_{\substack{x \to +\infty \\ y \to +\infty}} F(x,y) = 1 .$$

（2）$F(x,y)$ 关于变量 x 和 y 均为单调不减函数，即对于任意固定的 y，当 $x_1 < x_2$ 时，有 $F(x_1, y) \leqslant F(x_2, y)$；对于任意固定的 x，当 $y_1 < y_2$ 时，有 $F(x, y_1) \leqslant F(x, y_2)$.

（3）$F(x,y)$ 关于 x 右连续，关于 y 也右连续，即 $F(x,y) = F(x+0, y)$，$F(x,y) = F(x, y+0)$.

（4）对于任意的 (x_1, y_1)，(x_2, y_2)，只要 $x_1 < x_2$，$y_1 < y_2$，则下述不等式成立.

$$P\{x_1 < X \leqslant x_2, y_1 < Y \leqslant y_2\} = F(x_2, y_2) - F(x_2, y_1) - F(x_1, y_2) + F(x_1, y_1) \geqslant 0.$$

任意二维随机变量的分布函数 $F(x,y)$ 必具有上述四条性质，反之，若二元函数 $F(x,y)$ 具有上述四条性质，则它可作为某个二维随机变量的分布函数.

3.1.3 二维离散型随机变量

定义 3.3 如果二维随机变量 (X,Y) 所有可能取值的数对是有限对或可列无限多对,则称 (X,Y) 是二维离散型随机变量.

显然，如果 (X,Y) 是二维离散型随机变量，则 X, Y 均为一维离散型随机变量.

定义 3.4 设 (X,Y) 为二维离散型随机变量，如果所有可能取值为 (x_i, y_j)，$(i,j = 1, 2, \cdots)$，则称

$$P\{X = x_i, Y = y_j\} = p_{ij}, (i,j = 1, 2, \cdots)$$

为二维离散型随机变量 (X,Y) 的**概率分布**或**分布律**，或称为随机变量 X 和 Y 的**联合分布律**.

由概率的性质可以得到随机变量 (X,Y) 的分布律有以下基本性质：

（1）$p_{ij} \geqslant 0 \ (i,j = 1, 2, \cdots)$；

（2）$\sum\limits_{i=1}^{+\infty} \sum\limits_{j=1}^{+\infty} p_{ij} = 1$.

二维离散型随机变量 (X,Y) 的分布律也可用如表 3-1 所示的概率分布表来表示.

表 3-1

X \ Y	y_1	y_2	$\cdots$	y_j	$\cdots$
			$\cdots$		$\cdots$
x_1	p_{11}	p_{12}	$\cdots$	p_{1j}	$\cdots$
x_2	p_{21}	p_{22}	$\cdots$	p_{2j}	$\cdots$
$\vdots$	$\vdots$	$\vdots$		$\vdots$	
x_i	p_{i1}	p_{i2}	$\cdots$	p_{ij}	$\cdots$
$\vdots$	$\vdots$	$\vdots$		$\vdots$	

（3）如果 (X,Y) 是二维离散型随机变量，那么它的分布函数可按式 $F(x,y) = \sum\limits_{x_i \leqslant x} \sum\limits_{y_j \leqslant y} p_{ij}$ 求得，其中和式是对一切满足不等式 $x_i \leqslant x$，$y_j \leqslant y$ 的 i, j 来求和.

例 3.1 一口袋中有大小相同的 5 只球，其中 3 只黑球，2 只白球，从袋中不放回地取球两次，每次取一只. 设随机变量

$$X = \begin{cases} 0, & \text{若第一次取出的是白球,} \\ 1, & \text{若第一次取出的是黑球,} \end{cases} \qquad Y = \begin{cases} 0, & \text{若第一次取出的是白球,} \\ 1, & \text{若第一次取出的是黑球,} \end{cases}$$

求 (X,Y) 的分布律及 $F(0.5,1)$.

解 利用概率的乘法公式及条件概率定义,可得二维随机变量 (X,Y) 的分布律为

$$P\{X = 0, Y = 0\} = P\{X = 0\}P\{Y = 0 \mid X = 0\} = \frac{2}{5} \times \frac{1}{4} = \frac{1}{10} ,$$

$$P\{X = 0, Y = 1\} = P\{X = 0\}P\{Y = 1 \mid X = 0\} = \frac{2}{5} \times \frac{3}{4} = \frac{3}{10} ,$$

$$P\{X = 1, Y = 0\} = P\{X = 1\}P\{Y = 0 \mid X = 1\} = \frac{3}{5} \times \frac{2}{4} = \frac{3}{10} ,$$

$$P\{X = 1, Y = 1\} = P\{X = 1\}P\{Y = 1 \mid X = 1\} = \frac{3}{5} \times \frac{2}{4} = \frac{3}{10} ,$$

把 (X,Y) 的分布律写成表 3-2 的形式.

表 3-2

X \ Y	0	1
0	$\frac{1}{10}$	$\frac{3}{10}$
1	$\frac{3}{10}$	$\frac{3}{10}$

$$F(0.5,1) = P\{X \leqslant 0.5, Y \leqslant 1\} = P\{X = 0, Y = 0\} + P\{X = 0, Y = 1\} = \frac{1}{10} + \frac{3}{10} = \frac{2}{5} .$$

3.1.4 二维连续型随机变量

定义 3.5 设 (X,Y) 是二维随机变量,如果存在一个非负函数 $f(x,y)$,使得对于任意实数 x,y ,都有

$$F(x,y) = P\{X \leqslant x, Y \leqslant y\} = \int_{-\infty}^{y} \int_{-\infty}^{x} f(u,v) \mathrm{d}u \mathrm{d}v , \tag{3.2}$$

则称 (X,Y) 是**二维连续型随机变量**,函数 $f(x,y)$ 称为二维连续型随机变量 (X,Y) 的**概率密度**,或称为随机变量 X 和 Y 的**联合概率密度**.

二维连续型随机变量的概率密度具有以下基本性质:

(1) $f(x,y) \geqslant 0$;

(2) $\int_{-\infty}^{+\infty} \int_{-\infty}^{+\infty} f(x,y) \mathrm{d}x \mathrm{d}y = 1$;

反之,若一个二元函数 $f(x,y)$ 具有以上两个性质,则 $f(x,y)$ 可作为某个二维连续型随机变量 (X,Y) 的概率密度.

此外,二维随机变量的概率密度还有以下性质:

(3) D 为 xOy 平面上的任意一个区域,点 (X,Y) 落在区域 D 内的概率为

$$P\{(X,Y) \in D\} = \iint\limits_{D} f(x,y) \mathrm{d}x \mathrm{d}y ;$$

(4) 如果 $f(x,y)$ 在点 (x,y) 处连续,则有

$$\frac{\partial^2 F(x,y)}{\partial x \partial y} = f(x,y) .$$

在几何上，二元函数 $z = f(x,y)$ 表示一个曲面，通常称这个曲面为**分布曲面**. 由性质(2)知，介于分布曲面和 xOy 平面之间的空间立体的体积为 1；由性质(3)知，(X,Y) 落在区域 D 内的概率等于以 D 为底，曲面 $z = f(x,y)$ 为顶面的曲顶柱体的体积.

例 3.2 设二维随机变量 (X,Y) 具有概率密度

$$f(x,y) = \begin{cases} A\mathrm{e}^{-(2x+y)}, & x > 0, y > 0, \\ 0, & 其他, \end{cases}$$

求：（1）A；（2）分布函数 $F(x,y)$；（3）概率 $P\{Y \leqslant X\}$.

解 （1）由于

$$\int_{-\infty}^{+\infty} \int_{-\infty}^{+\infty} f(x,y)\mathrm{d}x\mathrm{d}y = \int_0^{+\infty} \int_0^{+\infty} A\mathrm{e}^{-(2x+y)}\mathrm{d}x\mathrm{d}y = \frac{A}{2},$$

再由概率密度的性质，得 $\dfrac{A}{2} = 1$，即 $A = 2$.

（2）由定义

$$F(x,y) = \int_{-\infty}^{y} \int_{-\infty}^{x} f(u,v)\mathrm{d}u\mathrm{d}v = \begin{cases} \displaystyle\int_0^y \int_0^x 2\mathrm{e}^{-(2u+v)}\mathrm{d}u\mathrm{d}v, & x > 0, y > 0, \\ 0, & 其他, \end{cases}$$

即

$$F(x,y) = \begin{cases} (1-\mathrm{e}^{-2x})(1-\mathrm{e}^{-y}), & x > 0, y > 0, \\ 0, & 其他. \end{cases}$$

（3）将 (X,Y) 看作是平面上随机点的坐标，有 $\{Y \leqslant X\} = \{(X,Y) \in D\}$，其中 D 为 xOy 平面上直线 $y = x$ 下方的部分，于是

$$P\{Y \leqslant X\} = P\{(X,Y) \in D\} = \iint_D f(x,y)\mathrm{d}x\mathrm{d}y = \int_0^{+\infty} \mathrm{d}x \int_0^x 2\mathrm{e}^{-(2x+y)}\mathrm{d}y = \frac{2}{3}.$$

设 E 是一个随机试验，它的样本空间是 $S = \{e\}$，设 $X_1 = X_1(e)$，$X_2 = X_2(e)$，$\cdots$，$X_n = X_n(e)$ 是定义在 S 上的随机变量，由它们构成的一个 n 维向量 $(X_1, X_2, \cdots X_n)$ 称为 **n 维随机向量**或 **n 维随机变量**.

对于任意 n 个实数 $x_1, x_2, \cdots, x_n$，n 元函数

$$F(x_1, x_2, \cdots, x_n) = P\{X_1 \leqslant x_1, X_2 \leqslant x_2, \cdots, X_n \leqslant x_n\}$$

称为 n 维随机变量 $(X_1, X_2, \cdots, X_n)$ 的**分布函数**或随机变量 $X_1, X_2, \cdots, X_n$ 的**联合分布函数**. 它的性质与二维随机变量分布函数的性质类似.

3.2 | 边缘分布

二维随机向量 (X,Y) 作为一个整体，具有概率分布，而 X 和 Y 都是随机变量，它们应有自身的概率分布，我们把 X 的概率分布和 Y 的概率分布分别称为随机向量 (X,Y) 关于 X 和关于 Y 的边缘分布. 本节的内容是在给定 (X,Y) 的分布时，如何确定它的两个边缘分布.

3.2.1 边缘分布函数

定义 3.6 设 (X,Y) 是二维随机变量，称随机变量 X 的概率分布为 (X,Y) 关于 X 的边缘分布；随机变量 Y 的概率分布为 (X,Y) 关于 Y 的边缘分布. 它们的边缘分布函数分别记作 $F_X(x)$ 与 $F_Y(y)$.

边缘分布函数可以由 (X,Y) 的分布函数 $F(x,y)$ 来确定.

事实上，$F_X(x) = P\{X \leqslant x\} = P\{X \leqslant x, Y \leqslant +\infty\} = F(x, +\infty)$，即

$$F_X(x) = F(x, +\infty).$$ (3.3)

这就是说，只要在分布函数 $F(x,y)$ 中令 $y \to +\infty$ 就能得到 $F_X(x)$，同理

$$F_Y(y) = F(+\infty, y).$$ (3.4)

3.2.2 二维离散型随机变量的边缘分布律

对于离散型随机变量 (X,Y)，由其分布律可求得

$$F_X(x) = F(x, +\infty) = \sum_{x_i \leqslant x} \sum_{j=1}^{+\infty} p_{ij},$$

将其与式（2.5）比较，可知道 X 的分布律为

$$P\{X = x_i\} = \sum_{j=1}^{+\infty} p_{ij}, \quad i = 1, 2, \cdots.$$

类似地，关于 Y 的分布律为

$$P\{Y = y_j\} = \sum_{i=1}^{+\infty} p_{ij}, \quad j = 1, 2, \cdots.$$

通常记

$$p_{i\cdot} = P\{X = x_i\} = \sum_{j=1}^{+\infty} p_{ij}, \quad i = 1, 2, \cdots.$$

$$p_{\cdot j} = P\{Y = y_j\} = \sum_{i=1}^{+\infty} p_{ij}, \quad j = 1, 2, \cdots.$$

分别称 $p_{i\cdot}$ $(i = 1, 2, \cdots)$ 和 $p_{\cdot j}$ $(j = 1, 2, \cdots)$ 为 (X,Y) 关于 X 和关于 Y 的**边缘分布律**.

二维离散型随机变量 (X,Y) 的分布律和边缘分布律可列表，见表 3-3.

表 3-3

X \ Y	y_1	y_2	$\cdots$	y_j	$\cdots$	$p_{i\cdot}$
x_1	p_{11}	p_{12}	$\cdots$	p_{1j}	$\cdots$	$p_{1\cdot}$
x_2	p_{21}	p_{22}	$\cdots$	p_{2j}	$\cdots$	$p_{2\cdot}$
$\vdots$	$\vdots$	$\vdots$	$\cdots$	$\vdots$		$\vdots$
x_i	p_{i1}	p_{i2}		p_{ij}	$\cdots$	$p_{i\cdot}$
$\vdots$	$\vdots$	$\vdots$		$\vdots$		$\vdots$
$p_{\cdot j}$	$p_{\cdot 1}$	$p_{\cdot 2}$	$\cdots$	$p_{\cdot j}$	$\cdots$	1

我们常常将边缘分布律写在随机变量 (X,Y) 分布律表格的边缘上，这就是"边缘分布律"这个名词的来由.

有时，关于 X 和关于 Y 的边缘分布律也可单独列表，见表 3-4 和表 3-5.

表 3-4

X	x_1	x_2	$\cdots$	x_i	$\cdots$
P	$p_{1\cdot}$	$p_{2\cdot}$	$\cdots$	$p_{i\cdot}$	$\cdots$

表 3-5

X	y_1	y_2	$\cdots$	y_j	$\cdots$
P	$p_{\cdot 1}$	$p_{\cdot 2}$	$\cdots$	$p_{\cdot j}$	$\cdots$

例 3.3 设随机变量 X 在 1，2，3，4 四个整数中等可能地取值，另一个随机变量 Y 在 $1 \sim X$ 中等可能地取一整数值．试求 (X,Y) 的分布律及边缘分布律．

解 由题意及乘法公式容易求得 (X,Y) 的分布律为

$$P\{X=i, Y=j\} = P\{Y=j \mid X=i\}P\{X=i\} = \frac{1}{i} \times \frac{1}{4}, \quad i=1,2,3,4, j=1,2,3,4 \text{ 且 } j \leqslant i .$$

$$P\{X=i, Y=j\} = P\{Y=j \mid X=i\}P\{X=i\} = 0, \quad i=1,2,3,4 \text{ 且 } j > i .$$

于是，(X,Y) 的分布律和边缘分布律如表 3-6 所示．

表 3-6

X \ Y	1	2	3	4	$p_{i\cdot}$
1	$\frac{1}{4}$	0	0	0	$\frac{1}{4}$
2	$\frac{1}{8}$	$\frac{1}{8}$	0	0	$\frac{1}{4}$
3	$\frac{1}{12}$	$\frac{1}{12}$	$\frac{1}{12}$	0	$\frac{1}{4}$
4	$\frac{1}{16}$	$\frac{1}{16}$	$\frac{1}{16}$	$\frac{1}{16}$	$\frac{1}{4}$
$p_{\cdot j}$	$\frac{25}{48}$	$\frac{13}{48}$	$\frac{7}{48}$	$\frac{1}{16}$	

即边缘分布律分别为表 3-7 和表 3-8 所示．

表 3-7

X	1	2	3	4
P	$\frac{1}{4}$	$\frac{1}{4}$	$\frac{1}{4}$	$\frac{1}{4}$

表 3-8

Y	1	2	3	4
P	$\frac{25}{48}$	$\frac{13}{48}$	$\frac{7}{48}$	$\frac{1}{16}$

3.2.3 二维连续型随机变量的边缘概率密度

对于连续型随机变量 (X,Y)，设它的概率密度为 $f(x,y)$，由

$$F_X(x) = F(x, +\infty) = \int_{-\infty}^{x} \left[\int_{-\infty}^{+\infty} f(x,y)\mathrm{d}y \right] \mathrm{d}x$$

可知，X 是一个连续型随机变量，且其概率密度为

$$f_X(x) = \int_{-\infty}^{+\infty} f(x,y)\mathrm{d}y . \tag{3.5}$$

同理，Y 是一个连续型随机变量，其概率密度为

$$f_Y(y) = \int_{-\infty}^{+\infty} f(x,y)\mathrm{d}x. \tag{3.6}$$

分别称 $f_X(x)$, $f_Y(y)$ 为二维随机变量 (X,Y) 关于 X 和关于 Y 的**边缘概率密度**.

例 3.4 设二维随机变量 (X,Y) 具有概率密度

$$f(x,y) = \begin{cases} \mathrm{e}^{-x}, & 0 < y < x, \\ 0, & \text{其他}. \end{cases}$$

求边缘概率密度 $f_X(x), f_Y(y)$.

解 由式（3.5）和式（3.6）可得

$$f_X(x) = \int_{-\infty}^{+\infty} f(x,y)\mathrm{d}y = \begin{cases} \int_0^x \mathrm{e}^{-x}\mathrm{d}y, & x > 0, \\ 0, & \text{其他}, \end{cases} = \begin{cases} x\mathrm{e}^{-x}, & x > 0, \\ 0, & \text{其他}, \end{cases}$$

$$f_Y(y) = \int_{-\infty}^{+\infty} f(x,y)\mathrm{d}x = \begin{cases} \int_y^{+\infty} \mathrm{e}^{-x}\mathrm{d}x, & y > 0, \\ 0, & \text{其他} \end{cases} = \begin{cases} \mathrm{e}^{-y}, & y > 0, \\ 0, & \text{其他}. \end{cases}$$

例 3.5 设二维随机变量 (X,Y) 的概率密度为

$$f(x,y) = \frac{1}{2\pi\sigma_1\sigma_2\sqrt{1-\rho^2}} \exp\left\{ -\frac{1}{2(1-\rho^2)}\left[\frac{(x-\mu_1)^2}{\sigma_1^2} - 2\rho\frac{(x-\mu_1)(y-\mu_2)}{\sigma_1\sigma_2} + \frac{(y-\mu_2)^2}{\sigma_2^2} \right] \right\},$$

其中 $-\infty < x < +\infty$, $-\infty < y < +\infty$, $\mu_1, \mu_2, \sigma_1, \sigma_2, \rho$ 都是常数, 且 $\sigma_1 > 0, \sigma_2 > 0, |\rho| < 1$, 则称 (X,Y) 服从参数为 $\mu_1, \mu_2, \sigma_1, \sigma_2, \rho$ 的**二维正态分布**(这 5 个参数的意义将在第 4 章说明), 记为 $(X,Y) \sim N(\mu_1, \mu_2, \sigma_1^2, \sigma_2^2, \rho)$, 试求二维正态随机变量的边缘概率密度.

解 由于

$$\frac{(y-\mu_2)^2}{\sigma_2^2} - 2\rho\frac{(x-\mu_1)(y-\mu_2)}{\sigma_1\sigma_2} = \left(\frac{y-\mu_2}{\sigma_2} - \rho\frac{x-\mu_1}{\sigma_1} \right)^2 - \rho^2\frac{(x-\mu_1)^2}{\sigma_1^2}$$

那么由式（3.5）得

$$f_X(x) = \int_{-\infty}^{+\infty} f(x,y)\mathrm{d}y = \frac{1}{2\pi\sigma_1\sigma_2\sqrt{1-\rho^2}} \mathrm{e}^{-\frac{(x-\mu_1)^2}{2\sigma_1^2}} \int_{-\infty}^{+\infty} \mathrm{e}^{-\frac{1}{2(1-\rho^2)}\left(\frac{y-\mu_2}{\sigma_2} - \rho\frac{x-\mu_1}{\sigma_1} \right)^2}\mathrm{d}y,$$

令 $t = \frac{1}{\sqrt{1-\rho^2}}\left(\frac{y-\mu_2}{\sigma_2} - \rho\frac{x-\mu_1}{\sigma_1} \right)$, 则由标准正态分布概率密度的性质, 有

$$f_X(x) = \frac{1}{\sqrt{2\pi}\sigma_1} \mathrm{e}^{-\frac{(x-\mu_1)^2}{2\sigma_1^2}} \int_{-\infty}^{+\infty} \frac{1}{\sqrt{2\pi}} \mathrm{e}^{-\frac{t^2}{2}}\mathrm{d}t = \frac{1}{\sqrt{2\pi}\sigma_1} \mathrm{e}^{-\frac{(x-\mu_1)^2}{2\sigma_1^2}},$$

即

$$f_X(x) = \frac{1}{\sqrt{2\pi}\sigma_1} \mathrm{e}^{-\frac{(x-\mu_1)^2}{2\sigma_1^2}}, \quad -\infty < x < +\infty.$$

同理可得

$$f_Y(y) = \frac{1}{\sqrt{2\pi}\sigma_2} \mathrm{e}^{-\frac{(y-\mu_2)^2}{2\sigma_2^2}}, \quad -\infty < y < +\infty.$$

由上面的结论可以看出, 二维正态分布的两个边缘分布都是一维正态分布, 而且它们都不依赖于参数 ρ, 即对于给定的 $\mu_1, \mu_2, \sigma_1, \sigma_2$, 不同的参数 ρ 对应于不同的二维正态分布, 但是它们的两个边缘分布都是一样的. 这就表明: 若已知二维随机变量 (X,Y) 的概率密度, 可以确定关于 X 和关于

Y 的两个边缘概率密度. 若已知二维随机变量 (X, Y) 关于 X 和关于 Y 的两个边缘概率密度, 一般来说不能确定随机变量 X 和 Y 的联合分布.

n 维随机向量 $(X_1, X_2, \cdots, X_n)$ $(n \geqslant 3)$ 也有类似的边缘分布, 只不过, 此时的边缘分布可以不只是关于单个分量的, 这一向量的任何一部分分量的分布都称为边缘分布. 例如, 有一个三维向量 (X_1, X_2, X_3), 它的分布决定了其任一部分分量的分布. 比如, 它可决定 (X_1, X_2) 的二维分布, 该二维分布称为 (X_1, X_2, X_3) 关于 (X_1, X_2) 的边缘分布. 有关公式的推导与二维随机变量的情况类似, 此处不再讨论.

3.3 条件分布

当考虑某一事件发生影响到另一事件发生的可能性时, 我们引入了条件概率的概念. 同样, 当考虑某一随机变量的取值会影响到另一随机变量的概率分布时, 我们需要引入条件分布的概念. 它一般采取如下的形式: 设有两个随机变量 X 与 Y, 在给定了 Y 取某个值的条件下, 求 X 的条件分布. 例如, 考虑某地区成年男性的体重 X 和身高 Y 之间的关系, X 和 Y 均为随机变量, 也都有自己的概率分布. 现在如果限制 $1.7 \leqslant Y \leqslant 1.8$, 在这一条件下求 X 的条件分布. 容易想象, 这个分布与 X 的分布是不同的. 如弄清了 X 的条件分布随 Y 的变化情况, 就能了解身高对体重的影响在数量上的刻画. 许多问题中随机变量之间往往是彼此影响的, 这使条件分布成为研究随机变量之间相依关系的一个有力工具.

3.3.1 二维离散型随机变量的条件分布律

设 (X, Y) 是二维离散型随机变量, 其分布律为
$$P\{X = x_i, Y = y_j\} = p_{ij}, \quad i, j = 1, 2, \cdots,$$
(X, Y) 关于 X 和关于 Y 的边缘分布律分别为
$$p_{i\cdot} = P\{X = x_i\} = \sum_{j=1}^{+\infty} p_{ij}, \quad i = 1, 2, \cdots,$$
$$p_{\cdot j} = P\{Y = y_j\} = \sum_{i=1}^{+\infty} p_{ij}, \quad j = 1, 2, \cdots.$$

若对某一个 j, $p_{\cdot j} > 0$, 考虑在事件 $\{Y = y_j\}$ 已发生的条件下事件 $\{X = x_i\}$ 的条件概率 $P\{X = x_i \mid Y = y_j\}$. 由条件概率的定义, 知
$$P\{X = x_i \mid Y = y_j\} = \frac{P\{X = x_i, Y = y_j\}}{P\{Y = y_j\}} = \frac{p_{ij}}{p_{\cdot j}}.$$

易知上述条件概率具有分布律的特性:
(1) $P\{X = x_i \mid Y = y_j\} \geqslant 0$, $i = 1, 2, \cdots$;
(2) $\sum_{i=1}^{+\infty} P\{X = x_i \mid Y = y_j\} = 1$.

于是, 我们引入以下定义.

定义 3.7 设 (X, Y) 是二维离散型随机变量, 对于固定的 j, 若 $P\{Y = y_j\} > 0$, 则称
$$P\{X = x_i \mid Y = y_j\} = \frac{P\{X = x_i, Y = y_j\}}{P\{Y = y_j\}} = \frac{p_{ij}}{p_{\cdot j}}, \quad i = 1, 2, \cdots$$

为在 $Y = y_j$ 条件下随机变量 X 的条件分布律.

同样，对于固定的 i，若 $P\{X = x_i\} > 0$，则称

$$P\{Y = y_j \mid X = x_i\} = \frac{P\{X = x_i, Y = y_j\}}{P\{X = x_i\}} = \frac{p_{ij}}{p_{i.}}, \quad j = 1, 2, \cdots$$

为在 $X = x_i$ 条件下随机变量 Y 的条件分布律.

例 3.6 设 (X, Y) 的分布律见表 3-9.

表 3-9

X \ Y	0	1	2
0	$\frac{1}{12}$	$\frac{1}{12}$	$\frac{1}{12}$
1	$\frac{1}{6}$	$\frac{1}{6}$	$\frac{1}{12}$
2	$\frac{1}{4}$	$\frac{1}{12}$	0

试写出 $Y = 0$ 条件下 X 的条件分布律.

解 由分布律可求得

$$P\{Y = 0\} = \frac{1}{12} + \frac{1}{6} + \frac{1}{4} = \frac{1}{2},$$

于是，在 $Y = 1$ 条件下 X 的条件分布律为

$$P\{X = 0 \mid Y = 0\} = \frac{P\{X = 0, Y = 0\}}{P\{Y = 0\}} = \frac{1/12}{1/2} = \frac{1}{6},$$

$$P\{X = 1 \mid Y = 0\} = \frac{P\{X = 1, Y = 0\}}{P\{Y = 0\}} = \frac{1/6}{1/2} = \frac{1}{3},$$

$$P\{X = 2 \mid Y = 0\} = \frac{P\{X = 2, Y = 0\}}{P\{Y = 0\}} = \frac{1/4}{1/2} = \frac{1}{2},$$

或写成表 3-10 所示的表格.

表 3-10

$X = k$	0	1	2
$P\{X = k \mid Y = 0\}$	$\frac{1}{6}$	$\frac{1}{3}$	$\frac{1}{2}$

3.3.2 条件分布函数

由于对于任意实数 x 和 y，可能有 $P\{X = x\} = 0$，$P\{Y = y\} = 0$，所以不能直接用条件概率的定义简单地引入"条件分布函数". 下面我们用极限的方法给出条件分布函数的定义.

定义 3.8 对于固定的实数 y，设对于任意固定的正数 ε，$P\{y - \varepsilon < Y \le y + \varepsilon\} > 0$，且若对于任意实数 x，极限

$$\lim_{\varepsilon \to 0^+} P\{X \le x \mid y - \varepsilon < Y \le y + \varepsilon\} = \lim_{\varepsilon \to 0^+} \frac{P\{X \le x, y - \varepsilon < Y \le y + \varepsilon\}}{P\{y - \varepsilon < Y \le y + \varepsilon\}} \tag{3.7}$$

存在，则称此极限为在 $Y = y$ 条件下 X 的**条件分布函数**，记作 $F_{X|Y}(x \mid y)$ 或 $P\{X \le x \mid Y = y\}$.

类似地，可定义在 $X = x$ 条件下 Y 的条件分布函数 $F_{Y|X}(y\,|\,x)$ 为

$$F_{Y|X}(y\,|\,x) = \lim_{\varepsilon \to 0^+} P\{Y \leqslant y\,|\,x - \varepsilon < X \leqslant x + \varepsilon\}.$$

3.3.3 二维连续型随机变量的条件分布

设 (X, Y) 的分布函数为 $F(x, y)$，概率密度为 $f(x, y)$，(X, Y) 关于 Y 的边缘概率密度为 $f_Y(y)$. 若在点 (x, y) 处，$f(x, y)$ 连续，$f_Y(y)$ 连续，且 $f_Y(y) > 0$，则由式(3.7)有

$$
\begin{aligned}
F_{X|Y}(x\,|\,y) &= \lim_{\varepsilon \to 0^+} \frac{P\{X \leqslant x, y - \varepsilon < Y \leqslant y + \varepsilon\}}{P\{y - \varepsilon < Y \leqslant y + \varepsilon\}} \\
&= \lim_{\varepsilon \to 0^+} \frac{F(x, y + \varepsilon) - F(x, y - \varepsilon)}{F_Y(y + \varepsilon) - F_Y(y - \varepsilon)} \\
&= \frac{\dfrac{\partial F(x, y)}{\partial y}}{\dfrac{\mathrm{d}}{\mathrm{d}y} F_Y(y)},
\end{aligned}
$$

即

$$F_{X|Y}(x\,|\,y) = \frac{\displaystyle\int_{-\infty}^{x} f(u, y)\mathrm{d}u}{f_Y(y)} = \int_{-\infty}^{x} \frac{f(u, y)}{f_Y(y)}\mathrm{d}u\,.$$

将上式与一维随机变量概率密度的定义式（2.5）比较，我们给出以下的定义.

定义 3.9 设二维连续型随机变量 (X, Y) 的概率密度为 $f(x, y)$，(X, Y) 关于 Y 的边缘概率密度为 $f_Y(y)$. 若对于固定的 y，$f_Y(y) > 0$，则称 $\dfrac{f(x, y)}{f_Y(y)}$ 为**在 $Y = y$ 的条件下 X 的条件概率密度**，记为

$$f_{X|Y}(x\,|\,y) = \frac{f(x, y)}{f_Y(y)}\,.$$

类似地，称

$$f_{Y|X}(y\,|\,x) = \frac{f(x, y)}{f_X(x)}$$

为在 $X = x$ 的条件下 Y 的条件概率密度.

例 3.7 设 G 是平面上的一个有界区域，其面积为 $A(A > 0)$，若二维随机变量 (X, Y) 的概率密度为

$$f(x, y) = \begin{cases} \dfrac{1}{A}, & (x, y) \in G, \\ 0, & \text{其他}, \end{cases}$$

则称 (X, Y) 在 G 上服从**二维均匀分布**，现设二维随机变量 (X, Y) 在圆域 $x^2 + y^2 \leqslant 1$ 上服从均匀分布，求条件概率密度 $f_{X|Y}(x\,|\,y)$.

解 由假设随机变量 (X, Y) 的概率密度

$$f(x, y) = \begin{cases} \dfrac{1}{\pi}, & x^2 + y^2 \leqslant 1, \\ 0, & \text{其他}, \end{cases}$$

关于 Y 的边缘概率密度为

$$f_Y(y) = \int_{-\infty}^{+\infty} f(x,y)\mathrm{d}x = \begin{cases} \int_{\sqrt{1-y^2}}^{\sqrt{1-y^2}} \dfrac{1}{\pi}\mathrm{d}x, & -1 \leqslant y \leqslant 1, \\ 0, & \text{其他}, \end{cases}$$

$$= \begin{cases} \dfrac{2}{\pi}\sqrt{1-y^2}, & -1 \leqslant y \leqslant 1, \\ 0, & \text{其他}. \end{cases}$$

于是，当 $-1 \leqslant y \leqslant 1$ 时，有

$$f_{X|Y}(x \mid y) = \frac{f(x,y)}{f_Y(y)} = \begin{cases} \dfrac{1/\pi}{(2/\pi)\sqrt{1-y^2}}, & -\sqrt{1-y^2} \leqslant x \leqslant \sqrt{1-y^2}, \\ 0, & \text{其他}, \end{cases}$$

$$= \begin{cases} \dfrac{1}{2\sqrt{1-y^2}}, & -\sqrt{1-y^2} \leqslant x \leqslant \sqrt{1-y^2}, \\ 0, & \text{其他}. \end{cases}$$

3.4 随机变量的独立性

在第 1 章中，介绍了随机事件的独立性，若事件是相互独立的，则许多概率的计算可以大为简化. 对于二维随机变量 (X,Y)，分布函数 $F(x,y)$ 是事件 $\{X \leqslant x\}$ 和 $\{Y \leqslant y\}$ 的积事件的概率，如果事件 $\{X \leqslant x\}$ 与 $\{Y \leqslant y\}$ 相互独立，那么求分布函数就容易得多，此时也称 X 与 Y 是相互独立的，具体地，我们给出下面的定义.

定义 3.10 设 (X,Y) 是二维随机变量，如果对于任意 x,y 有

$$P\{X \leqslant x, Y \leqslant y\} = P\{X \leqslant x\}P\{Y \leqslant y\},$$

即

$$F(x,y) = F_X(x)F_Y(y),$$

则称随机变量 X 与 Y 是**相互独立的**.

在 3.2 节中曾经指出：由关于 X 和关于 Y 的边缘分布，一般不能确定随机变量 X 和 Y 的联合分布. 但在随机变量相互独立的条件下，随机变量 X 和 Y 的联合分布可由关于 X 和关于 Y 的边缘分布唯一确定，从这个意义上来说，独立性是一个十分重要的概念.

由随机变量相互独立的定义，我们有如下结论.

定理 3.1 设 (X,Y) 是二维离散型随机变量，则 X, Y 相互独立的充要条件是对于 (X,Y) 所有可能的取值 (x_i, y_j) $(i, j = 1, 2, \cdots)$，都有

$$P\{X = x_i, Y = y_j\} = P\{X = x_i\}P\{Y = y_j\}$$

成立

定理 3.2 设 (X,Y) 是二维连续型随机变量，则 X, Y 相互独立的充要条件是

$$f(x,y) = f_X(x)f_Y(y)$$

几乎处处成立[①].

例 3.8 判断例 3.1 中的 X, Y 是否相互独立.

解 由例 3.1，可得表 3-11.

---

① 此处"几乎处处成立"的含义是指在平面上除去"面积"为零的集合以外，处处成立.

表 3-11

X \ Y	0	1	$p_i.$
0	$\dfrac{1}{10}$	$\dfrac{3}{10}$	$\dfrac{2}{5}$
1	$\dfrac{3}{10}$	$\dfrac{3}{10}$	$\dfrac{3}{5}$
$p_{\cdot j}$	$\dfrac{2}{5}$	$\dfrac{3}{5}$	

显然有 $P\{X=1,Y=1\}=\dfrac{3}{10}\neq\dfrac{3}{5}\times\dfrac{3}{5}=P\{X=1\}P\{Y=1\}$，从而由定理 3.1 知，$X$，$Y$ 不是相互独立的.

例 3.9 设二维随机变量 (X,Y) 具有概率密度

$$f(x,y)=\begin{cases}\dfrac{1}{4}, & 0<x<1,0<y<4,\\ 0, & 其他.\end{cases}$$

判断 X 与 Y 是否相互独立.

解 由式（3.5）可得

$$f_X(x)=\int_{-\infty}^{+\infty}f(x,y)\mathrm{d}y=\int_0^4 f(x,y)\mathrm{d}y=\begin{cases}\displaystyle\int_0^4\dfrac{1}{4}\mathrm{d}y, & 0<x<1,\\ 0, & 其他\end{cases}=\begin{cases}1, & 0<x<1,\\ 0, & 其他.\end{cases}$$

类似地，

$$f_Y(y)=\begin{cases}\dfrac{1}{4}, & 0<y<4,\\ 0, & 其他.\end{cases}$$

易于验证：对任意的实数 x,y，有 $f(x,y)=f_X(x)f_Y(y)$. 从而由定理 3.2 知，X 与 Y 相互独立.

例 3.10 设 (X,Y) 服从二维正态分布 $N(\mu_1,\mu_2,\sigma_1^2,\sigma_2^2,\rho)$，证明 X 和 Y 相互独立的充要条件是参数 $\rho=0$.

证 充分性，若 $\rho=0$，则有

$$f(x,y)=\dfrac{1}{2\pi\sigma_1\sigma_2}\cdot\exp\left\{-\dfrac{1}{2}\left[\dfrac{(x-\mu_1)^2}{\sigma_1^2}+\dfrac{(y-\mu_2)^2}{\sigma_2^2}\right]\right\}$$

$$=\dfrac{1}{\sqrt{2\pi}\sigma_1}\mathrm{e}^{-\frac{(x-\mu_1)^2}{2\sigma_1^2}}\cdot\dfrac{1}{\sqrt{2\pi}\sigma_2}\mathrm{e}^{-\frac{(y-\mu_2)^2}{2\sigma_2^2}}.$$

由例 3.5 可知，对一切 x,y，有 $f(x,y)=f_X(x)f_Y(y)$ 成立，故 X 和 Y 相互独立.

必要性，如果 X 和 Y 相互独立，由于 $f(x,y)$，$f_X(x)$，$f_Y(y)$ 都是连续函数，那么对所有的 x,y，有 $f(x,y)=f_X(x)f_Y(y)$. 特别地，令 $x=\mu_1,y=\mu_2$，则

$$\dfrac{1}{2\pi\sigma_1\sigma_2\sqrt{1-\rho^2}}=\dfrac{1}{2\pi\sigma_1\sigma_2},$$

进而 $\rho=0$.

从上所述关于二维随机变量的一些概念，容易推广到 n 维随机变量的情况.

n 维随机变量 $(X_1,X_2,\cdots,X_n)$ 的分布函数定义为

$$F(x_1,x_2,\cdots,x_n)=P\{X_1\leqslant x_1,X_2\leqslant x_2,\cdots,X_n\leqslant x_n\},$$

其中 $x_1, x_2, \cdots, x_n$ 为任意实数.

若存在非负函数 $f(x_1, x_2, \cdots, x_n)$，使对于任意实数 $x_1, x_2, \cdots, x_n$ 有

$$F(x_1, x_2, \cdots, x_n) = \int_{-\infty}^{x_n} \int_{-\infty}^{x_{n-1}} \cdots \int_{-\infty}^{x_1} f(x_1, x_2, \cdots, x_n) dx_1 dx_2 \cdots dx_n,$$

则称 $f(x_1, x_2, \cdots, x_n)$ 为 $(X_1, X_2, \cdots, X_2)$ 的概率密度.

设 $(X_1, X_2, \cdots, X_n)$ 的分布函数 $F(x_1, x_2, \cdots, x_n)$ 为已知，则 $(X_1, X_2, \cdots, X_n)$ 的 $k \ (1 \leq k < n)$ 维边缘分布函数就随之确定. 如 $(X_1, X_2, \cdots, X_n)$ 关于 X_1，关于 (X_1, X_2) 的边缘分布函数分别为

$$F_{X_1}(x_1) = F(x_1, +\infty, +\infty, \cdots, +\infty), \quad F_{X_1, X_2}(x_1, x_2) = F(x_1, x_2, +\infty, \cdots, +\infty).$$

又若 $f(x_1, x_2, \cdots, x_n)$ 是 $(X_1, X_2, \cdots, X_n)$ 的概率密度，则 $(X_1, X_2, \cdots, X_n)$ 关于 X_1，关于 (X_1, X_2) 的边缘概率密度分别为

$$f_{X_1}(x_1) = \int_{-\infty}^{+\infty} \int_{-\infty}^{+\infty} \cdots \int_{-\infty}^{+\infty} f(x_1, x_2, x_3, \cdots, x_n) dx_2 dx_3 \cdots dx_n,$$

$$f_{X_1, X_2}(x_1, x_2) = \int_{-\infty}^{+\infty} \int_{-\infty}^{+\infty} \cdots \int_{-\infty}^{+\infty} f(x_1, x_2, x_3, \cdots, x_n) dx_3 dx_4 \cdots dx_n.$$

若对于所有的 $x_1, x_2, \cdots, x_n$，有 $F(x_1, x_2, \cdots, x_n) = F_{X_1}(x_1) F_{X_2}(x_2) \cdots F_{X_n}(x_n)$ 成立，则称 $X_1, X_2, \cdots, X_n$ 是相互独立的.

以下的结论在数理统计中是很有用的.

设 $(X_1, X_2, \cdots, X_n)$，$(Y_1, Y_2, \cdots, Y_m)$ 是相互独立的多维随机变量，则 $h(X_1, X_2, \cdots, X_n)$ 与 $g(Y_1, Y_2, \cdots, Y_m)$ 相互独立，其中 h，g 是连续函数.

3.5 两个随机变量函数的分布

2.4 节中的内容可以推广到多维随机变量的情形. 比如，设 (X, Y) 为二维随机变量，$g(x, y)$ 为二元函数，则 $Z = g(X, Y)$ 是一维随机变量，且由 (X, Y) 的分布可以确定 Z 的分布.

3.5.1 二维离散型随机变量函数的分布

设 (X, Y) 为二维离散型随机变量，其分布律为

$$P\{X = x_i, Y = y_j\} = p_{ij}, \quad i, j = 1, 2, \cdots.$$

$g(x, y)$ 是一个二元函数，$Z = g(X, Y)$ 是二维随机变量 (X, Y) 的函数，则随机变量 Z 的分布律为

$$P\{Z = g(x_i, y_j)\} = p_{ij}, \quad i, j = 1, 2, \cdots.$$

但要注意，取相同的 $g(x_i, y_j)$ 的值对应的那些概率要合并相加.

例 3.11 设 (X, Y) 的分布律为

X \ Y	-1	0	1
0	0.2	0.1	0.2
1	0.3	0.1	0.1

试求：（1）$Z_1 = X + Y$ 的分布律；（2）$Z_2 = \min\{X, Y\}$ 的分布律；（3）$Z_3 = XY^2$ 的分布律.

解 将 (X, Y) 及各个函数的取值对应于同一表格中，见表 3-12.

表 3-12

(X,Y)	$(0,-1)$	$(0, 0)$	$(0, 1)$	$(1,-1)$	$(1, 0)$	$(1, 1)$
$Z_1 = X + Y$	-1	0	1	0	1	2
$Z_2 = \min\{X,Y\}$	-1	0	0	-1	0	1
$Z_3 = XY^2$	0	0	0	1	0	1
P	0.2	0.1	0.2	0.3	0.1	0.1

合并整理，可得所求的分布律分别见表 3-13～表 3-15.

表 3-13

Z_1	-1	0	1	2
P	0.2	0.4	0.3	0.1

表 3-14

Z_2	-1	0	1
P	0.5	0.4	0.1

表 3-15

Z_3	0	1
P	0.6	0.4

3.5.2 二维连续型随机变量函数的分布

设 (X,Y) 为二维连续型随机变量，其概率密度为 $f(x,y)$，$g(x,y)$ 是一个已知的连续函数，一般地，$Z = g(X,Y)$ 是一个连续型随机变量. 下面通过先求 Z 的分布函数 $F_Z(z)$，再进一步求出 Z 的概率密度 $f_Z(z)$.

由分布函数的定义，得 Z 的分布函数

$$F_Z(z) = P\{Z \leqslant z\} = P\{g(X,Y) \leqslant z\} = \iint\limits_{g(x,y) \leqslant z} f(x,y)\mathrm{d}x\mathrm{d}y$$

此求解过程的关键在于将事件 $\{Z \leqslant z\}$ 等价地转化为用 (X,Y) 表示的事件 $\{g(X,Y) \leqslant z\} = \{(X,Y) \in G_z\}$，其中 $G_z = \{(x,y) | g(x,y) \leqslant z\}s$. 如果求得了 $F_Z(z)$，那么可通过 $f_Z(z) = F_Z'(z)$ 求出 Z 的概率密度 $f_Z(z)$. 下面用这种方法推导出几个简单函数分布的一般公式.

1. $Z = X + Y$ 的分布

设 (X,Y) 为二维连续型随机变量，具有概率密度 $f(x,y)$，则 $Z = X + Y$ 的分布函数为

$$F_Z(z) = P\{X + Y \leqslant z\} = \iint\limits_{x+y \leqslant z} f(x,y)\mathrm{d}x\mathrm{d}y$$

积分区域 $G: x + y \leqslant z$ 是直线 $x + y = z$ 左下方的半平面（如图 3-4），将上面的积分化为累次积分，得

$$F_Z(z) = \int_{-\infty}^{+\infty}\left[\int_{-\infty}^{z-y} f(x,y)\mathrm{d}x\right]\mathrm{d}y,$$

固定 z 和 y，对积分 $\int_{-\infty}^{z-y} f(x,y)\mathrm{d}x$ 作变量代换，令 $x = u - y$ 得

$$\int_{-\infty}^{z-y} f(x,y)\mathrm{d}x = \int_{-\infty}^{z} f(u-y,y)\mathrm{d}u ,$$

于是

$$F_Z(z) = \int_{-\infty}^{+\infty}\left[\int_{-\infty}^{z} f(u-y,y)\mathrm{d}u\right]\mathrm{d}y = \int_{-\infty}^{z}\left[\int_{-\infty}^{+\infty} f(u-y,y)\mathrm{d}y\right]\mathrm{d}u .$$

由概率密度的定义，即得 Z 的概率密度为

$$f_Z(z) = \int_{-\infty}^{+\infty} f(z-y,y)\mathrm{d}y .$$

由 X,Y 的对称性，$f_Z(z)$ 又可写为

$$f_Z(z) = \int_{-\infty}^{+\infty} f(x,z-x)\mathrm{d}x .$$

又若 X 和 Y 相互独立，设 (X,Y) 关于 X,Y 的边缘概率密度分别为 $f_X(x),f_Y(y)$，则上两式可分别化为

$$f_Z(z) = \int_{-\infty}^{+\infty} f_X(z-y)f_Y(y)\mathrm{d}y , \tag{3.8}$$

$$f_Z(z) = \int_{-\infty}^{+\infty} f_X(x)f_Y(z-x)\mathrm{d}x . \tag{3.9}$$

公式（3.8）和（3.9）称为**卷积公式**，记为 $f_X * f_Y$，即

$$f_X * f_Y = \int_{-\infty}^{+\infty} f_X(z-y)f_Y(y)\mathrm{d}y = \int_{-\infty}^{+\infty} f_X(x)f_Y(z-x)\mathrm{d}x .$$

例 3.12 设 X 和 Y 是两个相互独立的随机变量，它们都服从 $N(0,1)$ 分布，即有

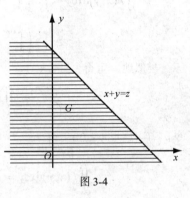

图 3-4

$$f_X(x) = \frac{1}{\sqrt{2\pi}}\mathrm{e}^{-\frac{x^2}{2}} , \quad -\infty < x < +\infty ; \quad f_Y(y) = \frac{1}{\sqrt{2\pi}}\mathrm{e}^{-\frac{y^2}{2}} , \quad -\infty < y < +\infty .$$

求 $Z = X + Y$ 的概率密度.

解 由式（3.9）得，

$$f_Z(z) = \int_{-\infty}^{+\infty} f_X(x)f_Y(z-x)\mathrm{d}x = \frac{1}{2\pi}\int_{-\infty}^{+\infty} \mathrm{e}^{-\frac{x^2}{2}} \cdot \mathrm{e}^{-\frac{(z-x)^2}{2}}\mathrm{d}x = \frac{1}{2\pi}\mathrm{e}^{-\frac{z^2}{4}}\int_{-\infty}^{+\infty} \mathrm{e}^{-(x-\frac{z}{2})^2}\mathrm{d}x ,$$

令 $\left(x-\dfrac{z}{2}\right) = \dfrac{t}{\sqrt{2}}$，并根据标准正态分布概率密度的性质得

$$f_Z(z) = \frac{1}{2\sqrt{\pi}}\mathrm{e}^{-\frac{z^2}{4}}\int_{-\infty}^{+\infty} \frac{1}{\sqrt{2\pi}}\mathrm{e}^{-\frac{t^2}{2}}\mathrm{d}x = \frac{1}{2\sqrt{\pi}}\mathrm{e}^{-\frac{z^2}{4}} .$$

即 Z 服从正态分布 $N(0,2)$.

一般地，若 $X \sim N(\mu_1,\sigma_1^2)$，$Y \sim N(\mu_2,\sigma_2^2)$，且 X,Y 相互独立，由式（3.9）经过计算知 $Z = X + Y$ 仍然服从正态分布，且有 $Z \sim N(\mu_1+\mu_2,\sigma_1^2+\sigma_2^2)$. 这个结论还能推广到 n 个独立正态随机变量之和的情况. 即若 $X_i \sim N(\mu_i,\sigma_i^2)$ $(i=1,2,\cdots)$，且它们相互独立，则它们的和 $Z = X_1 + X_2 + \cdots + X_n$ 仍然服从正态分布，且有 $Z \sim N(\mu_1+\mu_2+\cdots+\mu_n,\sigma_1^2+\sigma_2^2+\cdots+\sigma_n^2)$. 我们还可以进一步证明：有限个相互独立的正态随机变量的线性组合仍然服从正态分布.

2. $Z = \dfrac{X}{Y}$ 的分布

设 (X,Y) 为二维连续型随机变量，具有概率密度 $f(x,y)$，则 $Z = \dfrac{X}{Y}$ 的分布函数为

$$F(z) = P\{Z \leqslant z\} = P\left\{\frac{X}{Y} \leqslant z\right\} = \iint\limits_{G_1} f(x,y)\mathrm{d}x\mathrm{d}y + \iint\limits_{G_2} f(x,y)\mathrm{d}x\mathrm{d}y .$$

其中 G_1, G_2 是图 3-5 中的阴影部分，而

$$\iint\limits_{G_1} f(x, y)\mathrm{d}x\mathrm{d}y = \int_0^{+\infty}\left[\int_{-\infty}^{yz} f(x, y)\mathrm{d}x\right]\mathrm{d}y$$

固定 z, y，对积分 $\int_{-\infty}^{yz} f(x, y)\mathrm{d}x$ 作变量代换，令 $u = \dfrac{x}{y}$（这里 $y > 0$），得

$$\int_{-\infty}^{yz} f(x, y)\mathrm{d}x = \int_{-\infty}^{z} yf(yu, y)\mathrm{d}u .$$

于是，

$$\iint\limits_{G_1} f(x, y)\mathrm{d}x\mathrm{d}y = \int_0^{+\infty}\left[\int_{-\infty}^{z} yf(yu, y)\mathrm{d}u\right]\mathrm{d}y$$

$$= \int_{-\infty}^{z}\left(\int_0^{+\infty} yf(yu, y)\mathrm{d}y\right)\mathrm{d}u .$$

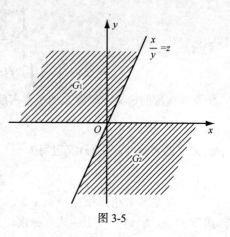

图 3-5

类似地，可得

$$\iint\limits_{G_2} f(x, y)\mathrm{d}x\mathrm{d}y = \int_{-\infty}^{0}\left[\int_{yz}^{+\infty} f(x, y)\mathrm{d}x\right]\mathrm{d}y ,$$

令 $u = \dfrac{x}{y}$（这里 $y < 0$），得

$$\iint\limits_{G_2} f(x, y)\mathrm{d}x\mathrm{d}y = \int_{-\infty}^{0}\left[\int_{z}^{-\infty} yf(yu, y)\mathrm{d}u\right]\mathrm{d}y = -\int_{-\infty}^{z}\left[\int_{-\infty}^{0} yf(yu, y)\mathrm{d}y\right]\mathrm{d}u .$$

故有

$$F_Z(z) = \iint\limits_{G_1} f(x, y)\mathrm{d}x\mathrm{d}y + \iint\limits_{G_2} f(x, y)\mathrm{d}x\mathrm{d}y$$

$$= \int_{-\infty}^{z}\left[\int_0^{+\infty} yf(yu, y)\mathrm{d}y - \int_{-\infty}^{0} yf(yu, y)\mathrm{d}y\right]\mathrm{d}u .$$

由概率密度的定义即可得 Z 的密度函数为

$$f_{X|Y}(z) = \int_{-\infty}^{+\infty}|y|f(yz, y)\mathrm{d}y . \tag{3.10}$$

若 X 和 Y 相互独立，设 (X, Y) 关于 X, Y 的边缘概率密度分别为 $f_X(x), f_Y(y)$，则上式可化为

$$f_{X|Y}(z) = \int_{-\infty}^{+\infty}|y|f_X(yz)f_Y(y)\mathrm{d}y . \tag{3.11}$$

类似可求得 $Z = XY$ 的概率密度为

$$f_{XY}(z) = \int_{-\infty}^{+\infty}\frac{1}{|y|}f\left(\frac{z}{y}, y\right)\mathrm{d}y .$$

特别地，当 X 和 Y 相互独立时，Z 的密度函数为

$$f_{XY}(z) = \int_{-\infty}^{+\infty}\frac{1}{|y|}f_X\left(\frac{z}{y}\right)f_Y(y)\mathrm{d}y .$$

例 3.13 若随机向量 X 与 Y 相互独立，且它们的概率密度分别为

$$f_X(x) = \begin{cases} 2\mathrm{e}^{-2x}, & x > 0, \\ 0, & x \leqslant 0, \end{cases} \qquad f_Y(x) = \begin{cases} 3\mathrm{e}^{-3y}, & y > 0, \\ 0, & y \leqslant 0. \end{cases}$$

试求随机变量 $Z = \dfrac{X}{Y}$ 的概率密度.

解 由式（3.11）得

$$f_Z(z) = \int_{-\infty}^{+\infty} |y| f_X(yz) f_X(y) \mathrm{d}y = \int_0^{+\infty} y f_X(yz) f_X(y) \mathrm{d}y = \begin{cases} \int_0^{+\infty} y \cdot 6 e^{-(2z+3)y} \mathrm{d}y, & z > 0, \\ 0, & \text{其他.} \end{cases}$$

$$= \begin{cases} \dfrac{6}{(2z+3)^2}, & z > 0, \\ 0, & \text{其他.} \end{cases}$$

3. $M = \max\{X, Y\}$ 及 $N = \min\{X, Y\}$ 的分布

设 X, Y 是两个独立的随机变量，它们的分布函数分别为 $F_X(x)$ 和 $F_Y(y)$．求 $M = \max\{X, Y\}$ 及 $N = \min\{X, Y\}$ 的分布函数．

由于 $M = \max\{X, Y\}$ 不大于 z 等价于 X 和 Y 都不大于 z．故有

$$P\{M \leqslant z\} = P\{X \leqslant z, Y \leqslant z\}.$$

又由于 X 和 Y 相互独立，可得到 $M = \max\{X, Y\}$ 的分布函数为

$$F_{\max}(z) = P\{M \leqslant z\} = P\{X \leqslant z, Y \leqslant z\} = P\{X \leqslant z\} \cdot P\{Y \leqslant z\},$$

即有

$$F_{\max}(z) = F_X(z) F_Y(z). \tag{3.12}$$

类似地，可得 $N = \min\{X, Y\}$ 的分布函数为

$$F_{\min}(z) = P\{N \leqslant z\} = 1 - P\{N > z\} = 1 - P\{X > z, Y > z\},$$

即

$$F_{\min}(z) = 1 - [1 - F_X(z)][1 - F_Y(z)]. \tag{3.13}$$

例 3.14　设系统 L 由两个相互独立的子系统 L_1、L_2 连接而成，连接的方式分别为（1）串联；（2）并联；（3）备用（当系统 L_1 损坏时，系统 L_2 开始工作），设 L_1、L_2 的寿命分别为 X, Y，已知它们的概率密度分别为

$$f_X(x) = \begin{cases} \alpha \mathrm{e}^{-\alpha x}, & x > 0, \\ 0, & x \leqslant 0, \end{cases} \qquad f_Y(y) = \begin{cases} \beta \mathrm{e}^{-\beta y}, & y > 0, \\ 0, & y \leqslant 0. \end{cases}$$

其中 $\alpha > 0, \beta > 0$ 并且 $\alpha \neq \beta$，试分别就以上三种连接方式写出 L 的寿命 Z 的概率密度．

解　（1）串联的情况

由于当 L_1、L_2 中有一个损坏时，系统 L 就停止工作，所以这时 L 的寿命为

$$Z = \min\{X, Y\}.$$

由概率密度可求出 X, Y 的分布函数分别为

$$F_X(x) = \begin{cases} 1 - \mathrm{e}^{-\alpha x}, & x > 0, \\ 0, & x \leqslant 0, \end{cases} \qquad F_Y(y) = \begin{cases} 1 - \mathrm{e}^{-\beta y}, & y > 0, \\ 0, & y \leqslant 0. \end{cases}$$

由式（3.13），可得 $Z = \min\{X, Y\}$ 的分布函数为

$$F_{\min}(z) = \begin{cases} 1 - \mathrm{e}^{-(\alpha+\beta)z}, & z > 0, \\ 0, & z \leqslant 0. \end{cases}$$

于是，$Z = \min\{X, Y\}$ 的概率密度为

$$f_{\min}(z) = \begin{cases} (\alpha+\beta) \mathrm{e}^{-(\alpha+\beta)z}, & z > 0, \\ 0, & z \leqslant 0. \end{cases}$$

（2）并联的情况

因为当且仅当 L_1、L_2 都损坏时系统 L 才停止工作，所以，这时系统 L 的寿命 Z 为

$$Z = \max\{X, Y\}.$$

由式（3.12），可得 $Z = \max\{X, Y\}$ 的分布函数为

$$F_{\max}(z) = F_X(z)F_Y(z) = \begin{cases} (1 - \mathrm{e}^{-\alpha z})(1 - \mathrm{e}^{-\beta z}), & z > 0, \\ 0, & z \leqslant 0. \end{cases}$$

于是 $Z = \max\{X, Y\}$ 的概率密度为

$$f_{\max}(z) = \begin{cases} \alpha \mathrm{e}^{-\alpha z} + \beta \mathrm{e}^{-\beta z} - (\alpha + \beta)\mathrm{e}^{-(\alpha+\beta)z}, & z > 0, \\ 0, & z \leqslant 0. \end{cases}$$

（3）备用的情况

由于当系统 L_1 损坏时系统 L_2 才开始工作，因此整个系统 L 的寿命 Z 是 L_1、L_2 两者寿命之和，即

$$Z = X + Y.$$

由式（3.8），当 $z > 0$ 时，$Z = X + Y$ 的概率密度为

$$f_Z(z) = \int_{-\infty}^{+\infty} f_X(z-y)f_Y(y)\mathrm{d}y = \int_0^z \alpha \mathrm{e}^{-\alpha(z-y)} \cdot \beta \mathrm{e}^{-\beta y}\mathrm{d}y = \alpha\beta \mathrm{e}^{-\alpha z}\int_0^z \mathrm{e}^{-(\beta-\alpha)y}\mathrm{d}y;$$

$$= \frac{\alpha\beta}{\beta - \alpha}\left[\mathrm{e}^{-\alpha z} - \mathrm{e}^{-\beta z}\right]$$

当 $z \leqslant 0$ 时，$f_Z(z) = 0$. 于是，$Z = X + Y$ 的概率密度为

$$f_Z(z) = \begin{cases} \dfrac{\alpha\beta}{\beta - \alpha}(\mathrm{e}^{-\alpha z} - \mathrm{e}^{-\beta z}), & z > 0, \\ 0, & z \leqslant 0. \end{cases}$$

在本节最后，我们给出求二维随机变量函数的概率密度的另一种方法，为此不加证明地给出下面的定理.

定理 3.3 设二维随机变量 (X, Y) 概率密度为 $f(x, y)$，$z = g(x, y)$ 是二元连续函数，$u = w(z)$ 是有界的一元连续函数，则

$$\int_{-\infty}^{+\infty}\int_{-\infty}^{+\infty} w[g(x, y)]f(x, y)\mathrm{d}x\mathrm{d}y = \int_{-\infty}^{+\infty} w(z)f_Z(z)\mathrm{d}z,$$

其中 $f_Z(z)$ 是随机变量 Z 的概率密度.

例 3.15 设二维随机变量 (X, Y) 服从区域 $D = \{(x, y) \mid 0 \leqslant x \leqslant 2, 0 \leqslant y \leqslant 1\}$ 上的均匀分布，求以 X, Y 为边长的矩形面积 S 的概率密度 $f(s)$.

解 因为

$$\int_{-\infty}^{+\infty}\int_{-\infty}^{+\infty} w(xy)f(x, y)\mathrm{d}x\mathrm{d}y = \int_0^2 \mathrm{d}x \int_0^1 w(xy)\frac{1}{2}\mathrm{d}y \xrightarrow{\diamondsuit s = xy} \int_0^2 \mathrm{d}x \int_0^x w(s)\frac{1}{2x}\mathrm{d}s$$

$$\xrightarrow{\text{交换积分次序}} \int_0^2 w(s)\mathrm{d}s \int_s^2 \frac{1}{2x}\mathrm{d}x$$

$$= \int_0^2 w(s) \cdot \frac{1}{2}(\ln 2 - \ln s)\mathrm{d}s,$$

所以

$$f(s) = \begin{cases} \dfrac{1}{2}(\ln 2 - \ln s), & 0 < s < 2, \\ 0, & \text{其他}. \end{cases}$$

例 3.16 设随机变量 X, Y 相互独立，其概率密度分别为

$$f_X(x) = \begin{cases} 1, & 0 \leqslant x \leqslant 1, \\ 0, & \text{其他}, \end{cases} \qquad f_Y(y) = \begin{cases} \mathrm{e}^{-y}, & y > 0, \\ 0, & \text{其他}. \end{cases}$$

试求 $Z = 2X + Y$ 的概率密度.

解 由于

$$\int_{-\infty}^{+\infty}\int_{-\infty}^{+\infty} w(2x+y)f(x,y)\mathrm{d}x\mathrm{d}y = \int_0^1\int_0^{+\infty} w(2x+y)\mathrm{e}^{-y}\mathrm{d}x\mathrm{d}y$$

$$\xrightarrow{\text{令}z=2x+y} \int_0^{+\infty}\left(\int_y^{2+y} w(z)\cdot\frac{1}{2}\mathrm{e}^{-y}\mathrm{d}z\right)\mathrm{d}y$$

$$\xrightarrow{\text{交换积分次序}} \int_0^2\left(w(z)\int_0^z\frac{1}{2}\mathrm{e}^{-y}\mathrm{d}y\right)\mathrm{d}z + \int_2^{+\infty} w(z)\left(\int_{z-2}^z \cdot\frac{1}{2}\mathrm{e}^{-y}\mathrm{d}y\right)\mathrm{d}z$$

$$= \int_0^2 w(z)\cdot\frac{1}{2}(1-\mathrm{e}^{-z})\mathrm{d}z + \int_2^{+\infty} w(z)\cdot\frac{1}{2}(\mathrm{e}^2-1)\mathrm{e}^{-z}\mathrm{d}z,$$

所以，所求 Z 的概率密度为

$$f_Z(z) = \begin{cases} 0, & z\leqslant 0, \\ \dfrac{1}{2}(1-\mathrm{e}^{-z}), & 0<z\leqslant 2, \\ \dfrac{1}{2}(\mathrm{e}^2-1)\mathrm{e}^{-z}, & z>2. \end{cases}$$

习题 3

3.1 设二维随机变量 (X,Y) 的分布函数为

$$F(x,y) = A\left(B+\arctan\frac{x}{2}\right)\left(C+\arctan\frac{y}{3}\right),$$

试求：（1）系数 A,B,C；（2）$P\{0\leqslant X\leqslant 2, 0\leqslant Y\leqslant 3\}$.

3.2 箱子中装有 12 件产品，其中 2 件是次品，每次从箱子中任取一件产品，共取 2 次，定义随机变量 X，Y 如下：

$$X = \begin{cases} 0, & \text{若第一次取出正品,} \\ 1, & \text{若第一次取出次品,} \end{cases} \qquad Y = \begin{cases} 0, & \text{若第二次取出正品,} \\ 1, & \text{若第二次取出次品,} \end{cases}$$

分别就下面两种情况求出二维随机变量 (X,Y) 的分布律：（1）放回抽样；（2）无放回抽样.

3.3 某高校学生会 8 名委员中，来自理科的有 2 名，来自工科和文科的各 3 名. 现从 8 名委员中随机地指定 3 名担任学生会主席. 设 X，Y 分别表示主席来自理科、工科的人数，求二维随机变 (X,Y) 的分布律.

3.4 一个口袋中有四只球，它们依次标有数字 1，2，2，3. 从袋中任取一只球后不放回袋中，再从袋中任取一只球. 设每次取球时，袋中每只球被取到的可能性相同. 以 X，Y 分别记第一、二次取到的球上标有的数字，求随机变量 (X,Y) 的分布律及 $P\{X=Y\}$.

3.5 设随机变量 (X,Y) 概率密度为 $f(x,y) = \begin{cases} x^2+Cxy, & 0<x<1, 0<y<2, \\ 0, & \text{其他.} \end{cases}$ （1）确定常数 C；

（2）求 $P\{X+Y>1\}$；（3）求联合分布函数 $F(x,y)$.

3.6 设随机变量 (X,Y) 的概率密度为

$$f(x,y) = \begin{cases} C\mathrm{e}^{-(2x+4y)}, & x>0, y>0, \\ 0, & \text{其他.} \end{cases}$$

（1）试确定常数 C；（2）求 $P\{Y\leqslant X\}$；（3）求 (X,Y) 的分布函数.

3.7　求 3.1 题中的随机变量(X,Y)的边缘分布函数和边缘概率密度.

3.8　两名水平相当的棋手弈棋 3 盘，以 X 表示某名棋手输赢盘数之差的绝对值，以 Y 表示他获胜的盘数，假定没有和棋，试写出 X、Y 的联合分布律及(X,Y)的边缘分布律.

3.9　设随机变量(X,Y)服从区域 $D=\{(x,y)\,|\,0\leqslant x\leqslant 1,x^2\leqslant y\leqslant x\}$ 上的均匀分布，试求(X,Y)的概率密度及边缘概率密度.

3.10　设二维随机变量(X,Y)的概率密度为 $f(x,y)=\begin{cases}\mathrm{e}^{-y}, & 0<x<y, \\ 0, & \text{其他,}\end{cases}$ 求(X,Y)的边缘概率密度.

3.11　设二维随机变量(X,Y)的概率密度为

$$f(x,y)=\frac{1}{2\pi}\mathrm{e}^{-\frac{1}{2}(x^2+y^2)}(1+\sin x\sin y),\quad(-\infty<x,y<+\infty),$$

求(X,Y)的边缘概率密度.

3.12　在第 3.4 题中求在 $X=2$ 的条件下 Y 的条件分布律和在 $Y=1$ 的条件下 X 的条件分布律.

3.13　将某医药公司 9 月份和 8 月份收到的青霉素针剂的订货单数分别记为 X 和 Y，据以往积累的资料可知，X 和 Y 联合分布律见表 3-16.

表 3-16

X＼Y	51	52	53	54	55
51	0.06	0.05	0.05	0.01	0.01
52	0.07	0.05	0.01	0.01	0.01
53	0.05	0.10	0.10	0.05	0.05
54	0.05	0.02	0.01	0.01	0.03
55	0.05	0.06	0.05	0.01	0.03

（1）求边缘分布律；（2）求 8 月份的订单数为 51 时，9 月份订单数的条件分布律.

3.14　在 3.9 题中求条件概率密度 $f_{Y|X}(y\,|\,x)$，$f_{X|Y}(x\,|\,y)$.

3.15　设随机变量(X,Y)的概率密度为

$$f(x,y)=\begin{cases}x\mathrm{e}^{-x(1+y)}, & x>0,y>0, \\ 0, & \text{其他.}\end{cases}$$

求条件概率密度 $f_{X|Y}(x\,|\,y)$，$f_{Y|X}(y\,|\,x)$ 及概率 $P\{Y>1\,|\,X=3\}$.

3.16　设 X 在区间$(0,1)$上随机地取值，当观察 $X=x\,(0<x<1)$ 时，Y 在区间$(0,x)$上随机地取值，求随机变量(X,Y)的概率密度.

3.17　问：（1）3.3 题中的随机变量 X 和 Y 是否独立？（2）3.10 题中的随机变量 X 和 Y 是否独立？

3.18　设离散型随机变量 Y 的分布律见表 3-17.

表 3-17

Y	-1	0	1
P	$\theta/2$	$1-\theta$	$\theta/2$

又设 Y_1，Y_2 是两个相互独立的随机变量，且 Y_1，Y_2 都与 Y 具有相同的分布律. 求 Y_1，Y_2 的联合分布律，并求 $P\{Y_1=Y_2\}$.

3.19 已知随机变量 X_1，X_2 的分布律分别见表 3-18 和表 3-19.

<table>
<tr><td>表 3-18</td></tr>
</table>

X_1	-1	0	1
P	$\frac{1}{4}$	$\frac{1}{2}$	$\frac{1}{4}$

表 3-19

X_2	-1	0
P	$\frac{1}{2}$	$\frac{1}{2}$

且 $P\{X_1 X_2 = 0\} = 1$. （1）求 X_1 和 X_2 的联合分布律；（2）X_1 和 X_2 是否独立?为什么?

3.20 设二维随机变量 (X, Y) 的概率密度为

$$f(x, y) = \begin{cases} 6xy^2, & 0 \leqslant x \leqslant 1, 0 \leqslant y \leqslant 1, \\ 0, & \text{其他.} \end{cases}$$

判断随机变量 X, Y 的相互独立性.

3.21 设 X，Y 是两个相互独立的随机变量，$X \sim U(0,1)$，Y 的概率密度为

$$f_Y(y) = \begin{cases} 8y, & 0 < y < 1/2, \\ 0, & \text{其他.} \end{cases}$$

试写出 X，Y 的联合概率密度，并求 $P\{X > Y\}$.

3.22 设 X, Y 是两个相互独立的随机变量，X 在 $(0,1)$ 内服从均匀分布，Y 的概率密度为

$$f_Y(y) = \begin{cases} \dfrac{1}{2} \mathrm{e}^{-\frac{y}{2}}, & y > 0, \\ 0, & y \leqslant 0. \end{cases}$$

（1）求 X 和 Y 的联合密度；（2）设含有 a 的二次方程为 $a^2 + 2Xa + Y = 0$，试求方程有实根的概率.

3.23 设 X, Y 是两个相互独立的随机变量，其概率密度分别为

$$f_X(x) = \begin{cases} \lambda \mathrm{e}^{-\lambda x}, & x > 0, \\ 0, & x \leqslant 0, \end{cases} \qquad f_Y(y) = \begin{cases} \mu \mathrm{e}^{-\mu y}, & y > 0, \\ 0, & y \leqslant 0, \end{cases}$$

其中 $\lambda > 0$, $\mu > 0$ 是常数，引入随机变量

$$Z = \begin{cases} 1, & X \leqslant Y, \\ 0, & X > Y. \end{cases}$$

求随机变量 Z 的分布律和分布函数.

3.24 设随机变量 X 和 Y 的联合分布律见表 3-20.

表 3-20

X \ Y	0	1	2
0	$\frac{1}{12}$	$\frac{1}{6}$	$\frac{1}{24}$
1	$\frac{1}{4}$	$\frac{1}{4}$	$\frac{1}{40}$
2	$\frac{1}{8}$	$\frac{1}{20}$	0
3	$\frac{1}{20}$	0	0

（1）求 $U = \max\{X, Y\}$ 的分布律；

（2）求 $U = \min\{X, Y\}$ 的分布律；

（3）求 $W = X + Y$ 的分布律.

3.25 设 X 和 Y 相互独立，分别服从二项分布 $B(n,p)$ 和 $B(m,p)$，求 $Z = X + Y$ 的分布.

3.26 设随机变量 $X \sim U(-1,1)$，随机变量 Y 具有概率密度 $f_Y(y) = \dfrac{1}{\pi(1+y^2)}$，$-\infty < y < +\infty$，设 X, Y 相互独立，求 $Z = X + Y$ 的概率密度.

3.27 设随机变量 X，Y 都在 $(0，1)$ 内服从均匀分布，且 X，Y 相互独立，求 $Z = X + Y$ 的概率密度.

3.28 设随机向量 (X,Y) 的概率密度为 $f(x,y) = \dfrac{1}{2\pi} \mathrm{e}^{-\frac{x^2+y^2}{2}}$，试求随机变量 $Z = \dfrac{X}{Y}$ 的概率密度.

3.29 设随机变量 X，Y 相互独立，且都服从参数为 1 的指数分布，试求 $Z = \dfrac{X}{Y}$ 的概率密度.

3.30 设随机变量 X，Y 相互独立，它们的联合概率密度为

$$f(x,y) = \begin{cases} \dfrac{3}{2} \mathrm{e}^{-3x}, & x > 0, 0 \leqslant y \leqslant 2, \\ 0, & \text{其他.} \end{cases}$$

（1）求边缘概率密度 $f_X(x), f_Y(y)$；

（2）求 $Z = \max\{X,Y\}$ 的分布函数.

3.31 设某种型号的电子管的寿命（以小时计）近似地服从 $N(160, 20^2)$ 分布，随机地选取 4 只，求其中没有一只寿命小于 180 小时的概率.

3.32 设随机变量 (X,Y) 的概率密度为

$$f(x,y) = \begin{cases} A\mathrm{e}^{-(x+y)}, & 0 < x < 1, 0 < y < +\infty, \\ 0, & \text{其他.} \end{cases}$$

（1）试确定常数 A；

（2）求边缘概率密度 $f_X(x), f_Y(y)$；

（3）求函数 $U = \max\{X,Y\}$ 的分布函数.

3.33 设随机向量 (X,Y) 的联合密度函数为 $f(x,y) = \begin{cases} 8xy, & 0 < x \leqslant y, 0 < y \leqslant 1, \\ 0, & \text{其他.} \end{cases}$ 试求 $Z = XY$ 的密度函数.

3.34 设 (X,Y) 具有概率密度

$$f(x,y) = \begin{cases} 3x, & 0 \leqslant x \leqslant 1, 0 \leqslant y \leqslant x, \\ 0, & \text{其他.} \end{cases}$$

求 $Z = X - Y$ 的概率密度.

第4章

随机变量的数字特征

随机变量的概率分布是对随机现象的统计规律的一种全面描述. 但对于很多实际应用而言, 要明确给出随机变量的分布往往是比较困难的. 此外, 在一些问题中并不需要研究随机变量的分布, 而只需获得能够集中反映随机变量特征的综合指标. 例如, 某地区居民的平均收入能够在一定程度上反映该地区的居民生活水平, 而在研究居民收入分配时, 除了考虑平均收入之外, 还需了解居民收入与平均收入的总体偏离程度, 容易发现, 这个偏离程度越大, 则社会贫富分化现象愈发严重, 与随机变量有关的这些数量指标, 虽不能全面地描述随机变量, 却能反映出随机变量在某些方面的重要特性. 我们将这种能够反映随机变量某方面特性的量化指标统称为随机变量的数字特征, 它们在理论与应用中均具有重要的意义, 本章将介绍随机变量的常用数字特征: 数学期望、方差、协方差、相关系数和矩等.

4.1 数学期望

4.1.1 数学期望的概念

1. 离散型随机变量的数学期望

在日常生活中, 我们经常需要计算一组数的平均值, 并从中获取一些有用的信息. 例如, 一个班的平均成绩在一定程度上反映了该班学生整体的学习效果, 在概率论中, 我们有时需要计算一个随机变量的 "平均值", 下面先看一个例子.

例 4.1 某公司对工人的生产情况进行考察, 统计了 100 天, 发现钳工小赵 83 天没有出废品, 10 天每天出一件废品, 6 天每天出两件废品, 1 天每天出三件废品, 问小赵每天平均出多少件废品?

解 依据题意, 小赵在 100 天内出现的废品数为 $0 \times 83 + 1 \times 10 + 2 \times 6 + 3 \times 1$, 于是每天平均出废品数为

$$\frac{0 \times 83 + 1 \times 10 + 2 \times 6 + 3 \times 1}{100} = \frac{1}{4},$$

上式左端即

$$0 \times \frac{83}{100} + 1 \times \frac{10}{100} + 2 \times \frac{6}{100} + 3 \times \frac{1}{100},$$

这相当于每天出废品 X 的观测值 $x_k (k = 1, 2, 3, 4)$ 的加权平均值, 其权重系数为出现 x_k 的频率 $\frac{n_k}{n}$, 即平均每天出废品数为 $\sum_{k=1}^{4} x_k \cdot \frac{n_k}{n}$. 注意到频率会随着统计天数的变化而改变, 于是数值 $\sum_{k=1}^{4} x_k \cdot \frac{n_k}{n}$ 也会随统计天数的变化而发生变化. 但是, 由频率的稳定性可知, 当 n 充分大时, 频率 $\frac{n_k}{n}$ 稳定在概率 p_k 的附近, 即 $\sum_{k=1}^{4} x_k \cdot \frac{n_k}{n}$ 稳定于 $\sum_{k=1}^{4} x_k p_k$ 附近. 数值 $\sum_{k=1}^{4} x_k p_k$ 不再与统计天数有关, 即它真实地反映了小赵平均每天出的废品数.

一般地，有如下定义

定义 4.1 设离散型随机变量 X 的分布律为

$$p_k = P\{X = x_k\}, \quad k = 1, 2, \cdots.$$

若级数 $\sum\limits_{k=1}^{+\infty} x_k p_k$ 绝对收敛①，则称 $\sum\limits_{k=1}^{+\infty} x_k p_k$ 为随机变量 X 的**数学期望**，简称**期望**，又称**均值**，记为 $E(X)$，即

$$E(X) = \sum_{k=1}^{+\infty} x_k p_k. \tag{4.1}$$

例 4.2 一个医生在一小时内诊治病人的人数 X 是一个随机变量，其分布律见表 4-1.

表 4-1

X	1	2	3	4	5
P	$\dfrac{3}{20}$	$\dfrac{7}{20}$	$\dfrac{6}{20}$	$\dfrac{3}{20}$	$\dfrac{1}{20}$

求 $E(X)$.

解 由式（4.1），有

$$E(X) = 1 \times \frac{3}{20} + 2 \times \frac{7}{20} + 3 \times \frac{6}{20} + 4 \times \frac{3}{20} + 5 \times \frac{1}{20} = \frac{13}{5} = 2.6 \text{（人）}.$$

这表明，如果长期考察一段时间，如 5000 小时，那么，此医生平均一个小时诊治的病人约为 2.6 人，5000 小时诊治的病人大约为 13 000 人.

例 4.3 甲、乙两人比赛射击，用 X, Y 分别表示甲、乙两人的命中环数，且分布律分别见表 4-2 和表 4-3.

表 4-2

X	7	8	9	10
P	0.1	0.3	0.4	0.2

表 4-3

Y	7	8	9	10
P	0.2	0.3	0.2	0.3

试比较甲、乙两人射击水平的高低.

解 比较甲、乙两人射击水平的高低，应比较他们的平均命中环数，而不应仅看一次命中的环数. 因此计算相应的数学期望，由式（4.1），得

$$E(X) = 7 \times 0.1 + 8 \times 0.3 + 9 \times 0.4 + 10 \times 0.2 = 8.7,$$
$$E(Y) = 7 \times 0.2 + 8 \times 0.3 + 9 \times 0.2 + 10 \times 0.3 = 8.6,$$

由于 $E(X) > E(Y)$，故甲的射击水平高于乙.

例 4.4 设 X 服从参数为 λ 的泊松分布，即 $X \sim \pi(\lambda)$，试求 $E(X)$.

解 因为 X 的分布律为

---

① 为了保证级数的和与级数各项的次序无关.

$$P\{X=k\} = \frac{\lambda^k e^{-\lambda}}{k!}, \quad k = 0,1,2,\cdots, \quad \lambda > 0,$$

故由式（4.1）及泊松分布律的性质可得

$$E(X) = \sum_{k=0}^{+\infty} k \cdot \frac{\lambda^k}{k!} e^{-\lambda} = \lambda e^{-\lambda} \sum_{k=1}^{+\infty} \frac{\lambda^{k-1}}{(k-1)!} = \lambda e^{-\lambda} \sum_{m=0}^{+\infty} \frac{\lambda^m}{m!} = \lambda.$$

故 $E(X) = \lambda$.

由上可见，泊松分布的参数 λ 和它的数学期望相等. 因此，泊松分布的概率分布和数学期望可以相互唯一确定.

2. 连续型随机变量的数学期望

下面进一步讨论连续型随机变量的数学期望. 设连续型随机变量 X 的密度函数为 $f(x)$，则 X 落在小区间 $(x, x+\Delta x]$ 的概率近似等于 $f(x)\Delta x$. 根据定义 4.1 及微积分学的相关知识，可如下定义连续型随机变量的数学期望.

定义 4.2 设连续型随机变量 X 的概率密度为 $f(x)$，若 $\int_{-\infty}^{+\infty} x f(x) \mathrm{d}x$ 绝对收敛，则称积分 $\int_{-\infty}^{+\infty} x f(x) \mathrm{d}x$ 的值为随机变量 X 的**数学期望**，记为 $E(X)$，即

$$E(X) = \int_{-\infty}^{+\infty} x f(x) \mathrm{d}x. \tag{4.2}$$

例 4.5 设 X 服从区间 (a,b) 内的均匀分布，求 $E(X)$.

解 X 的概率密度为

$$f(x) = \begin{cases} \dfrac{1}{b-a}, & a < x < b, \\ 0, & \text{其他}. \end{cases}$$

由式（4.2）得

$$E(X) = \int_{-\infty}^{+\infty} x f(x) \mathrm{d}x = \int_a^b \frac{x}{b-a} \mathrm{d}x = \frac{x^2}{2(b-a)} \Big|_a^b = \frac{a+b}{2}.$$

即数学期望位于区间 (a,b) 的中点.

例 4.6 设 X 服从参数为 λ 的指数分布，求 $E(X)$.

解 因为 X 服从参数为 λ 的指数分布，所以其概率密度

$$f(x) = \begin{cases} \lambda e^{-\lambda x}, & x > 0, \\ 0, & x \leqslant 0. \end{cases}$$

由式（4.2）得

$$E(X) = \int_{-\infty}^{+\infty} x f(x) \mathrm{d}x = \int_0^{+\infty} x \cdot \lambda e^{-\lambda x} \mathrm{d}x$$

$$= -x e^{-\lambda x} \Big|_0^{+\infty} + \int_0^{+\infty} e^{-\lambda x} \mathrm{d}x$$

$$= -\frac{1}{\lambda} e^{-\lambda x} \Big|_0^{+\infty} = \frac{1}{\lambda}.$$

例 4.7 设 X 服从参数为 μ, σ^2 的正态分布，即 $X \sim N(\mu, \sigma^2)$，求 $E(X)$.

解 因为 $X \sim N(\mu, \sigma^2)$，所以 X 的概率密度

$$f(x) = \frac{1}{\sqrt{2\pi}\sigma} e^{-\frac{(x-\mu)^2}{2\sigma^2}}, \quad -\infty < x < +\infty.$$

由式（4.2）及密度函数的性质，得

$$E(X) = \frac{1}{\sqrt{2\pi}\sigma} \int_{-\infty}^{+\infty} x\mathrm{e}^{-\frac{(x-\mu)^2}{2\sigma^2}} \mathrm{d}x \xrightarrow{\diamondsuit t = \frac{x-\mu}{\sigma}} \frac{1}{\sqrt{2\pi}} \int_{-\infty}^{+\infty} (\mu + \sigma t)\mathrm{e}^{-\frac{t^2}{2}} \mathrm{d}t$$

$$= \mu \int_{-\infty}^{+\infty} \frac{1}{\sqrt{2\pi}} \mathrm{e}^{-\frac{t^2}{2}} \mathrm{d}t - \frac{6}{\sqrt{2\pi}} \mathrm{e}^{-\frac{t^2}{2}} \Big|_{-\infty}^{+\infty} = \mu \,.$$

应当注意，有些随机变量的数学期望是不存在的，如例 4.8 中的 X.

例 4.8 设连续型随机变量 X 服从柯西[1]分布，即随机变量 X 的概率密度为

$$f(x) = \frac{1}{\pi(1+x^2)}, \quad -\infty < x < +\infty$$

试求 $E(X)$.

解 由于

$$\int_0^{+\infty} |x| f(x)\mathrm{d}x = \int_0^{+\infty} x \cdot \frac{1}{\pi(1+x^2)} \mathrm{d}x = \frac{1}{2\pi} \ln(1+x^2) \Big|_0^{+\infty} = +\infty \,,$$

故反常积分 $\int_{-\infty}^{+\infty} |x| f(x)\mathrm{d}x$ 发散. 由定义 4.2 知，$E(X)$ 不存在.

4.1.2 随机变量函数的数学期望

在一些实际应用中，经常需要计算随机变量函数的数学期望. 例如，已知 X 的概率分布，要求 $Y = g(X)$ 的数学期望 $E(Y)$. 一种最直接的想法是通过 X 的概率分布先求出 Y 的概率分布，再根据定义求出 Y 的数学期望. 但一般而言，随机变量函数 Y 的概率分布往往不易求得. 事实上，如下的定理指出，可以直接利用 X 的概率分布计算 Y 的数学期望.

定理 4.1 设 $Y = g(X)$ 是随机变量 X 的函数，且 $g(x)$ 是连续函数.

（1）若 X 是离散型随机变量，且分布律为 $p_k = P\{X = x_k\}$，$k = 1, 2, \cdots$，则当 $\sum_{k=1}^{+\infty} g(x_k) p_k$ 绝对收敛时，有

$$E(Y) = E[g(X)] = \sum_{k=1}^{+\infty} g(x_k) p_k \,. \tag{4.3}$$

（2）若 X 是连续型随机变量，且概率密度为 $f(x)$，则当 $\int_{-\infty}^{+\infty} g(x) f(x)\mathrm{d}x$ 绝对收敛时，有

$$E(Y) = E[g(X)] = \int_{-\infty}^{+\infty} g(x) f(x)\mathrm{d}x \,. \tag{4.4}$$

定理 4.1 表明，求 $E(Y)$ 时并不需要先计算 Y 的分布律或概率密度，而只需利用 X 的概率分布即可. 该定理的证明要用到较多的数学理论，在此不再赘述.

例 4.9 设随机变量 X 的分布律见表 4-4.

表 4-4

X	-1	0	$\frac{1}{2}$	1	2
P	$\frac{1}{3}$	$\frac{1}{6}$	$\frac{1}{6}$	$\frac{1}{12}$	$\frac{1}{4}$

求 $E(X)$，$E(-X+1)$，$E(X^2)$，$D(X)$.

解 由随机变量 X 的分布律，得表 4-5.

---

[1] 柯西（Cauchy，1789—1857），法国著名数学家，复变函数论的奠基人.

表 4-5

X	-1	0	$\frac{1}{2}$	1	2
$-X+1$	2	1	$\frac{1}{2}$	0	-1
X^2	1	0	$\frac{1}{4}$	1	4
P	$\frac{1}{3}$	$\frac{1}{6}$	$\frac{1}{6}$	$\frac{1}{12}$	$\frac{1}{4}$

所以,

$$E(X) = (-1) \times \frac{1}{3} + 0 \times \frac{1}{6} + \frac{1}{2} \times \frac{1}{6} + 1 \times \frac{1}{12} + 2 \times \frac{1}{4} = \frac{1}{3},$$

$$E(-X+1) = 2 \times \frac{1}{3} + 1 \times \frac{1}{6} + \frac{1}{2} \times \frac{1}{6} + 0 \times \frac{1}{12} + (-1) \times \frac{1}{4} = \frac{2}{3},$$

$$E(X^2) = 1 \times \frac{1}{3} + 0 \times \frac{1}{6} + \frac{1}{4} \times \frac{1}{6} + 1 \times \frac{1}{12} + 4 \times \frac{1}{4} = \frac{35}{24}.$$

例 4.10 按季节出售的某种商品,每售出 1kg 获得利润 6 元,如到季末尚未售出,则每千克亏损 2 元,设某商店在季节内这种商品的销售量 X(单位:kg)是一个服从区间(8,16)内均匀分布的随机变量. 试问商店在季节初进多少这样的商品,才能使商店获得平均利润最大?

解 设 y 表示进货量(显然只需考虑 $8 < y < 16$),由于销售量与进货量相关,前者是随机变量 X,因此收益 Y 是 X 的函数,即

$$Y = g(X) = \begin{cases} 6y, & X \geqslant y, \\ 6X - 2(y-X), & X < y. \end{cases}$$

这是因为当供不应求时,货物全部售出;而当供大于求时,销售量就是需求量. 由式(4.4),得平均收益

$$\begin{aligned} E(Y) = E[g(X)] &= \int_{-\infty}^{+\infty} g(x) f(x) \mathrm{d}x = \int_8^{16} g(x) \cdot \frac{1}{8} \mathrm{d}x \\ &= \frac{1}{8} \left[\int_8^y [6x - 2(y-x)] \mathrm{d}x + \int_y^{16} 6y \mathrm{d}x \right] \\ &= -\frac{1}{2} y^2 + 14y - 32. \end{aligned}$$

当 $y = 14$ 时,$E(Y)$ 取到最大值. 因此,商店在季节初进 14kg 这样的商品,可使商店获得平均利润最大.

对二维随机变量,也有类似的定理.

定理 4.2 设 $Z = g(X,Y)$ 是随机变量 (X,Y) 的函数,且 $g(x,y)$ 连续.

(1)若二维离散型随机变量 (X,Y) 的联合分布律为 $p_{ij} = P\{X = x_i, Y = y_j\}$, $i,j = 1,2,\cdots$, 且 $\sum_{j=1}^{+\infty} \sum_{i=1}^{+\infty} g(x_i, y_j) p_{ij}$ 绝对收敛,则

$$E(Z) = E[g(X,Y)] = \sum_{j=1}^{+\infty} \sum_{i=1}^{+\infty} g(x_i, y_j) p_{ij}. \tag{4.5}$$

(2)若二维连续型随机变量 (X,Y) 的联合密度为 $f(x,y)$, 且 $\int_{-\infty}^{+\infty} \int_{-\infty}^{+\infty} g(x,y) f(x,y) \mathrm{d}x \mathrm{d}y$ 绝对收敛,则

$$E(Z) = E[g(X,Y)] = \int_{-\infty}^{+\infty} \int_{-\infty}^{+\infty} g(x,y)f(x,y)\mathrm{d}x\mathrm{d}y . \tag{4.6}$$

例 4.11 设二维离散型随机变量 (X,Y) 的联合分布律为

$$P\{X=1, Y=10\} = P\{X=2, Y=5\} = 0.5 .$$

试求：（1） $\max(X,Y)$ 的数学期望；（2） XY 的数学期望.

解 由题设可知，随机变量 (X,Y) 的联合分布见表 4-6.

表 4-6

X \ Y	5	10
1	0	0.5
2	0.5	0

（1）由式（4.5）得

$$E[\max(X,Y)] = \sum_{j=1}^{2} \sum_{i=1}^{2} \max(x_i, y_i) p_{ij} = 10 \times 0.5 + 5 \times 0.5 = 7.5 .$$

（2）由式（4.5）得

$$E(XY) = 2 \times 5 \times 0.5 + 1 \times 10 \times 0.5 = 10 .$$

例 4.12 设二维随机变量 (X,Y) 服从区域 $D = \{(x,y) \mid 0 < x < 1, 0 < y < 2\}$ 上的均匀分布，试求 $E(X)$ 和 $E(XY)$.

解 根据已知条件，(X,Y) 的概率密度为

$$f(x,y) = \begin{cases} \dfrac{1}{2}, & 0 < x < 1, 0 < y < 2, \\ 0, & \text{其他}. \end{cases}$$

设 $g_1(x,y) = x$ ，则 $E(X) = E[g_1(X,Y)]$. 由式（4.6）可得

$$E(X) = E[g_1(X,Y)] = \int_{-\infty}^{+\infty} \int_{-\infty}^{+\infty} g_1(x,y)f(x,y)\mathrm{d}x\mathrm{d}y$$

$$= \int_0^1 \int_0^2 x \cdot \frac{1}{2} \mathrm{d}x\mathrm{d}y = \frac{1}{2} \int_0^1 x\mathrm{d}x \int_0^2 1\mathrm{d}y = \frac{1}{2} .$$

设 $g_2(x,y) = xy$ ，则 $E(XY) = E[g_2(X,Y)]$. 由式（4.6）可得

$$E(XY) = \int_{-\infty}^{+\infty} \int_{-\infty}^{+\infty} g_2(x,y)f(x,y)\mathrm{d}x\mathrm{d}y = \int_0^1 \int_0^2 xy \cdot \frac{1}{2} \mathrm{d}x\mathrm{d}y$$

$$= \frac{1}{2} \int_0^1 x\mathrm{d}x \int_0^2 y\mathrm{d}x\mathrm{d}y = \frac{1}{2} .$$

4.1.3 数学期望的性质

下面介绍数学期望的几个重要性质，它们对于简化数学期望的计算往往很有帮助. 这里假定所涉及的数学期望均存在.

（1）设 C 是常数，则有 $E(C) = C$.

（2）设 X 是一个随机变量，C 是常数，则有

$$E(CX) = CE(X) .$$

（3）设 X ，Y 是两个随机变量，则有

$$E(X+Y) = E(X) + E(Y) .$$

这一质可以推广到任意有限多个随机变量之和的情况.

（4）设 X，Y 是两个相互独立的随机变量，则有

$$E(XY) = E(X)E(Y).$$

这一性质可以推广到任意有限多个相互独立的随机变量之积的情况.

证 仅就连续型随机变量的情况给出性质（3）和（4）的证明，性质（1）和（2）的证明留给读者完成.

设二维随机变量 (X,Y) 的概率密度为 $f(x,y)$，其边缘分布概率密度分别为 $f_X(x)$，$f_Y(y)$，由式（4.6），有

$$\begin{aligned}
E(X+Y) &= \int_{-\infty}^{+\infty}\int_{-\infty}^{+\infty}(x+y)f(x,y)\mathrm{d}x\mathrm{d}y \\
&= \int_{-\infty}^{+\infty}\int_{-\infty}^{+\infty}xf(x,y)\mathrm{d}x\mathrm{d}y + \int_{-\infty}^{+\infty}\int_{-\infty}^{+\infty}yf(x,y)\mathrm{d}x\mathrm{d}y \\
&= E(X)+E(Y),
\end{aligned}$$

性质（3）得证.

若 X 与 Y 相互独立，则

$$E(XY) = \int_{-\infty}^{+\infty}\int_{-\infty}^{+\infty}xyf(x,y)\mathrm{d}x\mathrm{d}y = \int_{-\infty}^{+\infty}\int_{-\infty}^{+\infty}xyf_X(x)f_Y(y)\mathrm{d}x\mathrm{d}y$$

$$= \left[\int_{-\infty}^{+\infty}xf_X(x)\mathrm{d}x\right]\cdot\left[\int_{-\infty}^{+\infty}yf_Y(y)\mathrm{d}y\right] = E(X)E(Y),$$

性质（4）得证.

例 4.13 设有 n 只小球和 n 只能装小球的盒子，它们依次编有序号 1，2，…，n. 今随机地将 n 只小球分别装入 n 只盒子，且每只盒子只放一只小球，试求两个序号恰好一致的数对个数的数学期望.

解 设两个序号恰好一致的数对个数为 X. 令

$$X_i = \begin{cases} 1, & \text{第}i\text{个小球装入第}i\text{个盒子,} \\ 0, & \text{第}i\text{个小球未装入第}i\text{个盒子,} \end{cases} \quad i=1,2,\cdots,n,$$

则 $X = \sum_{i=1}^{m} X_i$. 由题意知，第 i 个小球落入第 i 个盒子的概率为 $\dfrac{1}{n}$，第 i 个小球未落入第 i 个盒子的概率为 $1-\dfrac{1}{n}$，即

$$P\{X_i = 0\} = 1-\frac{1}{n}, \quad P\{X_i = 1\} = \frac{1}{n}.$$

于是

$$E(X_i) = \frac{1}{n}, \quad i=1,2,\cdots,n.$$

由数学期望的性质(3)，可得

$$E(X) = E\left(\sum_{i=1}^{n} X_i\right) = \sum_{i=1}^{n} E(X_i) = 1.$$

如例 4.13 所示，在许多问题中可将 X 分解成多个随机变量之和，然后利用数学期望的性质求 X 的数学期望. 这种处理方法具有一定的普遍意义，往往可使复杂情况下的计算得以简化.

4.2 | 方差

上一节介绍了数学期望，它刻画了随机变量取值的平均水平，是一个重要的数字特征．但在一些实际应用中，仅仅知道随机变量的期望是不够的．如前所述，在研究居民收入分配时，除了考虑平均收入之外，还需了解居民收入与平均收入的总体偏离程度．容易发现，这个偏离程度越大，则社会贫富分化现象愈发严重．为此需引入另外一个数字特征，用来刻画随机变量取值与期望的偏离程度．这个数字特征就是下面将要介绍的方差．

4.2.1 方差的概念

定义 4.3 设 X 是随机变量，若 $E\{[X-E(X)]^2\}$ 存在，则称它为 X 的方差，记为 $D(X)$ 或 $\text{Var}(X)$，即

$$D(X) = \text{Var}(X) = E\{[X-E(X)]^2\}. \tag{4.7}$$

也称 $\sqrt{D(X)}$ 为 X 的**标准差**或**均方差**，记为 $\sigma(X)$．

容易发现，方差是一个非负数，而且方差 $D(X)$ 表达了 X 的取值与数学期望的偏离程度．若 $D(X)$ 较小，则意味着 X 的取值比较集中于 $E(X)$ 的附近；反之，若 $D(X)$ 较大，则意味着 X 的取值比较分散．因此，$D(X)$ 刻画了随机变量 X 取值的分散程度．

根据定义，方差是随机变量 X 的函数 $g(X) = [X-E(X)]^2$ 的数学期望．那么，对于离散型随机变量 X，若其分布律为 $P\{X = x_k\} = p_k$，$k = 1, 2, \cdots$，由式（4.3）和式（4.7）有

$$D(X) = \sum_{k=1}^{+\infty} [x_k - E(X)]^2 p_k. \tag{4.8}$$

对于连续型随机变量 X，若其概率密度为 $f(x)$，由式（4.4）和式（4.7）有

$$D(X) = \int_{-\infty}^{+\infty} [x - E(X)]^2 f(x)\mathrm{d}x. \tag{4.9}$$

此外，由数学期望的性质，可得

$$\begin{aligned}
D(X) &= E\{[X-E(X)]^2\} = E\{X^2 - 2XE(X) + [E(X)]^2\} \\
&= E(X^2) - 2E(X)E(X) + [E(X)]^2 \\
&= E(X^2) - [E(X)]^2.
\end{aligned}$$

由此可得方差的计算公式

$$D(X) = E(X^2) - [E(X)]^2. \tag{4.10}$$

例 4.14 设 X 服从参数为 p 的(0—1)分布，求 $D(X)$．

解 由于

$$E(X) = 0 \times (1-p) + 1 \times p = p,$$

$$E(X^2) = 0^2 \times (1-p) + 1^2 \times p = p,$$

由式（4.10）得

$$D(X) = E(X^2) - [E(X)]^2 = p - p^2 = p(1-p).$$

例 4.15 设 X 服从参数为 λ 的泊松分布，求 $D(X)$．

解 由例 4.4，知 $E(X) = \lambda$．又

$$E(X^2) = \sum_{k=0}^{+\infty} k^2 \cdot \frac{\lambda^k}{k!} e^{-\lambda} = \sum_{k=1}^{+\infty} [(k-1)+1] \cdot \frac{\lambda^k}{(k-1)!} e^{-\lambda}$$

$$= \lambda \sum_{k=1}^{+\infty} (k-1) \cdot \frac{\lambda^{k-1}}{(k-1)!} e^{-\lambda} + \lambda \sum_{k=1}^{+\infty} \frac{\lambda^{k-1}}{(k-1)!} e^{-\lambda}$$

$$\xlongequal{\diamond m=k-1} \lambda \sum_{m=0}^{+\infty} m \cdot \frac{\lambda^m}{m!} e^{-\lambda} + \lambda \sum_{m=0}^{+\infty} \frac{\lambda^m}{m!} e^{-\lambda}$$

$$= \lambda^2 + \lambda .$$

由式（4.10）得

$$D(X) = E(X^2) - [E(X)]^2 = \lambda^2 + \lambda - \lambda^2 = \lambda .$$

例 4.16 设 X 服从 (a,b) 内的均匀分布，求 $D(X)$．

解 由例 4.5 可知，$E(X) = \dfrac{a+b}{2}$．又

$$E(X^2) = \int_{-\infty}^{+\infty} x^2 f(x) \mathrm{d}x = \int_a^b x^2 \cdot \frac{1}{b-a} \mathrm{d}x = \frac{1}{b-a} \cdot \frac{1}{3} x^3 \Big|_a^b = \frac{a^2+ab+b^2}{3}$$

于是

$$D(X) = E(X^2) - [E(X)]^2 = \frac{a^2+ab+b^2}{3} - \left(\frac{a+b}{2}\right)^2 = \frac{(b-a)^2}{12} .$$

例 4.17 设 X 服从参数为 λ 的指数分布，求 $D(X)$．

解 由例 4.6 知，$E(X) = \dfrac{1}{\lambda}$．而

$$E(X^2) = \int_{-\infty}^{+\infty} x^2 f(x) \mathrm{d}x = \int_0^{+\infty} x^2 \lambda e^{-\lambda x} \mathrm{d}x = -x^2 e^{-\lambda x} \Big|_0^{+\infty} + \int_0^{+\infty} 2x e^{-\lambda x} \mathrm{d}x$$

$$= \frac{2}{\lambda} \int_0^{+\infty} x \cdot \lambda e^{-\lambda x} \mathrm{d}x = \frac{2}{\lambda} E(X) = \frac{2}{\lambda^2} ,$$

于是

$$D(X) = E(X^2) - [E(X)]^2 = \frac{2}{\lambda^2} - \frac{1}{\lambda^2} = \frac{1}{\lambda^2} .$$

例 4.18 设 X 服从参数为 μ，σ^2 的正态分布，求 $D(X)$．

解 由例 4.7 知，$E(X) = \mu$．由方差定义

$$D(X) = E\{[X-E(X)]^2\} = \int_{-\infty}^{+\infty} (x-\mu)^2 f(x) \mathrm{d}x$$

$$= \int_{-\infty}^{+\infty} (x-\mu)^2 \cdot \frac{1}{\sqrt{2\pi}\sigma} e^{-\frac{(x-\mu)^2}{2\sigma^2}} \mathrm{d}x \xlongequal{\diamond t=\frac{x-\mu}{\sigma}} \sigma^2 \int_{-\infty}^{+\infty} t^2 \cdot \frac{1}{\sqrt{2\pi}} e^{-\frac{t^2}{2}} \mathrm{d}t$$

$$= \sigma^2 \left[t \cdot \frac{1}{\sqrt{2\pi}} e^{-\frac{t^2}{2}} \Big|_{-\infty}^{+\infty} - \int_{-\infty}^{+\infty} \frac{1}{\sqrt{2\pi}} e^{-\frac{t^2}{2}} \mathrm{d}t \right] = \sigma^2 .$$

由此可见，正态分布的两个参数 μ 和 σ 分别就是它的数学期望和均方差．因此，正态分布完全由它的期望和方差所确定．

4.2.2 方差的性质

下面介绍方差的几个重要性质，这里假定所涉及的数学期望和方差均存在．

（1）设 C 是常数，则 $D(C) = 0$．

（2）设 X 是随机变量，C 是常数，则

$$D(CX) = C^2D(X) , \quad D(X+C) = D(X) .$$

（3）设 X 和 Y 是两个随机变量，则

$$D(X+Y) = D(X) + D(Y) + 2E\{[X-E(X)][Y-E(Y)]\} . \tag{4.11}$$

特别地，当 X 和 Y 相互独立时，有

$$D(X+Y) = D(X) + D(Y) . \tag{4.12}$$

该性质可推广至任意有限个相互独立的随机变量之和的情况.

（4） $D(X) = 0$ 的充分必要条件是 X 以概率 1 取常数 C，即

$$P\{X = C\} = 1 .$$

显然，这里 $C = E(X)$.

证 下面给出性质（1）、（2）、（3）的证明，性质（4）的证明留给读者完成.

（1） $D(C) = E\{[C-E(C)]^2\} = E\{[C-C]^2\} = 0$.

（2） $D(CX) = E\{[CX - E(CX)]^2\} = E\{C^2[X-E(X)]^2\}$

$$= C^2 E\{[X-E(X)]^2\} = C^2 D(X) .$$

$D(X+C) = E\{[(X+C) - E(X+C)]^2\} = E\{[X-E(X)]^2\} = D(X) .$

（3） $D(X+Y) = E\{[(X+Y) - E(X+Y)]^2\} = E\{[(X-E(X)) + (Y-E(Y))]^2\}$

$$= E\{[X-E(X)]^2\} + E\{[Y-E(Y)]^2\} + 2E\{[X-E(X)][Y-E(Y)]\}$$

$$= D(X) + D(Y) + 2E\{[X-E(X)][Y-E(Y)]\} .$$

式中，

$$2E\{[X-E(X)][Y-E(Y)]\}$$
$$= 2E\{XY - XE(Y) - YE(X) + E(X)E(Y)\}$$
$$= 2\{E(XY) - E(X)E(Y) - E(Y)E(X) + E(X)E(Y)\}$$
$$= 2\{E(XY) - E(X)E(Y)\} .$$

若 X，Y 相互独立，由数学期望的性质（4）可知上式等于 0，于是

$$D(X+Y) = D(X) + D(Y) .$$

例 4.19 设随机变量 X 服从参数为 n, p 的二项分布，试求 $E(X)$ 和 $D(X)$.

解 由二项分布的定义知，随机变量 X 是 n 重伯努利试验中事件 A 发生的次数，且在每次试验中 A 发生的概率为 p . 引入随机变量

$$X_k = \begin{cases} 1, & \text{若} A \text{在第} k \text{次试验发生，} \\ 0, & \text{若} A \text{在第} k \text{次试验不发生.} \end{cases} \quad k = 1, 2, \cdots, n$$

易知

$$X = X_1 + X_2 + \cdots + X_n .$$

由 n 重伯努利试验的定义，可知 $X_1, X_2, \cdots, X_n$ 相互独立，且 X_k 服从参数为 p 的(0—1)分布，故 $E(X_k) = p$ ， $D(X_k) = p(1-p)$. 从而

$$E(X) = E(X_1 + X_2 + \cdots + X_n) = E(X_1) + E(X_2) + \cdots + E(X_n) = np ,$$

$$D(X) = D(X_1 + X_2 + \cdots + X_n) = D(X_1) + D(X_2) + \cdots + D(X_n) = np(1-p) .$$

本节最后给出一个重要结果. 若 $X_i \sim N(\mu_i, \sigma_i^2)$ (其中, $i = 1, 2, \cdots, n$)，且相互独立，则它们的线性组合 $C_1X_1 + C_2X_2 + \cdots + C_nX_n$ （其中， $C_1, C_2, \cdots, C_n$ 是不全为 0 的常数）仍服从正态分布. 由数学期望和方差的性质可知

$$C_1X_1 + C_2X_2 + \cdots + C_nX_n \sim N\left(\sum_{k=1}^{n} C_k\mu_k, \sum_{i=1}^{n} C_k^2\sigma_k^2 \right).$$

4.3

协方差与相关系数

对于二维随机变量 (X,Y)，可以分别讨论两个随机变量 X 和 Y 各自的数学期望和方差. 然而，二维随机变量 (X,Y) 的分布中还包含着 X 和 Y 之间相互关系的信息. 本节将讨论能够反映多维随机变量之间关系的数字特征.

4.3.1 协方差

如 4.2 节方差性质 (3) 的证明中所示，当随机变量 X 与 Y 相互独立时，一定有 $E\{[X-E(X)][Y-E(Y)]\}=0$，而当 $E\{[X-E(X)][Y-E(Y)]\} \neq 0$ 时，X 与 Y 不相互独立，因而 X 与 Y 存在某种内在关联，鉴于此，可引入如下的数字特征.

定义 4.4 若 $E\{[X-E(X)][Y-E(Y)]\}$ 存在，则称其为随机变量 X 与 Y 的**协方差**，记为 $\mathrm{Cov}(X,Y)$，即

$$\mathrm{Cov}(X,Y)=E\{[X-E(X)][Y-E(Y)]\} . \tag{4.13}$$

根据定义 4.4，式（4.11）可改写为

$$D(X+Y)=D(X)+D(Y)+2\mathrm{Cov}(X,Y) .$$

此外，在方差性质（3）的证明中已推导出

$$\mathrm{Cov}(X,Y)=E(XY)-E(X)E(Y) ,$$

这就是协方差的计算公式.

下面不加证明地给出协方差的一些基本性质，这里假定所涉及的方差和协方差均存在.

（1）$\mathrm{Cov}(X,Y)=\mathrm{Cov}(Y,X)$，特别地，$\mathrm{Cov}(X,X)=D(X)$.

（2）$\mathrm{Cov}(aX,bY)=ab\mathrm{Cov}(X,Y)$，$a,b$ 为任意常数.

（3）$\mathrm{Cov}(X_1+X_2,Y)=\mathrm{Cov}(X_1,Y)+\mathrm{Cov}(X_2,Y)$.

例 4.20 设随机变量 X 的概率分布见表 4-7.

表 4-7

X	0	1	2
P	0.3	0.4	0.3

试求 $D(X)$，$\mathrm{Cov}(X,Y)$，并验证 $\mathrm{Cov}(X,Y)=-2D(X)$，其中 $Y=-2X$.

解 由于

$$E(X)=0\times0.3+1\times0.4+2\times0.3=1 ,$$
$$E(X^2)=0\times0.3+1\times0.4+4\times0.3=1.6 ,$$
$$D(X)=E(X^2)-[E(X)]^2=0.6 ,$$
$$E(Y)=E(-2X)=-2E(X)=-2 ,$$
$$E(XY)=E(-2X^2)=-2\times0.4-2\times4\times0.3=-3.2 ,$$

所以，

$$\mathrm{Cov}(X,Y)=E(XY)-E(X)E(Y)=-2D(X)=-3.2+2=-1.2 .$$

4.3.2 相关系数

如上所述，协方差 $\mathrm{Cov}(X,Y)$ 的大小在一定程度上反映了随机变量 X 与 Y 之间的相关性，但它的取值

范围过于宽广，难以从程度化的角度刻画两个随机变量的相关性强弱. 为此，下面引入相关系数的概念.

定义 4.5 设两个随机变量 X 与 Y 的方差均存在且不等于零，若协方差 $\text{Cov}(X,Y)$ 存在，则称 $\dfrac{\text{Cov}(X,Y)}{\sqrt{D(X)}\sqrt{D(Y)}}$ 为随机变量 X 与 Y 的**相关系数**，并记作 ρ_{XY}，即

$$\rho_{XY} = \frac{\text{Cov}(X,Y)}{\sqrt{D(X)}\sqrt{D(Y)}}.$$

例 4.21 设 (X,Y) 的概率密度为

$$f(x,y) = \begin{cases} x+y, & 0 \leqslant x \leqslant 1, 0 \leqslant y \leqslant 1, \\ 0, & \text{其他.} \end{cases}$$

试求 ρ_{XY}.

解 根据 (X,Y) 的概率密度及数学期望的定义，有

$$E(X) = \int_{-\infty}^{+\infty}\int_{-\infty}^{+\infty} xf(x,y)\mathrm{d}x\mathrm{d}y = \int_0^1\int_0^1 x \cdot (x+y)\mathrm{d}x\mathrm{d}y$$

$$= \int_0^1 x\mathrm{d}x \int_0^1 (x+y)\mathrm{d}y = \frac{7}{12},$$

$$E(X^2) = \int_{-\infty}^{+\infty}\int_{-\infty}^{+\infty} x^2 f(x,y)\mathrm{d}x\mathrm{d}y = \int_0^1\int_0^1 x^2 \cdot (x+y)\mathrm{d}x\mathrm{d}y$$

$$= \int_0^1 x^2\mathrm{d}x \int_0^1 (x+y)\mathrm{d}y = \frac{5}{12},$$

于是，

$$D(X) = E(X^2) - E^2(X) = \frac{5}{12} - \left(\frac{7}{12}\right)^2 = \frac{11}{144}.$$

同理可得， $E(Y) = E(X) = \dfrac{7}{12}$， $D(Y) = D(X) = \dfrac{11}{144}$. 又

$$E(XY) = \int_{-\infty}^{+\infty}\int_{-\infty}^{+\infty} xyf(x,y)\mathrm{d}x\mathrm{d}y = \int_0^1\int_0^1 xy \cdot (x+y)\mathrm{d}x\mathrm{d}y$$

$$= \int_0^1 x\mathrm{d}x \int_0^1 y(x+y)\mathrm{d}y = \frac{1}{3}.$$

根据协方差的计算公式，有

$$\text{Cov}(X,Y) = E(XY) - E(X)E(Y) = \frac{1}{3} - \frac{7}{12} \times \frac{7}{12} = -\frac{1}{144}.$$

再由相关系数的定义，有

$$\rho_{XY} = \frac{\text{Cov}(X,Y)}{\sqrt{D(X)}\sqrt{D(Y)}} = \frac{-\dfrac{1}{144}}{\dfrac{11}{144}} = -\frac{1}{11}.$$

相关系数具有如下性质：

定理 4.3 设 ρ_{XY} 是随机变量 X 与 Y 的相关系数，则有

（1） $|\rho_{XY}| \leqslant 1$；

（2） $|\rho_{XY}| = 1$ 的充分必要条件是存在常数 a,b，使 $P\{Y = a+bX\} = 1$.

证 根据数学期望、方差、协方差的定义及性质，对于任意一个实数 t，有

$$h(t) = D(Y-tX) = D(Y) + D(-tX) + 2\text{Cov}(Y,-tX)$$

$$= t^2 D(X) - 2t\,\text{Cov}(X,Y) + D(Y).$$

注意到 $h(t) \geq 0 \; (-\infty < t < +\infty)$，从而，二次方程 $h(t) = 0$ 的判别式

$$\Delta = [2\mathrm{Cov}(X,Y)]^2 - 4D(X)D(Y) \leq 0,$$

即

$$[\mathrm{Cov}(X,Y)]^2 \leq D(X)D(Y) \text{ 或 } |\mathrm{Cov}(X,Y)| \leq \sqrt{D(X)D(Y)}.$$

于是，

$$|\rho_{XY}| = \frac{|\mathrm{Cov}(X,Y)|}{\sqrt{D(X)}\sqrt{D(Y)}} \leq 1.$$

下面证明（2），若 $|\rho_{XY}| = 1$，则二次方程 $h(t) = 0$ 的判别式等于零，于是 $h(t) = 0$ 有两个相等的实根 t_0，即

$$h(t_0) = D(Y - t_0 X) = 0.$$

由方差的性质（4），上式成立的充要条件为

$$P\{Y - t_0 X = C\} = 1,$$

即

$$P\{Y = C + t_0 X\} = 1.$$

换言之，$|\rho_{XY}| = 1$ 的充分必要条件是存在常数 a, b，使 $P\{Y = a + bX\} = 1$.

　　定理 4.3 表明：相关系数 ρ_{XY} 定量刻画了随机变量 X 与 Y 之间线性关联的密切程度. 当 $|\rho_{XY}| = 1$ 时，X 与 Y 之间以概率 1 存在着线性关系. 当 $|\rho_{XY}|$ 较大时，通常说 X 与 Y 之间线性关联的程度较好；当 $|\rho_{XY}|$ 较小时，就说 X 与 Y 之间线性关联程度较差；当 $\rho_{XY} = 0$ 时，X 与 Y 之间线性关联程度最低.

　　定义 4.6　若 $\rho_{XY} = 0$，则称 X 与 Y 不相关.

　　由 ρ_{XY} 的定义及数学期望的性质可得到如下定理.

　　定理 4.4　若随机变量 X 与 Y 的相互独立，则 $\rho_{XY} = 0$，即 X 与 Y 一定不相关.

　　然而，定理 4.4 的逆命题未必成立. 如例 4.22 所示，两个不相关的随机变量不一定是相互独立的.

　　例 4.22　设二维随机变量 (X, Y) 的概率分布见表 4-8.

表 4-8

X \ Y	-1	0	1
-1	$\frac{1}{8}$	$\frac{1}{8}$	$\frac{1}{8}$
0	$\frac{1}{8}$	0	$\frac{1}{8}$
1	$\frac{1}{8}$	$\frac{1}{8}$	$\frac{1}{8}$

试验证 X 与 Y 不相关，与此同时，X 与 Y 不是相互独立的.

　　解　X 的分布律见表 4-9.

表 4-9

X	-1	0	1
P	$\frac{3}{8}$	$\frac{2}{8}$	$\frac{3}{8}$

Y 的分布律见表 4-10.

表 4-10

Y	-1	0	1
P	$\dfrac{3}{8}$	$\dfrac{2}{8}$	$\dfrac{3}{8}$

而 XY 的分布律见表 4-11.

表 4-11

XY	-1	0	1
P	$\dfrac{2}{8}$	$\dfrac{4}{8}$	$\dfrac{2}{8}$

所以,

$$E(X) = -1 \times \frac{3}{8} + 1 \times \frac{3}{8} = 0 , \quad E(Y) = -1 \times \frac{3}{8} + 1 \times \frac{3}{8} = 0 ,$$

$$E(XY) = -1 \times \frac{1}{4} + 1 \times \frac{1}{4} = 0 ,$$

故 $\rho_{XY} = \mathrm{Cov}(X, Y) = 0$,即 X 与 Y 不相关,另一方面,易见

$$P\{X = 0, Y = -1\} = \frac{1}{8} \neq P\{X = 0\}P\{Y = -1\} = \frac{1}{4} \times \frac{3}{8} ,$$

因此, X 与 Y 不是相互独立的.

如上所述,随机变量 X 与 Y 相互独立蕴含了 X 与 Y 不相关;反过来, X 与 Y 不相关并不能保证 X 与 Y 相互独立,因此,与"相互独立"相比,"不相关"是一个较弱的概念. 事实上, X 与 Y 相互独立意味着 X 与 Y 无任何关系;而 X 与 Y 不相关仅表明 X 与 Y 之间不存在线性关联,但并不排除两随机变量存在其他内在关联.

例 4.23 设 (X, Y) 服从二维正态分布 $N(\mu_1, \mu_2, \sigma_1^2, \sigma_2^2, \rho)$,试求 X 和 Y 的相关系数 ρ_{XY} .

解 根据定义, (X, Y) 的联合密度函数为

$$f(x, y) = \frac{1}{2\pi\sigma_1\sigma_2\sqrt{1-\rho^2}} \exp\left\{-\frac{1}{2(1-\rho^2)}\left[\frac{(x-\mu_1)^2}{\sigma_1^2} - 2\rho\frac{(x-\mu_1)(y-\mu_2)}{\sigma_1\sigma_2} + \frac{(y-\mu_2)^2}{\sigma_2^2}\right]\right\}.$$

此外, $X \sim N(\mu_1, \sigma_1^2)$, $Y \sim N(\mu_2, \sigma_2^2)$. 故 $E(X) = \mu_1$, $E(Y) = \mu_2$, $D(X) = \sigma_1^2$, $D(X) = \sigma_2^2$,而

$$\mathrm{Cov}(X, Y) = \int_{-\infty}^{+\infty} \int_{-\infty}^{+\infty} (x-\mu_1)(y-\mu_2)f(x, y)\mathrm{d}x\mathrm{d}y$$

$$= \frac{1}{2\pi\sigma_1\sigma_2\sqrt{1-\rho^2}} \int_{-\infty}^{+\infty} \int_{-\infty}^{+\infty} (x-\mu_1)(y-\mu_2)$$

$$\times \exp\left\{-\frac{1}{2(1-\rho^2)}\left[\frac{(x-\mu_1)^2}{\sigma_1^2} - 2\rho\frac{(x-\mu_1)(y-\mu_2)}{\sigma_1\sigma_2} + \frac{(y-\mu_2)^2}{\sigma_2^2}\right]\right\}\mathrm{d}x\mathrm{d}y .$$

令 $u = \dfrac{x-\mu_1}{\sigma_1}$, $t = \dfrac{1}{\sqrt{1-\rho^2}}\left(\dfrac{y-\mu_2}{\sigma_2} - \rho\dfrac{x-\mu_1}{\sigma_1}\right)$,由标准正态概率密度的性质、标准正态分布的数学期望及方差,可得

$$\mathrm{Cov}(X, Y) = \frac{1}{2\pi} \int_{-\infty}^{+\infty} \int_{-\infty}^{+\infty} \left(\sigma_1\sigma_2\sqrt{1-\rho^2}\,tu + \rho\sigma_1\sigma_2 u^2\right)\mathrm{e}^{-\frac{u^2+t^2}{2}}\mathrm{d}t\mathrm{d}u$$

$$= \sigma_1\sigma_2\sqrt{1-\rho^2}\left(\int_{-\infty}^{+\infty} u \cdot \frac{1}{\sqrt{2\pi}}\mathrm{e}^{-\frac{u^2}{2}}\mathrm{d}u\right)\left(\int_{-\infty}^{+\infty} t \cdot \frac{1}{\sqrt{2\pi}}\mathrm{e}^{-\frac{t^2}{2}}\mathrm{d}t\right) + \rho\sigma_1\sigma_2\left(\int_{-\infty}^{+\infty} u^2 \cdot \frac{1}{\sqrt{2\pi}}\mathrm{e}^{-\frac{u^2}{2}}\mathrm{d}u\right)\left(\int_{-\infty}^{+\infty} \frac{1}{\sqrt{2\pi}}\mathrm{e}^{-\frac{t^2}{2}}\mathrm{d}t\right)$$

$$= \rho\sigma_1\sigma_2 .$$

于是，

$$\rho_{XY} = \frac{\text{Cov}(X,Y)}{\sqrt{D(X)D(Y)}} = \rho .$$

由此可见，二维正态随机变量 (X,Y) 的概率密度中的参数 ρ 就是 X 和 Y 的相关系数. 因此，二维正态随机变量的概率分布完全由 X 和 Y 各自的数学期望、方差以及它们的相关系数确定.

若 (X,Y) 服从二维正态分布 $N(\mu_1,\mu_2,\sigma_1^2,\sigma_2^2,\rho)$，根据例 3.10 的结论可知，$X$ 与 Y 相互独立的充分必要条件是 $\rho = 0$，又 $\rho = \rho_{XY}$，因此对于二维正态分布 (X,Y) 而言，X 与 Y 不相关当且仅当 X 与 Y 相互独立.

4.4 | 矩与协方差矩阵

4.4.1 矩的概念

下面介绍随机变量的另外几个数字特征.

定义 4.7 设 X 是随机变量，若

$$E(X^k), \qquad k = 1,2,\cdots$$

存在，则称它为 X 的 k 阶原点矩，简称 k 阶矩.

若

$$E\{[X - E(X)]^k\}, \qquad k = 2,3,\cdots$$

存在，则称它为 X 的 k 阶中心矩.

设 (X,Y) 是二维随机变量，若

$$E(X^k Y^l), \qquad k,l = 1,2,\cdots$$

存在，则称它为 X 和 Y 的 $k+l$ 阶混合矩.

若

$$E\{[X - E(X)]^k [Y - E(Y)]^l\}, \qquad k,l = 1,2,\cdots$$

存在，则称它为 X 和 Y 的 $k+l$ 阶混合中心矩.

显然，X 的数学期望 $E(X)$ 是 X 的一阶原点矩，方差 $D(X)$ 是 X 的二阶中心矩，协方差 $\text{Cov}(X,Y)$ 是 X 和 Y 的二阶混合中心矩.

4.4.2 协方差矩阵

给定二维随机变量 (X_1,X_2)，假设以下二阶混合中心矩均存在，记为

$$c_{11} = E\{[X_1 - E(X_1)]^2\},$$
$$c_{12} = E\{[X_1 - E(X_1)][X_2 - E(X_2)]\},$$
$$c_{21} = E\{[X_2 - E(X_2)][X_1 - E(X_1)]\},$$
$$c_{22} = E\{[X_2 - E(X_2)]^2\},$$

则它们构成的矩阵

$$C = \begin{bmatrix} c_{11} & c_{12} \\ c_{21} & c_{22} \end{bmatrix}.$$

称为二维随机变量 (X_1, X_2) 的**协方差矩阵**.

一般地，对于 n 维随机变量 $(X_1, X_2, \cdots, X_n)$，若二阶混合中心矩

$$c_{ij} = \text{Cov}(X_i, X_j) = E\{[X_i - E(X_i)][X_j - E(X_j)]\}, \quad i, j = 1, 2, \cdots, n$$

均存在，则称矩阵

$$C = \begin{bmatrix} c_{11} & c_{12} & \cdots & c_{1n} \\ c_{21} & c_{22} & \cdots & c_{2n} \\ \cdots & \cdots & \cdots & \cdots \\ c_{n1} & c_{n2} & \cdots & c_{nn} \end{bmatrix}$$

为 n 维随机变量 $(X_1, X_2, \cdots, X_n)$ 的**协方差矩阵**. 由于 $c_{ij} = c_{ji}$ $(i, j = 1, 2, \cdots, n)$，易见协方差矩阵是对称矩阵.

协方差矩阵的引入能够统一和简化多维随机变量的问题表述，并更深刻地反映出一些问题的本质，下面以多维正态分布为例加以说明. 首先将二维正态分布的概率密度改写成矩阵形式，以便将其推广至 n 维随机变量的情形. 二维随机变量 (X_1, X_2) 的概率密度为

$$f(x, y) = \frac{1}{2\pi\sigma_1\sigma_2\sqrt{1-\rho^2}} \exp\left\{ -\frac{1}{2(1-\rho^2)} \left[\frac{(x-\mu_1)^2}{\sigma_1^2} - 2\rho\frac{(x-\mu_1)(y-\mu_2)}{\sigma_1\sigma_2} + \frac{(y-\mu_2)^2}{\sigma_2^2} \right] \right\}.$$

令

$$X = \begin{bmatrix} x_1 \\ x_2 \end{bmatrix}, \quad \mu = \begin{bmatrix} \mu_1 \\ \mu_2 \end{bmatrix},$$

(X_1, X_2) 的协方差矩阵为

$$C = \begin{bmatrix} c_{11} & c_{12} \\ c_{21} & c_{22} \end{bmatrix} = \begin{bmatrix} \sigma_1^2 & \rho\sigma_1\sigma_2 \\ \rho\sigma_1\sigma_2 & \sigma_2^2 \end{bmatrix},$$

其中

$$c_{11} = \text{Cov}(X_1, X_1), \quad c_{12} = c_{21} = \text{Cov}(X_1, X_2), \quad c_{22} = \text{Cov}(X_2, X_2).$$

协方差矩阵 C 的行列式 $|C| = \sigma_1^2\sigma_2^2(1-\rho^2) \neq 0$，$C$ 的逆矩阵为

$$C^{-1} = \frac{1}{|C|}\begin{bmatrix} \sigma_2^2 & -\rho\sigma_1\sigma_2 \\ -\rho\sigma_1\sigma_2 & \sigma_1^2 \end{bmatrix}.$$

经计算，可得

$$(X-\mu)^{\text{T}}C^{-1}(X-\mu) = \frac{1}{|C|}(x_1-\mu_1 \quad x_2-\mu_2)\begin{bmatrix} \sigma_2^2 & -\rho\sigma_1\sigma_2 \\ -\rho\sigma_1\sigma_2 & \sigma_1^2 \end{bmatrix}\begin{bmatrix} x_1-\mu_1 \\ x_2-\mu_2 \end{bmatrix}$$

$$= \frac{1}{(1-\rho^2)}\left[\frac{(x_1-\mu_1)^2}{\sigma_1^2} - 2\rho\frac{(x_1-\mu_1)(x_2-\mu_2)}{\sigma_1\sigma_2} + \frac{(x_2-\mu_2)^2}{\sigma_2^2} \right],$$

其中，$(X-\mu)^{\text{T}}$ 为 $(X-\mu)$ 的转置矩阵. 于是，二维随机变量 (X_1, X_2) 的概率密度可表示成

$$f(x_1, x_2) = \frac{1}{(\sqrt{2\pi})^2 |C|^{\frac{1}{2}}} \exp\left\{ -\frac{1}{2}(X-\mu)^{\text{T}}C^{-1}(X-\mu) \right\}.$$

上式容易推广到 n 维随机变量 $(X_1, X_2, \cdots, X_n)$ 的情况，引入矩阵

$$X = \begin{bmatrix} x_1 \\ x_2 \\ \vdots \\ x_n \end{bmatrix} \text{ 和 } \mu = \begin{bmatrix} \mu_1 \\ \mu_2 \\ \vdots \\ \mu_n \end{bmatrix} = \begin{bmatrix} E(X_1) \\ E(X_2) \\ \vdots \\ E(X_n) \end{bmatrix},$$

则 n 维正态随机变量 $(X_1, X_2, \cdots, X_n)$ 的概率密度可定义为

$$f(x_1, x_2, \cdots, x_n) = \frac{1}{(\sqrt{2\pi})^n |C|^{\frac{1}{2}}} \exp\left\{ -\frac{1}{2}(X-\mu)^{\mathrm{T}} C^{-1}(X-\mu) \right\},$$

其中 C 为 $(X_1, X_2, \cdots, X_n)$ 的协方差矩阵，且假设 C 为可逆阵.

n 维正态分布在数理统计中有着非常重要的应用. 在本节最后，我们不加证明地给出 n 维正态随机变量 $(X_1, X_2, \cdots, X_n)$ 的一些重要性质.

（1） n 维正态随机变量 $(X_1, X_2, \cdots, X_n)$ 的所有分量 X_i $(i=1,2,\cdots,n)$ 都是一维正态随机变量；反之，若 $X_1, X_2, \cdots, X_n$ 都是一维正态随机变量，且相互独立，则 $(X_1, X_2, \cdots, X_n)$ 是 n 维正态随机变量.

（2） n 维随机变量 $(X_1, X_2, \cdots, X_n)$ 服从 n 维正态分布的充分必要条件是 $X_1, X_2, \cdots, X_n$ 的任意线性组合 $l_1 X_1 + l_2 X_2 + \cdots + l_n X_n$ 服从一维正态分布(其中，系数 $l_1, l_2, \cdots, l_n$ 不全为 0).

（3） 设 $(X_1, X_2, \cdots, X_n)$ 服从 n 维正态分布，若 $Y_1, Y_2, \cdots, Y_k$ 是 X_i $(i=1,2,\cdots n)$ 的线性函数，则 $(Y_1, Y_2, \cdots, Y_k)$ 也服从多维正态分布.

这一性质称为正态随机变量在线性变换下的不变性.

（4）若 $(X_1, X_2, \cdots, X_n)$ 服从 n 维正态分布，则 $X_1, X_2, \cdots, X_n$ 相互独立当且仅当 $X_1, X_2, \cdots, X_n$ 两两不相关.

4.5

数字特征的简单应用

随机变量的数字特征能够广泛应用于工程技术、经济管理、金融保险、社会医疗等领域，本节通过两个实例介绍如何利用数字特征解决实际生活中的一些具体问题.

4.5.1 求职面试决策问题

设想你在求职过程中得到了三个公司发给你的面试通知. 假设每个公司都有三个不同的空缺职位：一般的、好的、极好的，其工资分别为年薪 2.5 万、3 万、4 万元，估计能得到这些职位的概率分别为 0.4，0.3，0.2，且有 0.1 的概率得不到任何职位，相关数据见表 4-12. 由于每家公司都要求你在面试结束时表态接受或拒绝所提供的职位，那么，你应遵循什么策略来应答呢？

表 4-12

结果	年薪(万元)	概率
一般	2.5	0.4
好的	3	0.3
极好	4	0.2
没有工作	0	0.1

极端情况容易处理，如果有一家公司聘你担任极好的职位，当然就不再去下一家公司面试了，而若一家公司不聘你，就必然要到下一家公司去面试. 对于其他情况，作任何决定都要冒一定的风

险，一种办法就是采取使期望收益最大化的行动.

遗憾的是，当用期望值准则对第一次面试作决策时就遇到了困难. 因为，第一次面试结果虽落聘，但还有可能在以后的面试中获得职位. 由于这个（落聘）结果是带有不确定性的，这几乎是复杂决策问题的一个共同特征. 在将来决策作出之前，目前的决策结果是不能估算的. 有一种避开这种困难的方法，那就是先分析未来的决策，这种解决问题的方法称为逆推解法，也称为动态决策的逆序解法.

先考虑你尚未接受职位而要去进行最后一次（现在是第三次）面试，则可以确定公司提供工资的期望值是：2.5×0.4+3×0.3+4×0.2+0×0.1=2.7（万元）.

知道了第三次面试的期望值，可以决定第二次面试应采取的行动. 我们知道，肯定会接受极好的职位；若没有职位，也肯定会进行第三次面试. 但若向你提供一般的工作，那么你就必须在接受这一工作（收益 2.5 万元）和不接受这一工作而去碰第三次面试的运气（收益 2.7 万元）这两者间作出选择. 由于后者的期望收益大于前者的收益，应考虑进行第三次面试. 另外，若第二家公司能给你一个好职位，那么其收益 3 万元大于进行第三次面试的期望收益 2.7 万元，应该接受而放弃第三次面试.

综上所述，第二次面试的决策应是：接受好的或极好的职位，拒绝一般的职位. 在这样的决策下，第二次面试的收益及其概率如表 4-13.

表 4-13

第二次面试结果		年薪期望值(万元)	概率
一般	进行第三次面试	2.7	0.4
好的	接受	3	0.3
极好	接受	4	0.2
没有工作	进行第三次面试	2.7	0.1

期望值为 2.7×0.4+3×0.3+4×0.2+2.7×0.1=3.05（万元）.

现在可以回到第一次面试，如果提供一般职位，由于 2.5 万元小于 3.05 万元，不接受而进行第二次面试；如果提供好职位，由于 3 万元小于 3.05 万元，也不接受而进行第二次面试；如果提供极好职位，由于 4 万元大于 3.05 万元，接受提供的职位.

这样，第一次面试时应采取的行动是：只接受极好的职位，否则就进行下一次面试. 于是，这个面试问题的对应策略就清楚了. 第一次面试只接受极好的职位，否则进行第二次面试；第二次面试时可接受好的和极好的职位，否则进行第三次面试；第三次面试则接受能提供的任何职位. 与这个策略相应的期望值可由表 4-14 计算得到.

表 4-14

第一次面试结果		年薪期望值(万元)	概率
一般	进行第二次面试	3.05	0.4
好的	进行第二次面试	3.05	0.3
极好	接受	4	0.2
没有工作	进行第二次面试	3.05	0.1

期望值为 3.05×0.4+3.05×0.3+4×0.2+3.05×0.1=3.24（万元）.

这就清楚地看到，当你在求职时，收到三份面试通知高于只收到一份面试通知的价值，不仅提高了就业机会，而且提高了收入的期望值. 当然，风险与机遇并存，高收益必然伴随着高风险.

这就是风险型决策的特征，当然，这是建立在风险中性的前提下的，如果在第一次面试时放弃 3 万元及其以下的职位，意味着求职者可能获得更好的职位，因为这时他的期望收益最低是 3.05 万元，期望收益 3.24 万元，但这是不确定的，这就是风险！如果考虑风险补偿，第一次面试若能确定一个好的职位，那么确定性收入 3 万元的效用不低于期望收益 3.05 万元，甚至于不低于期望收益 3.24 万元. 在第二次面试时放弃 2.7 万元及其以下的职位，意味着求职者可能获得更好的职位，因为这时他的期望收益最低是 2.7 万元，期望收益 3.05 万元. 如果考虑风险补偿，第二次面试若能确定一个一般的职位，那么确定性收入 2.5 万元的效用不低于期望收益 2.7 万元，甚至于不低于期望收益 3.05 万元.

4.5.2 报童最佳订购报纸模型

我们在日常生活中，经常会碰到一些季节性强、更新快、不易保存等特点的物品，如海产品、山货、时装、生鲜食品和报纸等. 因此，在整个的需求过程中只考虑一次进货. 也就是说，当存货售完时，并不发生补充进货的问题. 这就产生一种两难局面：定货量过多，出现过剩，会造成损失；定货量少，又可能失去销售机会，影响利润. 报童就面临这种局面. 报童每天早晨从邮局订购报纸到街上零售，到晚上卖不完的报纸可退回邮局，每份得赔钱，那么报童每天应该订购多少份报纸？

为了叙述方便，设报童每天从邮局订购 Q 份报纸出售，每卖出一份报纸能挣 k 分钱；当天卖不完，余下的报纸退回邮局，每份得赔 h 分钱，每天卖出报纸的份数 X 是一个随机变量，且其分布律为 $P(X=i)=p_i$ $(i=1,2,3,\cdots)$. 订购报纸的模型就是要解决报童从邮局订购多少份报纸才能使其损失费用最小. 为此，可以认为邮局有足够的报纸可供报童订购；当天的报纸卖不出去，到明天就没有人再买；每份报纸在当天什么时候卖出是无关紧要的；报童除了从邮局订购报所需费用以外，其他费用（如交通费、摊位费等）一概不计.

一方面，报童每天卖出报纸的数量 X 是一个随机变量，因此报童每天的收入也是随机的，所以作为优化模型的目标函数，不能是报童的每天收入，而应该是他长期卖报的日平均收入，这相当于报童每天收入的期望值；另一方面，如果报纸订得太少，供不应求，报童就会失去一些赚钱的机会，将会减少收入. 如果订得多了，当天卖不完，余下的报纸退回邮局，每份得赔钱，报童也会减少收入. 因此，报童每天面临以下两种情况.

（1）供过于求，即 $0 \leqslant X \leqslant Q$，这时报纸积压，由数学期望的定义可知，供过于求的平均损失费为

$$\sum_{i=0}^{Q} h(Q-i)p_i.$$

（2）供不应求，即 $X > Q$ 时，报纸缺货，供不应求的平均损失费为

$$\sum_{i=Q+1}^{\infty} k(i-Q)p_i.$$

因此，总的平均损失费为

$$C(Q) = h\sum_{i=0}^{Q}(Q-i)p_i + k\sum_{i=Q+1}^{\infty}(i-Q)p_i.$$

而

$$C(Q+1) = h\sum_{i=0}^{Q+1}(Q+1-i)p_i + k\sum_{i=Q+2}^{\infty}[i-(Q+1)]p_i$$

$$= h\sum_{i=0}^{Q}(Q+1-i)p_i + k\sum_{i=Q+1}^{\infty}(i-Q-1)p_i$$

$$= h\sum_{i=0}^{Q}(Q-i)p_i + h\sum_{i=0}^{Q}p_i + k\sum_{i=Q+1}^{\infty}(i-Q)p_i - k\sum_{i=Q+1}^{\infty}p_i$$

$$= C(Q) + h\sum_{i=0}^{Q}p_i - k\left(1-\sum_{i=0}^{Q}p_i\right)$$

$$= C(Q) + (h+k)\sum_{i=0}^{Q}p_i - k ,$$

于是由

$$\begin{cases} C(Q+1) \geqslant C(Q), \\ C(Q-1) \geqslant C(Q) \end{cases}$$

得 $\sum_{i=0}^{Q-1}p_i \leqslant \dfrac{k}{k+h}$, $\sum_{i=0}^{Q}p_i \geqslant \dfrac{k}{k+h}$. 从而可以确定出使 $C(Q)$ 取得最小值的最佳订货量 Q^*.

我们也可以从报童赢利的最大期望出发, 求得最佳订购量 Q^*. 尽管报童损失最小期望值和报童赢利最大期望值是不相同的 (请读者思考, 为什么?), 但确定最佳订购量的条件是相同的. 无论从哪一个方面来考虑, 报童最佳订购份数是一个确定的数值, 即报童问题已获解决, 但模型中有一个严格的限制条件: 两次订货之间没有联系, 都被看做独立的. 这种存储策略称之为定期定量订货. 但从一般情况来考虑, 上一阶段未出售的货物可以在第二阶段继续出售, 这时只要将第一阶段未出售的货物数量作为第二阶段初的存储量, 仿照上述方法可求得最佳存储策略.

4.5.3   证券投资组合分析模型

作为市场经济的产物, 证券对于促进我国市场经济的发展起着举足轻重的作用. 所谓证券, 就是各类经济权益凭证的统称, 包括股票、债券、基金、期货、期权等多种形式. 证券投资是指投资者购买股票、债券、基金等有价证券以及这些有价证券的衍生品, 以获取红利、利息及资本利得的投资行为和投资过程. 在此, 我们简单介绍证券投资的收益与风险以及证券投资组合分析模型.

1. 预期收益与风险

证券分析的重要内容就是要刻画各种证券真实价格的估计. 证券投资实质上是风险性投资, 投资者在购买证券时, 投入的本金数额是确定的, 需要通过证券的买卖来获取收益, 由于未来不确定性因素的影响, 导致预期收益成为不确定性的变量, 因此, 我们用随机变量进行描述. 证券收益通常被定义为期末证券收益 (期末证券市价与投资期内投资者获得收益的总和, 包括股息、红利等) 与期初证券市价的差额, 收益率 R 则定义为收益与期初证券市价之比. 通常用一定时期内某种证券收益率 R 的期望值 $E(R)$ 来衡量这种证券投资的获利能力, 期望值越大的证券获利能力越强. 证券的风险是指实际收益率偏离预期收益率的程度, 主要指实际收益率低于预期收益率的差额. 金融分析家所做大量研究表明, 可以用收益率的方差 $D(R)$ 来度量证券的风险, 方差越小的证券, 投资的风险也就越小. 风险由系统风险和非系统风险组成. 系统风险是指由整体政治、经济、社会等环境因素对证券价格所造成的影响. 非系统风险是指对某个行业或个别证券产生影响的风险, 它通常由某一特殊的因素引起, 与整个证券市场的价格不存在系统的全面联系, 而只对个别或少数证券的收益产生影响. 下面讨论投资多样化对于投资者所面临的总投资风险中的非系统风险.

2. 证券组合投资分析模型

证券投资的目的是为了获取收益，但同时投资者不得不承担风险．一般情况下，预期收益越高的证券，风险也越大，低风险也只有在低收益的情况下才有可能．因此，进行证券投资时往往无法简单地选择收益最高的证券，而必须考虑风险因素．而对投资者来说，在选择投资策略时，总希望收益尽可能大而风险又尽可能小．因此，投资者只能选择在既定收益率的情况下使投资风险尽可能小的投资策略，或者选择在自己愿意承受一定风险水平的情况下追求使总收益率尽可能大的目标，也可以权衡收益与风险的利弊，综合考虑，从而作出自己满意的投资决策．实践表明，降低投资风险的有效途径就是组合证券投资方式，即投资者选择一组证券而不是单一证券作为投资对象，将资金按不同的比例分配到各种不同的证券进行投资以达到有效化解风险的目的．当然，投资策略的确定不是随意的，它应是建立在科学分析的基础上，以一定的准则来确定最满意的组合证券投资策略．这正是现代证券投资组合理论的基础，下面简单介绍马科维茨[①]投资组合理论．

设 R_1，R_2 分别表示证券 A，B 的收益率，x 及 $1-x$ 分别表示投资者购买的两种证券的投资比例，R 表示在该投资比例下证券组合的收益率，则

$$R = xR_1 + (1-x)R_2,$$

从而

$$E(R) = E[xR_1 + (1-x)R_2] = xE(R_1) + (1-x)E(R_2). \tag{4.14}$$

由协方差方差的性质可求得投资组合的方差为

$$\sigma^2 = D(R) = \text{Cov}(R,R) = x^2\sigma_1^2 + 2x(1-x)\rho\sigma_1\sigma_2 + (1-x)^2\sigma_2^2, \tag{4.15}$$

其中 $\sigma_1^2 = D(R_1)$，$\sigma_2^2 = D(R_2)$，$\rho = \dfrac{\text{Cov}(R_1, R_2)}{\sigma_1\sigma_2}$．

若以 σ 为横轴，$E(R)$ 为纵轴，x 为参变量，则参数方程（4.14）和（4.15）代表着 $\sigma - E(R)$ 坐标系上的一条曲线（图 4-1），这条曲线在证券分析理论中称为证券 A 与证券 B 的组合效应曲线．在两个证券投资组合不允许卖空的前提下，我们可以从图 4-1 直观地得出以下结论．

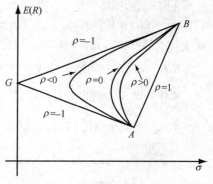

图 4-1　两种证券的组合效应

（1）当两种证券的收益是完全负相关时，即相关系数 $\rho = -1$，可以通过证券的合理组合完全消除风险，且证券 A，B 的投资比例为 $\sigma_2 : \sigma_1$．

（2）当两种证券的收益不是完全负相关时，即相关系数 $\rho \neq -1$，两种证券的任何组合都不能规避风险，此时的组合中可以得到一个具有最小风险的投资组合，即证券 A，B 投资的比例为 $(\sigma_2^2 - \rho\sigma_1\sigma_2) : (\sigma_1^2 - \rho\sigma_1\sigma_2)$．

（3）当两种的证券收益是完全正相关时，即相关系数 $\rho = 1$，证券 A 的投资比例越大，风险越小，而随着证券 A 的投资比例的减少，风险逐步放大，且当 A 的投资比例减少为零时，风险达到最大．这样的组合未产生好的组合投资效应．

（4）组合证券可以选择任何种类的证券，无论它们的相关性如何，都可以按任意比例取得好的或最好的组合效应，但在选择证券时应避免选择同行业的证券进行组合．

---

① 马科维茨（Harry M. Markowitz, 1927—），美国杰出的经济学家，国际金融经济学界的大师．研究范围涉及金融微观分析及数学、计算机在金融经济学方面的应用，于 1990 年获得诺贝尔经济学奖．

习题 4

4.1　袋中装三个 1 号球，两个 2 号球和一个 3 号球．现从中一次任取三个球，令 X 表示取出的三个球的最大号数的平方，求：（1）X 的分布律；（2）数学期望 $E(X)$ ．

4.2　设随机变量 X 的分布律为 $P\left\{X = (-1)^{k+1}\dfrac{5^k}{k}\right\} = \dfrac{2}{5^k}$ ，$k = 1, 2, \cdots$ ，试说明 $E(X)$ 不存在．

4.3　现有 5 张百元钞票，其中 2 张为假钞，某人每次从中随机地取出一张钞票检验，取后不放回，直到查出全部假钞为止，求所需验钞次数 X 的数学期望．

4.4　设 5 人从某大楼地下停车场进入同一部电梯，除地下停车场之外，大楼地面上共有 28 层．假设每位乘客在大楼地面上任何一层离开电梯的概率均相同，试求电梯内乘客全部离开时，电梯平均需停几次？

4.5　设随机变量 X 服从参数为 $\lambda(\lambda > 0)$ 的泊松分布，且 $E[(X-2)(X-3)] = 2$ ，求 λ 的值．

4.6　设随机变量 X 的分布律见表 4-15．

表 4-15

X	-1	0	0.5	1	2
P	$\dfrac{1}{3}$	$\dfrac{1}{6}$	$\dfrac{1}{6}$	$\dfrac{1}{12}$	$\dfrac{1}{4}$

求 $E(X)$ ，$E(-X+1)$ ，$E(X^2)$ ，$D(X)$ ．

4.7　设随机变量 (X, Y) 服从区域 A 上的均匀分布，其中 A 为 x 轴、y 轴及直线 $x+y+1=0$ 所围成的区域，求 $E(X)$ ，$E(-3X+2Y)$ ，$E(XY)$ ．

4.8　设某地区每年对一种平板电视的市场需求量是一个随机变量 X（单位：百台），X 服从 $(2000, 4000)$ 内的均匀分布．每售出 1 百台这种电视，可得利润 3 万元；若销售不出去，则每百台需支付仓储费 1 万元，试问每年应供应这种电视多少台，才能使平均收益最大？

4.9　设连续型随机变量 X 的概率密度 $f(x) = \mathrm{e}^{-2|x|}$ ，求 $E(2X^2 + X)$ ．

4.10　设 X 为随机变量，若已知 $E(X) = 2$ ，$D\left(\dfrac{X}{2}\right) = 1$ ，求 $E(2X^2 - 3X)$ ．

4.11　设随机变量 (X, Y) 的联合分布律见表 4-16．

表 4-16

X \ Y	7	9	10
7	0.05	0.05	0.10
9	0.05	0.10	0.35
10	0	0.20	0.10

试求：（1）$\max(X, Y)$ 的数学期望；（2）$X+Y$ 的数学期望．

4.12　设随机变量 X 的密度函数 $f(x) = \begin{cases} \dfrac{3}{8}x^2, & 0 < x < 2, \\ 0, & \text{其他,} \end{cases}$ 　求 $E(4X^{-2} + 2X - 5X^2)$ ．

4.13　设随机变量 X 的概率密度为

$$f(x) = \begin{cases} ax, & 0 < x < 2 \\ cx+b, & 2 \leqslant x \leqslant 4, \\ 0, & \text{其他.} \end{cases}$$

已知 $E(X) = 2$，$P\{1 < X < 3\} = \dfrac{3}{4}$．试求：（1）$a,b,c$；（2）$Y = \mathrm{e}^X$ 的期望和方差．

4.14 设随机变量 (X,Y) 的概率密度 $f(x,y) = \begin{cases} 12y^2, & 0 \leqslant y \leqslant x \leqslant 1, \\ 0, & \text{其他.} \end{cases}$ 求 $E(X)$，$E(Y)$，$E(XY)$，$E(X^2+Y^2)$，$D(X)$，$D(Y)$．

4.15 设随机变量 X,Y 的概率密度分别为

$$f_X(x) = \begin{cases} 2\mathrm{e}^{-2x}, & x > 0, \\ 0, & x \leqslant 0, \end{cases} \qquad f_Y(y) = \begin{cases} 4\mathrm{e}^{-4y}, & y > 0, \\ 0, & y \leqslant 0. \end{cases}$$

求（1）$E(X+Y)$，$E(2X-3Y^2)$；（2）若 X,Y 相互独立，求 $E(XY)$，$D(X+Y)$．

4.16 设 X,Y 相互独立，且 $E(X) = E(Y) = 1, D(X) = 2, D(Y) = 3$，求 $D(4-2XY)$．

4.17 设随机变量 X 的概率密度为 $f(x) = \begin{cases} 1-|1-x|, & 0 < x < 2, \\ 0, & \text{其他,} \end{cases}$ 求 $E(-2X) + D(\sqrt{3}X)$．

4.18 设随机变量 (X,Y) 具有概率密度

$$f(x,y) = \begin{cases} 1, & |y| < x, 0 \leqslant x \leqslant 1, \\ 0, & \text{其他,} \end{cases}$$

求 $E(X)$，$E(Y)$，$D(X)$，$D(Y)$，$E(XY)$，$\mathrm{Cov}(X,Y)$，ρ_{XY}．

4.19 设 $D(X) = 25$，$D(Y) = 36$，$\rho_{XY} = 0.4$，求(1) $D(X+Y)$；(2) $D(X-Y+4)$．

4.20 设随机变量 X,Y 相互独立，$X \sim N(1,1)$，$Y \sim N(-2,2)$，求 $E(2X+Y)$，$D(5X-3Y)$．

4.21 设随机变量 X 的概率分布见表 4-17．

表 4-17

X	0	1	3
P	0.3	0.4	0.3

试求 $\mathrm{Cov}(X,Y)$，其中 $Y = X^2$．

4.22 设随机变量 (X,Y) 的分布律为 $P\{X = 1, Y = 10\} = P\{X = 2, Y = 5\} = 0.5$，试求 ρ_{XY}．

4.23 设随机向量 (X,Y) 的分布律见表 4-18．

表 4-18

X \ Y	-1	0	1
0	0	$\dfrac{1}{3}$	0
1	$\dfrac{1}{3}$	0	$\dfrac{1}{3}$

验证 X 和 Y 是不相关的，但 X 和 Y 不是相互独立的．

4.24 设随机变量 (X,Y) 服从单位圆上的均匀分布，验证：X 和 Y 不相关，但 X 和 Y 不是相互独立的．

4.25 对于两个随机变量 U，V，若 $E(U^2)$，$E(V^2)$ 存在，证明 $[E(UV)]^2 \leqslant E(V^2)E(U^2)$．这

一不等式称为柯西-施瓦茨[①]不等式.

4.26 设随机向量 (X, Y) 的协方差矩阵为 $\begin{bmatrix} 4 & -2 \\ -2 & 9 \end{bmatrix}$，求 $D(2X - 3Y + 5)$，ρ_{XY}.

4.27 设二维正态随机变量 (X_1, X_2) 的均值为 $E(X_1) = 0$，$E(X_2) = 1$，协方差矩阵为 $C = \begin{bmatrix} 1 & 0.5 \\ 0.5 & 1 \end{bmatrix}$，

试计算：（1）$D(2X_1 - X_2)$；（2）$E(X_1^2 - X_1 X_2 + X_2^2)$.

4.28 设 $W = (aX + 3Y)^2$，$E(X) = E(Y) = 0$，$D(X) = 4$，$D(Y) = 16$，$\rho_{XY} = -0.5$，求常数 a 使 $E(W)$ 为最小，并求 $E(W)$ 的最小值.

4.29 设二维随机变量 (X, Y) 的概率密度为 $f(x, y) = \frac{1}{2}[\phi_1(x, y) + \phi_2(x, y)]$，其中 $\phi_1(x, y)$ 和 $\phi_2(x, y)$ 都是二维正态分布的概率密度，且它们对应的二维随机变量的相关系数分别是 $\frac{1}{3}$ 和 $-\frac{1}{3}$，它们的边缘分布的数学期望是 0，方差是 1. 试求：（1）随机变量 X 和 Y 的概率密度 $f_1(x)$ 和 $f_2(y)$；（2）X 和 Y 的相关系数 ρ_{XY}；（3）X 和 Y 是否相互独立？

4.30 （验血分组问题）在一个人数很多的团体中普查某种疾病，为此需要对团体中的团体成员逐个验血. 一般来说，若血样呈阳性，则有此种疾病；呈阴性则无此种疾病. 逐个验血工作量也很大. 为了减少验血的工作量，有位统计学家提出一种方案：把团体中的成员进行分组，再把组内所有人员的血样混合后再检验，若呈阴性，则该组内所有人员都无此疾病，这时只需做一次检验；若呈阳性，这时为搞清楚谁患有此种疾病，则对组内每个成员分别检验，共需检验 $k+1$ 次. 若该团体中患此病症的概率为 p，且各人得此种疾病相互独立，那么，此种方法能否减少验血次数？若能减少，那么减少多少工作量？

大数定律和中心极限定理 | 第5章

本章介绍概率论中最基本、最重要的两类定理：一类是描述随机变量序列和的平均结果稳定性的大数定律；另一类是描述满足一定条件随机变量序列和的概率分布的中心极限定理.

5.1 | 大数定律

5.1.1 切比雪夫不等式

定理 5.1 设随机变量 X 具有数学期望 $E(X) = \mu$，方差 $D(X) = \sigma^2$，则对任意 $\varepsilon > 0$，不等式

$$P\{|X - \mu| \geqslant \varepsilon\} \leqslant \frac{\sigma^2}{\varepsilon^2} \tag{5.1}$$

成立，这一不等式称为**切比雪夫**[①]**不等式**.

证 这里仅对离散型随机变量的情形来证明. 设 X 是离散型随机变量，其分布律为 $P\{X = x_k\} = p_k$ $(k = 1, 2, \cdots)$，则有

$$P\{|X - \mu| \geqslant \varepsilon\} = \sum_{|x_k - \mu| \geqslant \varepsilon} P\{X = x_k\} \leqslant \sum_{|x_k - \mu| \geqslant \varepsilon} \frac{(x_k - \mu)^2}{\varepsilon^2} \cdot p_k$$

$$\leqslant \sum_{k=1}^{+\infty} \frac{(x_k - \mu)^2}{\varepsilon^2} \cdot p_k = \frac{\sigma^2}{\varepsilon^2}.$$

式（5.1）也可以写成如下的等价形式

$$P\{|X - \mu| < \varepsilon\} \geqslant 1 - \frac{\sigma^2}{\varepsilon^2}. \tag{5.2}$$

式（5.2）表明，随机变量 X 的方差 σ^2 越小，事件 $\{|X - \mu| < \varepsilon\}$ 发生的概率越大，即 X 取值集中在它的数学期望 μ 附近的概率就越大，进一步说明方差刻画了随机变量取值的分散程度.

例 5.1 已知正常男性成人血液中，平均每一毫升白细胞数是 7 300，均方差是 700. 利用切比雪夫不等式估计每毫升白细胞数在 5 200～9 400 之间的概率.

解 设每毫升白细胞数为 X，依题意，$\mu = E(X) = 7\,300$，$\sigma^2 = D(X) = 700^2$. 于是，
$$P\{5\,200 \leqslant X \leqslant 9\,400\} = P\{5\,200 - 7\,300 \leqslant X - 7\,300 \leqslant 9\,400 - 7\,300\}$$
$$= P\{-2\,100 \leqslant X - \mu \leqslant 2\,100\} = P\{|X - \mu| \leqslant 2\,100\}.$$

由切比雪夫不等式

$$P\{|X - \mu| \leqslant 2\,100\} \geqslant 1 - \frac{\sigma^2}{(2\,100)^2} = 1 - \frac{700^2}{(2\,100)^2} = 1 - \frac{1}{9} = \frac{8}{9}.$$

即每毫升白细胞数在 5 200～9 400 之间的概率不小于 $\frac{8}{9}$.

[①] 切比雪夫（Chebyshev, 1821—1894），俄罗斯数学家，一生研究领域涉及数论、概率论、函数逼近论、积分学等方面.

事实上，利用切比雪夫不等式估计事件的概率有时显得非常粗糙，但它在理论和实际中具有一定的重要意义．

5.1.2 大数定律

定理 5.2 （切比雪夫大数定理）设随机变量 $X_1, X_2, \cdots, X_n, \cdots$ 相互独立[①]，且具有相同的数学期望和方差：$E(X_k) = \mu$，$D(X_k) = \sigma^2$（$k = 1, 2, \cdots$），作前 n 个随机变量的算术平均 $\dfrac{1}{n}\sum\limits_{i=1}^{n} X_i$，则对于任意 $\varepsilon > 0$，有

$$\lim_{n \to \infty} P\left\{ \left| \frac{1}{n}\sum_{k=1}^{n} X_k - \mu \right| < \varepsilon \right\} = 1 . \tag{5.3}$$

证 因为随机变量序列 $X_1, X_2, \cdots, X_n, \cdots$ 相互独立，所以

$$E\left(\frac{1}{n}\sum_{k=1}^{n} X_k \right) = \frac{1}{n}\sum_{k=1}^{n} E(X_k) = \frac{1}{n} \cdot n\mu = \mu ,$$

$$D\left(\frac{1}{n}\sum_{k=1}^{n} X_k \right) = \frac{1}{n^2}\sum_{k=1}^{n} D(X_k) = \frac{1}{n^2} \cdot n\sigma^2 = \frac{1}{n}\sigma^2 .$$

由式（5.2）及概率的性质，得

$$1 \geqslant P\left\{ \left| \frac{1}{n}\sum_{k=1}^{n} X_k - \mu \right| < \varepsilon \right\} \geqslant 1 - \frac{\sigma^2}{n\varepsilon^2} ,$$

上式中，令 $n \to \infty$，可得

$$\lim_{n \to \infty} P\left\{ \left| \frac{1}{n}\sum_{k=1}^{n} X_k - \mu \right| < \varepsilon \right\} = 1 .$$

下面的定理可以看作定理 5.2 的推论．

定理 5.3 （伯努利大数定理）设 n_A 是 n 重伯努利试验中事件 A 发生的次数，p 是事件 A 在每次试验中发生的概率，则对任意 $\varepsilon > 0$，有

$$\lim_{n \to \infty} P\left\{ \left| \frac{n_A}{n} - p \right| < \varepsilon \right\} = 1 \quad \text{或} \quad \lim_{n \to \infty} P\left\{ \left| \frac{n_A}{n} - p \right| \geqslant \varepsilon \right\} = 0 .$$

证 因为 $n_A \sim B(n, p)$，所以由例 4.19 有 $n_A = X_1 + X_2 + \cdots + X_n$，其中 $X_1, X_2, \cdots, X_n$ 相互独立，且都服从参数为 p 的 0-1 分布，因而 $E(X_k) = p$（$k = 1, 2, \cdots, n$），由式（5.3）得

$$\lim_{n \to \infty} P\left\{ \left| \frac{n_A}{n} - p \right| < \varepsilon \right\} = 1 ,$$

即

$$\lim_{n \to \infty} P\left\{ \left| \frac{n_A}{n} - p \right| \geqslant \varepsilon \right\} = 0 .$$

伯努利大数定理表明，对任意 $\varepsilon > 0$，只要独立重复试验次数 n 充分大，事件 $\left\{ \left| \dfrac{n_A}{n} - p \right| \geqslant \varepsilon \right\}$ 就是一个小概率事件．也就是说，事件 A 在 n 次独立重复试验中发生的频率与 A 在一次试验中发生的概率有较大偏差的可能性微乎其微．因此，在实际应用中，当试验次数充分大时，便可用事件发生的频率来近似代替事件发生的概率．

---

① 是指对任意的 $n(n > 1)$，$X_1, X_2, \cdots, X_n$ 相互独立．

定理 5.4 （辛钦[①]大数定理）设随机变量 $X_1, X_2, \cdots, X_n, \cdots$ 相互独立，服从同一分布，且具有数学期望 $E(X_i) = \mu, i = 1, 2, \cdots$，则对任意给定的 $\varepsilon > 0$，有

$$\lim_{n \to \infty} P \left\{ \left| \frac{1}{n} \sum_{k=1}^{n} X_k - \mu \right| < \varepsilon \right\} = 1.$$

定理 5.4 的证明超出了本书的范围，在此不再赘述.

辛钦大数定理为寻找随机变量的期望值提供了一条实际可行的途径，为应用提供了科学的理论基础. 如测量一个圆柱形工件的直径，由于仪器的测量误差、读数的偏差以及温度的变化等各种因素，将导致每次测量的结果不尽相同. 但是如果测量的次数足够多，那么其算术平均值就可作为该工件的直径.

5.2 | 中心极限定理

在实际问题中，许多随机现象可以看作是由大量相互独立的随机因素综合影响所形成的. 如炮弹射击的弹着点与目标的偏差，就受着炮身结构、炸药质量、瞄准时的误差、风速风向等因素的干扰. 人们通过观察发现，如果一个结果由大量相互独立的随机因素的影响所造成，而每一个个别因素在总的影响中所起作用都很小，那么它往往服从或近似服从正态分布，这种现象就是中心极限定理的客观背景.

定理 5.5 （独立同分布中心极限定理）设随机变量 $X_1, X_2, \cdots, X_n, \cdots$ 相互独立，且服从同一分布，它们具有数学期望和方差：$E(X_k) = \mu$，$D(X_k) = \sigma^2 > 0$ $(k = 1, 2, \cdots)$，则随机变量之和 $\sum_{k=1}^{n} X_k$ 的标准化变量

$$Y_n = \frac{\sum_{k=1}^{n} X_k - E\left(\sum_{k=1}^{n} X_k\right)}{\sqrt{D\left(\sum_{k=1}^{n} X_k\right)}} = \frac{\sum_{k=1}^{n} X_k - n\mu}{\sqrt{n}\sigma}$$

的分布函数 $F_n(x)$ 对于任意 x 满足

$$\lim_{n \to \infty} F_n(x) = \lim_{n \to \infty} P \left\{ \frac{\sum_{k=1}^{n} X_k - n\mu}{\sqrt{n}\sigma} \leq x \right\} = \int_{-\infty}^{x} \frac{1}{\sqrt{2\pi}} e^{-\frac{t^2}{2}} \, dt = \Phi(x).$$

证明略去.

定理 5.5 表明具有均值 μ 和方差 $\sigma^2 > 0$ 的同一分布的随机变量 $X_1, X_2, \cdots, X_n$ 之和 $\sum_{k=1}^{n} X_k$ 的标准化变量，当 n 充分大时，有

$$\frac{\sum_{k=1}^{n} X_k - n\mu}{\sqrt{n}\sigma} \overset{\text{近似地}}{\sim} N(0,1). \tag{5.4}$$

一般而言，很难求得 n 个随机变量之和 $\sum_{k=1}^{n} X_k$ 的分布的确切表达式，但是定理 5.5 的结论告诉我们，当 n 充分大时，可以通过 $\Phi(x)$ 给出其近似，这样可以利用正态分布对它做理论研究和实际计算.

[①] 辛钦（Khinchin, 1894—1959），前苏联数学家，数理统计学家和教育家，现代概率论的奠基者之一.

式（5.4）可写成

$$\sum_{k=1}^{n} X_k \overset{\text{近似地}}{\sim} N(n\mu, n\sigma^2) \text{ 或 } \frac{1}{n}\sum_{k=1}^{n} X_k \overset{\text{近似地}}{\sim} N\left(\mu, \frac{\sigma^2}{n}\right).$$

这就是说，均值 μ 和方差 $\sigma^2 > 0$ 都存在的独立同一分布的随机变量 $X_1, X_2, \cdots, X_n$ 的算术平均值 $\frac{1}{n}\sum_{k=1}^{n} X_k$，当 n 充分大时，近似地服从均值为 μ，方差为 $\frac{\sigma^2}{n}$ 的正态分布. 这就是数理统计大样本统计推断的基础.

例 5.2 在一个零售商店中，其结账柜台为每个顾客的服务时间（单位：分钟）是相互独立的随机变量，均值为 1.5，方差为 1.

（1）求对 100 位顾客的总服务时间不多于 2 小时的概率；

（2）要求总的服务时间不超过 1 小时的概率不小于 0.95，问至少能对多少位顾客服务.

解 （1）设 $X_k (k=1, 2, \cdots, 100)$ 表示第 k 位顾客接受服务的时间，那么，100 位顾客接受的总服务时间为 $\sum_{k=1}^{100} X_k$. 由题意 $X_k\ (k=1, 2, \cdots, 200)$ 相互独立且服从相同的分布，根据定理 5.5，随机变量

$$\frac{\sum_{k=1}^{100} X_k - 100 \times 1.5}{\sqrt{100 \times 1}} = \frac{\sum_{k=1}^{100} X_k - 15}{10}$$

近似服从标准正态分布 $N(0,1)$，于是，

$$P\left\{\sum_{k=1}^{100} X_k \leqslant 120\right\} = P\left\{\frac{\sum_{k=1}^{100} X_k - 100 \times 1.5}{\sqrt{100 \times 1}} \leqslant \frac{120 - 100 \times 1.5}{\sqrt{100 \times 1}}\right\} = P\left\{\frac{\sum_{k=1}^{100} X_k - 15}{10} \leqslant -3\right\}.$$

$$\approx \varPhi(-3) = 1 - \varPhi(3) = 1 - 0.988\,65 = 0.011\,35.$$

这么小的概率，在实际问题中可以认为对 100 位顾客的服务总时间不多于两个小时几乎是不可能的.

（2）设能对 N 位顾客服务，以 $X_k (k=1, 2, \cdots, N)$ 表示第 k 位顾客接受的服务时间，按题意确定最大的 N 满足

$$P\left\{\sum_{k=1}^{N} X_k \leqslant 60\right\} > 0.95,$$

由定理 5.5，得

$$P\left\{\sum_{k=1}^{N} X_k \leqslant 60\right\} = P\left\{\frac{\sum_{k=1}^{N} X_k - N \times 1.5}{\sqrt{N} \times 1} \leqslant \frac{60 - N \times 1.5}{\sqrt{N} \times 1}\right\} \approx \varPhi\left(\frac{60 - N \times 1.5}{\sqrt{N} \times 1}\right),$$

即

$$\frac{60 - N \times 1.5}{\sqrt{N} \times 1} \geqslant 1.65,$$

解得 $N \leqslant 33.6$，即最多能为 33 位顾客服务，才能使总的服务时间不超过 1 小时的概率不小于 0.95.

例 5.3 用机器包装味精，每袋净重为随机变量，期望值为 100g，标准差为 10g，一箱内装 200 袋味精，求一箱味精净重大于 20 500g 的概率.

解 设 $X_k\ (k=1, 2, \cdots, 200)$ 为第 k 袋味精的重量，则一箱味精的重量为 $X = \sum_{k=1}^{200} X_k$. 由题意知，

$X_1, X_2, \cdots, X_{100}$ 是独立同分布的随机变量，且 $\mu = E(X_k) = 100$，$\sigma = \sqrt{D(X_k)} = 100$．于是，由定理 5.5 得所求概率

$$P\{X > 20500\} = P\left\{ \frac{\sum\limits_{k=1}^{n} X_k - n\mu}{\sqrt{n}\sigma} > \frac{20\,500 - n\mu}{\sqrt{n}\sigma} \right\}$$

$$= P\left\{ \frac{X - 20\,000}{100\sqrt{2}} > \frac{20\,500 - 20\,000}{100\sqrt{2}} \right\} = P\left\{ \frac{X - 20\,000}{100\sqrt{2}} > \frac{500}{100\sqrt{2}} \right\}$$

$$= 1 - P\left\{ \frac{X - 20\,000}{100\sqrt{2}} \leqslant \frac{500}{100\sqrt{2}} \right\} \approx 1 - \Phi(3.54) = 0.000\,2.$$

所以，一箱味精净重大于 20 500g 的概率约为 0.000 2．

定理 5.6（棣莫佛[①]-拉普拉斯[②]定理）设事件 A 在 n 重伯努利试验中发生的次数为 n_A，$p(0 < p < 1)$ 是它在每次试验中发生的概率，则对任意的 x，有

$$\lim_{n \to \infty} P\left\{ \frac{n_A - np}{\sqrt{np(1-p)}} \leqslant x \right\} = \int_{-\infty}^{x} \frac{1}{\sqrt{2\pi}} e^{-\frac{t^2}{2}} dt = \Phi(x).$$

证 引入随机变量

$$X_k = \begin{cases} 1, & A在第k次试验发生, \\ 0, & A在第k次试验不发生, \end{cases} \quad k = 1, 2, \cdots, n.$$

易知 $X_1, X_2, \cdots, X_n$ 相互独立，且 $n_A = X_1 + X_2 + \cdots + X_n$．注意到 X_k 服从参数为 p 的（0-1）分布，所以，$E(X_k) = p$，$D(X_k) = p(1-p)$．根据定理 5.5，可得

$$\lim_{n \to \infty} P\left\{ \frac{n_A - np}{\sqrt{np(1-p)}} \leqslant x \right\} = \int_{-\infty}^{x} \frac{1}{\sqrt{2\pi}} e^{-\frac{t^2}{2}} dt = \Phi(x).$$

由例 4.19 知，n_A 服从参数为 n，p 的二项分布，那么定理 5.6 说明，当 n 充分大时，二项分布的随机变量 n_A 的标准化变量 $\dfrac{n_A - np}{\sqrt{np(1-p)}}$ 近似服从标准正态分布，即 $\dfrac{n_A - np}{\sqrt{np(1-p)}} \overset{\text{近似地}}{\sim} N(0,1)$．

例 5.4 某单位内部有 200 部电话分机，每部分机有 4% 的时间使用外线．各分机是否使用外线是相互独立的，问总机需要有多少条外线才能有 95% 的把握保证各分机使用外线时不用等候？

解 用 X 表示在某时刻使用通话的分机数，根据题设条件可知，$X \sim B(200, 0.04)$．假设需要有 m 条外线才能有 95% 的把握保证各分机使用外线时不用等候，故应有 $P\{X \geqslant m\} \geqslant 0.95$．又

$$P\{X \leqslant m\} = P\left\{ \frac{X - 200 \times 0.04}{\sqrt{200 \times 0.04 \times 0.96}} \leqslant \frac{m - 200 \times 0.04}{\sqrt{200 \times 0.04 \times 0.96}} \right\} \approx \Phi\left(\frac{m - 200 \times 0.04}{\sqrt{200 \times 0.04 \times 0.96}} \right),$$

查附表 3，查得 $\Phi(1.65) = 0.950\,5 > 0.95$，欲使 $P\{X \geqslant m\} \geqslant 0.95$，只要

$$\frac{m - 200 \times 0.04}{\sqrt{200 \times 0.04 \times 0.96}} \geqslant 1.65,$$

解得

$$m \geqslant 200 \times 0.04 + 1.65\sqrt{200 \times 0.04 \times 0.96} \approx 12.572\,6.$$

因此，至少需要 13 条外线才能有 95% 的把握保证各分机在使用外线时不用等候．

---

① 棣莫佛（De Moivre，1667—1754），法国数学家．
② 拉普拉斯（Laplace1749—1827），法国数学家、天文学家，法国科学院院士、分析概率论的创始人．

习题 5

5.1 设电站供电网中有 10 000 盏电灯，夜晚每一盏灯开灯的概率都是 0.7，假定每盏灯的开、关时间是相互独立的，试用切比雪夫不等式估计夜晚同时开着灯的盏数在 6 850 与 7 150 之间的概率.

5.2 独立地掷 100 颗骰子，求掷出的点数之和在 300 到 400 之间的概率.

5.3 根据以往的经验，某电子元器件的寿命服从均值为 100 小时的指数分布，现随机地抽取 16 个，设它们的寿命是相互独立的，求这 16 个电子元器件的寿命总和大于 1920 小时的概率.

5.4 一盒同型号螺丝钉共有 100 个，已知该型号的螺丝钉的重量是一个随机变量，期望值是 100g，标准差是 10g，求一盒螺丝钉的重量超过 10.2kg 的概率.

5.5 一加法器同时收到 20 个噪声电压 $V_k(k=1,2,\cdots,20)$，设它们是相互独立的随机变量，且都服从区间 $(0,10)$ 内的均匀分布. 记 $V=\sum_{k=1}^{20}V_k$，求 $P\{V>105\}$ 的近似值.

5.6 计算机在进行加法时，对每个加数取整（取最接近它的整数），设所有的取整误差是相互独立的，且它们都在 $(-0.5, 0.5)$ 内服从均匀分布.

（1）若将 1500 个数相加，问误差总和的绝对值超过 15 的概率是多少？

（2）几个数相加在一起使得误差总和的绝对值小于 10 的概率不小于 0.90？

5.7 一生产线生产的产品成箱包装，每箱的重量是随机的，假设每箱平均重量 50kg，标准差为 5kg. 若用最大载重量为 5 吨的汽车承运，试问每车最多可装多少箱，才能保障不超载的概率大于 0.977？

5.8 假设生男孩的概率为 0.515，某医院今年共出生 500 个新生婴儿，求该医院今年出生的新生婴儿中男婴人数多于女婴人数的概率.

5.9 某车间有同型号车床 200 台，在生产期间由于需要检修、调换刀具、变换位置及调换工序等常需停工，假设每台车床的开工率为 0.6，开、关是相互独立的，且在开工时需电力 15 千瓦，问应供应多少千瓦电力就能以 99.9% 的概率保证该车间不会因供电不足而影响生产？

5.10 某公司生产的电子元器件合格率为 99.5%.

（1）若装箱出售时每箱中装 1000 只，问不合格品在 2 只到 6 只之间的概率是多少？

（2）若要以 99% 的概率保证每箱合格品数不少于 1000 只，问每箱至少应该多装几只这种电子元器件？

5.11 某药厂断言，该厂生产的某种药品对于医治一种疑难的血液病的治愈率为 0.8，医院检验员任意抽查 100 个服用此药品的病人，如果其中多于 75 人治愈，就接受这一断言，否则就拒绝这一断言.

（1）若实际上此药品对这种疾病的治愈率是 0.8，问接受这一断言的概率是多少？

（2）若实际上此药品对这种疾病的治愈率是 0.7，问接受这一断言的概率是多少？

5.12 对于一所学校而言，来参加家长会的家长人数是一个随机变量，设一个学生无家长，1 名家长，2 名家长来参加会议的概率分别为 0.05，0.8，0.15. 若学校共有 400 名学生，设各学生参加会议的家长数相互独立，且服从同一分布. 求：

（1）参加会议的家长数 X 超过 450 的概率.

（2）只有一名家长来参加会议的学生人数不多于 340 的概率.

5.13 某市保险公司开办一年期人身保险业务，被保险人每年需交付保险费 160 元，若一年内发生重大人身事故，其本人或家属可获 2 万元赔金. 已知该市人员一年内发生重大人身事故的概率为 0.005，现有 5000 人参加此项保险，问保险公司一年内从此项业务所得到的总收益在 20 万到 40 万元之间的概率是多少？

数理统计的基本概念 | 第6章

在前 5 章，我们讨论了概率论的基本内容，随后 4 章是数理统计的部分. 数理统计是应用概率论的基本理论研究如何合理地获取数据资料，并根据试验或观测得到的数据，对研究对象的性质和统计规律作出科学的估计和推断. 本章介绍总体、样本、统计量等基本概念，着重讨论几种常用统计量及其抽样分布.

6.1 总体与样本

6.1.1 总体和个体

在数理统计中，把所研究对象的全体称为**总体（或母体）**，总体中的每个元素称为**个体**. 例如为研究某公司生产的一批节能灯泡质量的好坏，规定使用寿命低于 2000 小时为次品，则该批节能灯泡构成一个总体，而每一只灯泡就是一个个体. 若总体中含有有限个个体，则称为**有限总体**，若总体中含有无限个个体，则称为**无限总体**. 如果一个有限总体中所包含的个体数量很大，则可以将其视为无限总体，如一麻袋小麦种子、一个国家的人口等.

在实际问题中，人们往往关心的不是研究对象的整体情况，而是研究对象的一个或几个数值指标. 比如研究灯泡的质量，人们关心的是灯泡的使用寿命这一数量指标以及这一数量指标取值的分布情况. 对于选定的数量指标 X 而言，每个个体所取的数值不同，而且事先无法准确预测，因而，这一数量指标是一个随机变量，而 X 的分布完全描述了总体中这一数量指标的分布情况. 由于人们关心的只是这一数量指标，因此以后把总体与数量指标 X 等同起来（如把所有灯泡的使用寿命看做一个总体，每只灯泡的使用寿命看做一个个体），并把数量指标 X 的分布称为**总体分布**.

6.1.2 样本

为了研究总体，就必须对其个体进行试验与观测. 但大多情况下，对于个体的观测往往要付出一定的人力、物力和财力，有一些试验或观测具有其破坏性（如观测灯泡的使用寿命），因此，人们通常从总体中抽取若干个体，通过测定这些个体的值对总体进行判断.

按一定规则从总体中抽出的部分个体组成的集合称为**样本**，样本中的每个个体又称为**样品**. 一个样本中所含样品的个数称为**样本容量**，从总体中抽取样本的过程称为**抽样**，抽取规则称为**抽样方案**.

从总体 X 中抽取一个容量为 n 的样本，常记为 $X_1, X_2, \cdots, X_n$，如前所述，抽取的这一部分个体具有随机性，在理论研究时，需要把 $X_1, X_2, \cdots, X_n$ 看做一组随机变量. 换言之，一个容量为 n 的样本就是由 n 个随机变量 $X_1, X_2, \cdots, X_n$ 组成的随机向量组. 而在实际问题中，一旦实施了抽样，就得到一组实数 $x_1, x_2, \cdots, x_n$，它们称为样本 $X_1, X_2, \cdots, X_n$ 的观测值，简称**样本值**.

为了有效地利用样本来推测总体，从总体中抽取的样本必须满足下列两个条件：

（1）**代表性**：要求每一个个体有同等的机会选入样本，也就是样本中的每个样品 X_i 都与总体 X 具有相同的概率分布.

（2）**独立性**：要求每个样品的取值不受其他样品取值的影响，也就是 $X_1, X_2, \cdots, X_n$ 是相互独立的. 综上所述，我们引入简单随机样本的概念.

定义 6.1 设 $X_1, X_2 \cdots, X_n$ 是来自总体 X 的一个样本，若 $X_1, X_2 \cdots, X_n$ 相互独立，且每个样品 $X_i (i = 1, 2, \cdots, n)$ 都与总体 X 有相同的概率分布，则称 $X_1, X_2 \cdots, X_n$ 为总体 X 的一个**简单随机样本**，简称**样本**. 它们的观测值 $x_1, x_2, \cdots, x_n$ 称为**样本值**.

对于有限总体，如果采用放回抽样，那么每取出一个样品检验后又放回，总体的成分不变（总体的分布不变），样本 $X_1, X_2 \cdots, X_n$ 是 n 个独立同分布的随机变量，且每个样品 X_i 与总体 X 具有相同的概率分布，即所得样本为简单随机样本；如果采用无放回抽样，那么取出一个样品后改变了总体的成分，所以 $X_1, X_2 \cdots, X_n$ 不相互独立，且分布也不尽相同. 但是，如果总体中的个数远远大于得到样本的容量，则可以将不放回抽样近似地看成有放回抽样，这时得到的样本可视为简单随机样本. 对于无限总体，因每取出一个个体后不改变总体的成分，所以 $X_1, X_2 \cdots; X_n$ 仍然是独立同分布的，且每个随机变量的概率分布都是总体分布，于是得到的样本也是简单随机样本. 本书以后所涉及的样本一般均指简单随机样本.

如果总体 X 的分布函数为 $F(x)$，则样本 $X_1, X_2, \cdots, X_n$ 的联合分布函数为

$$F(x_1, x_2, \cdots, x_n) = \prod_{i=1}^{n} F(x_i).$$

如果总体 X 为离散型随机变量，且其概率分布为 $P\{X = x\} = p(x)$，则样本 $X_1, X_2, \cdots, X_n$ 的联合分布律为

$$P\{X_1 = x_1, X_2 = x_2, \cdots, X_n = x_n\} = \prod_{i=1}^{n} p(x_i).$$

如果总体 X 为连续型随机变量，且其概率密度为 $f(x)$，则样本 $X_1, X_2, \cdots, X_n$ 的联合概率密度为

$$f(x_1, x_2, \cdots, x_n) = \prod_{i=1}^{n} f(x_i).$$

例 6.1 设总体 X 服从参数为 λ 的泊松分布，求来自总体 X 的容量为 n 的样本 $X_1, X_2, \cdots, X_n$ 的联合分布律.

解 因为总体 X 的分布律为

$$P\{X = x\} = \frac{\lambda^x}{x!} \mathrm{e}^{-\lambda}, \quad x = 0, 1, 2, \cdots$$

所以来自总体 X 的容量为 n 的样本 $X_1, X_2, \cdots, X_n$ 的联合分布律为

$$P\{X_1 = x_1, X_2 = x_2, \cdots, X_n = x_n\} = \prod_{i=1}^{n} P\{X_i = x_i\} = \prod_{i=1}^{n} \frac{\lambda^{x_i}}{x_i!} \mathrm{e}^{-\lambda} = \lambda^{\sum_{i=1}^{n} x_i} \mathrm{e}^{-n\lambda} \prod_{i=1}^{n} \frac{1}{x_i!},$$

其中 $x_i = 0, 1, \cdots, i = 1, 2, \cdots, n$.

例 6.2 设总体 X 在区间 (a, b) 内服从均匀分布，$X_1, X_2, \cdots, X_n$ 是来自总体 X 的容量为 n 的样本，求样本 $X_1, X_2, \cdots, X_n$ 的概率密度.

解 因为总体 X 在区间 (a, b) 内服从均匀分布，所以 X 的概率密度为

$$f(x) = \begin{cases} \dfrac{1}{b-a}, & a < x < b, \\ 0, & \text{其他.} \end{cases}$$

由于 $X_1, X_2, \cdots, X_n$ 相互独立，且都与 X 同分布，从而，样本 $X_1, X_2, \cdots, X_n$ 的联合概率密度为

$$f(x_1, x_2, \cdots, x_n) = \prod_{i=1}^{n} f(x_i) = \begin{cases} \dfrac{1}{(b-a)^n}, & a < \min\limits_{1 \leqslant i \leqslant n}\{x_i\} \leqslant \max\limits_{1 \leqslant i \leqslant n}\{x_i\} < b, \\ 0, & \text{其他.} \end{cases}$$

6.1.3　频率直方图与样本分布函数

由于样本来自于总体，因此样本自然带有总体分布的有关信息，当总体分布未知时，可以根据样本的观测值来得到有关总体分布类型或数字特征的信息．在实际应用中，通过观察或试验得到的样本值，一般是杂乱无章的，不经过一定的整理就难以提取有用的信息．常用的整理数据的方法有图表法和统计量，其中最常用的图表法有两种：频率直方图和样本分布函数．

1. 频率直方图

对于通过观察或试验得到的样本值，可以将这些数据的所属区间适当地分成若干个小区间，相应的这些数据也被分成若干个数组．对于连续型总体，以数据在各组中出现的频率代替相应区间上的概率作频率直方图，便可得到总体概率密度的一种近似估计．

设连续型总体 X 的概率密度 $f(x)$ 是未知的，$x_1, x_2, \cdots, x_n$ 是来自总体 X 的一组样本观测值，作频率直方图的具体步骤如下．

（1）确定分组

找出样本观测值 $x_1, x_2, \cdots, x_n$ 中的最小值 m 与最大值 M，适当选取略小于 m 的数 a 与略大于 M 的数 b，则区间 $[a,b]$ 就是包含样本观测值的区间．用分点

$$a = t_0 < t_1 < t_2 < \cdots < t_l = b$$

将区间 $[a,b]$ 分成 l 个子区间

$$[t_0, t_1), [t_1, t_2), \cdots, [t_{l-1}, t_l),$$

第 i 个小区间的长度为 $\Delta t_i = t_i - t_{i-1}$，$i = 1, 2, \cdots, l$．

各子区间的长度可以相等，也可以不相等，相等的情况用得较多．若每个子区间的长度相等，称之为**等距分组**，其中子区间的个数 l 称为**分组数**，子区间的长度 $\Delta t_i = \dfrac{b-a}{l}$（$i = 1, 2, \cdots, l$）称为**组距**．分组数的确定不能一概而论，要根据需要和可能来设计．分组数越多，信息损失越小，但不利于总结归纳；反之，分组数过少，增加了稳定性，而掩盖了各组内数据的变动情况．这里推荐一个公式：分组数 $k = 1 + 3.322 \ln n$．

（2）确定组频数和组频率

计算样本观测值落在各子区间内的频数 n_i 及频率 $f_i = \dfrac{n_i}{n}$（$i = 1, 2, \cdots, l$）．

（3）作频率直方图

在每个子区间 $[t_{i-1}, t_i)$ 上，以子区间为底，以 $\dfrac{f_i}{\Delta t_i}$ 为高作小矩形，则各个小矩形的面积 ΔS_i 就等于样本观测值落在该子区间内的频率，由这 l 个小矩形构成的图形称为**频率直方图**．

由于当样本容量足够大时，总体 X 落在各子区间 $[t_{i-1}, t_i)$ 内的频率近似等于其概率，即

$$f_i \approx P\{t_{i-1} < X \leqslant t_i\} = \int_{t_{i-1}}^{t_i} f(x)\mathrm{d}x \approx f(x_i)\Delta t_i \quad (i = 1, 2, \cdots, l).$$

因此，频率直方图近似为总体 X 的概率密度，且样本容量 n 越大，每个子区间的长度越小，近似程度越高．

例 6.3 税务部门想了解某商场每天的营业额，随机抽取了 100 天的销售数据（单位：万元）如下：

254	260	250	246	246	249	265	258	250	249
247	263	252	251	255	252	247	242	247	244
252	254	256	259	244	254	249	252	255	249
257	240	245	254	245	246	253	259	249	244
258	255	254	246	257	250	247	249	247	243
247	250	258	253	252	251	248	244	252	246
252	256	248	237	250	247	251	251	252	256
264	246	255	252	249	253	253	250	242	247
248	249	251	250	255	252	249	242	245	252
244	253	251	251	248	255	246	250	240	252

试根据这些数据列出分组表，并作频率直方图.

解 此 100 个样本观测值中最小数是 237，最大数是 265，取 $a=236.5, b=266.5$，将数据的分布区间确定为 $(236.5, 266.5)$，并把这个区间等分为 10 个子区间，其组距 $\Delta t = 3$，这样将这 100 个数据分成 10 组，各组数据的组频数、组频率等分布如表 6-1.

表 6-1

各组范围	组频数 n_i	组频率 f_i	高 $h_i = \dfrac{f_i}{\Delta t_i}$
236.5—239.5	1	0.01	0.003 333 3
239.5—242.5	5	0.05	0.016 666 7
242.5—245.5	9	0.09	0.030 000 0
245.5—248.5	19	0.19	0.063 333 3
248.5—251.5	24	0.24	0.080 000 0
251.5—254.5	22	0.22	0.073 333 3
254.5—257.5	11	0.11	0.036 666 7
257.5—260.5	6	0.06	0.020 000 0
260.5—263.5	1	0.01	0.003 333 3
263.5—266.5	2	0.02	0.006 666 7

频率直方图如图 6-1 所示.

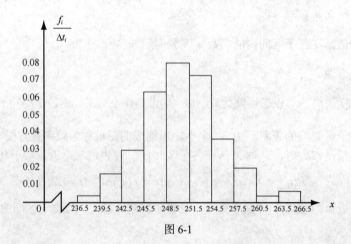

图 6-1

2. 样本分布函数

设总体 X 的分布函数为 $F(x)$，从总体 X 中抽取容量为 n 的样本，样本观测值为 $x_1, x_2, \cdots, x_n$，如果样本容量较大，则相同的观测值可能会重复出现若干次．不妨设这 n 个观测值有 l 个不同的数值，按自小到大的次序记为

$$x_{(1)} < x_{(2)} < \cdots < x_{(l)}, \quad l \leqslant n,$$

相应的频数依次为 $m_1, m_2, \cdots, m_l$，且 $m_1 + m_2 + \cdots + m_l = n$，令

$$F_n(x) = \begin{cases} 0, & x < x_{(1)}, \\ \dfrac{m_1 + m_1 + \cdots + m_k}{n}, & x_{(k)} \leqslant x < x_{(k+1)}, \quad (k = 1, 2, \cdots, l-1) \\ 1, & x \geqslant x_{(l)}. \end{cases}$$

则 $F_n(x)$ 称为**样本分布函数**（或**经验分布函数**）．容易验证，样本分布函数具有随机变量分布函数的性质．

例 6.4　从一个班级中随机抽取 10 人，测量他们的身高，得数据（单位：cm）如下：

　　　173　170　171　172　170　171　173　165　171　173

试写出样本的分布函数 $F_{10}(x)$．

解　由已知可得表 6-2.

表 6-2

身高	165	170	171	172	173
频数	1	2	3	1	3

样本容量 $n = 10$．由样本分布函数的定义，得

$$F_{10}(x) = \begin{cases} 0, & x < 165, \\ 0.1, & 165 \leqslant x < 170, \\ 0.3, & 170 \leqslant x < 171, \\ 0.6, & 171 \leqslant x < 172, \\ 0.7, & 172 \leqslant x < 173, \\ 1, & x \geqslant 173. \end{cases}$$

由例 6.4 可见，对于给定的实数 x，当给出总体 X 的不同样本观测值 $x_1, x_2, \cdots, x_n$ 及 $x_1', x_2', \cdots, x_n'$ 时，相应的样本分布函数 $Fn(x)$ 的值是不尽相同的，因此 $Fn(x)$ 是一个随机变量．对于任意实数 x，总体分布函数 $F(x)$ 表示事件 $\{X \leqslant x\}$ 的概率，而样本分布函数 $F_n(x)$ 表示事件 $\{X \leqslant x\}$ 的频率．根据伯努利大数定理，当 $n \to \infty$ 时，对于任意正数 ε，有

$$\lim_{n \to \infty} P\{|F_n(x) - F(x)| < \varepsilon\} = 1.$$

这就是说，当样本容量 n 增大时，$F_n(x)$ 将无限地接近于总体的分布函数 $F(x)$．这正是在数理统计中依据样本来推断总体的理论基础．

6.2

统计量

样本是总体的代表，获得观测值之后，还需要根据统计推断问题的需要进行加工、整理．在实际工作中，往往针对具体问题构造样本的某种函数，通过它提取样本与总体的有关信息，以推断总

体分布中的某些未知因素，这种函数在数理统计中就称为统计量.

定义 6.2 设 $X_1, X_2, \cdots, X_n$ 是来自总体 X 的一个样本，$x_1, x_2, \cdots, x_n$ 是相应的样本值，$g(X_1, X_2, \cdots, X_n)$ 为样本 $X_1, X_2, \cdots, X_n$ 的一个函数，若 $g(X_1, X_2, \cdots, X_n)$ 中不包含任何未知参数，则称 $g(X_1, X_2, \cdots, X_n)$ 是一个**统计量**，$g(x_1, x_2, \cdots, x_n)$ 称为这个统计量的**观测值**.

按定义 6.2，统计量是一个随机变量，它完全由样本所确定. 例如，设 $X_1, X_2, \cdots, X_n$ 是从正态总体 $N(\mu, \sigma^2)$ 中抽取的一个样本，其中 μ，σ^2 是未知参数，则 $X_1 + 2X_2 + \cdots + nX_n$，$\frac{1}{n}(X_1^2 + X_2^2 + \cdots + X_n^2)$ 都是统计量，而 $X_1 + X_2 - \mu$，$\sum\limits_{i=1}^{n} \sigma X_i$ 都不是统计量.

对于给定的样本 $X_1, X_2, \cdots, X_n$，根据定义 6.2 可以构造出很多统计量，但是常用的统计量有以下几种.

样本均值

$$\overline{X} = \frac{1}{n}(X_1 + X_2 + \cdots + X_n).$$

样本方差

$$S^2 = \frac{1}{n-1}\sum_{i=1}^{n}(X_i - \overline{X})^2 = \frac{1}{n-1}\left(\sum_{i=1}^{n} X_i^2 - n\overline{X}^2\right).$$

样本标准差

$$S = \sqrt{\frac{1}{n-1}\sum_{i=1}^{n}(X_i - \overline{X})^2}.$$

样本（k 阶）原点矩

$$A_k = \frac{1}{n}\sum_{i=1}^{n} X_i^k, \qquad k = 1, 2, \cdots.$$

样本（k 阶）中心矩

$$B_k = \frac{1}{n}\sum_{i=1}^{n}(X_i - \overline{X})^k, \qquad k = 1, 2, \cdots.$$

上述 5 种统计量可以统称为样本的矩估计量，或简称为**样本矩**.

相应于样本的一个观测值 $x_1, x_2, \cdots, x_n$，统计量 $\overline{X}, S^2, S, A_k, B_k$ 的观测值分别记为 $\overline{x}, s^2, s, a_k, b_k$. 这些观测值仍依次称为**样本均值、样本方差、样本标准差、样本（k 阶）原点矩、样本（k 阶）中心矩**.

样本均值 $\overline{x}$ 刻画了样本 $x_1, x_2, \cdots, x_n$ 取值的平均水平，它往往可以作为这组数据的代表；样本方差 s^2 反映了数据 $x_1, x_2, \cdots, x_n$ 关于平均值 $\overline{x}$ 的偏离程度，它可以度量这组数据的分散程度.

例 6.5 从某公司生产的滚珠中随机抽取 5 件，测得其直径分别为（单位：cm）：

$$14.3 \quad 14.9 \quad 15.1 \quad 15.0 \quad 15.7$$

试求样本的均值、样本方差和样本标准差.

解 样本均值为

$$\overline{x} = \frac{1}{5}(14.3 + 14.9 + 15.1 + 15.0 + 15.7) = 15.0 \,(\text{cm});$$

样本方差

$$s^2 = \frac{1}{5-1}(14.3^2 + 14.9^2 + 15.1^2 + 15.0^2 + 15.7^2 - 5 \times 15^2) = 0.25 \,(\text{cm}^2);$$

样本标准差

$$s = \sqrt{0.25} = 0.5 \,(\text{cm}).$$

6.3 抽样分布

统计量的分布称为抽样分布. 因为统计推断是通过统计量进行的, 而统计推断的好坏取决于所选用的统计量的分布, 所以寻求抽样分布是非常重要的. 当总体的分布已知时, 统计量的分布从理论上来说是可以确定的, 然而要求出统计量的准确分布, 一般而言是极其困难的. 下面介绍来自正态总体的几种重要统计量的分布.

6.3.1 三种重要分布

在数理统计中, 正态分布是非常重要的分布. 在正态分布的基础上又可派生出各种各样的分布, 其中 χ^2 分布、t 分布和 F 分布是统计推断中的重要分布, 通常称为三种重要分布.

1. χ^2 分布

定义 6.3 设 $X_1, X_2, \cdots, X_n$ 相互独立, 且都服从 $N(0,1)$, 则称随机变量

$$X = X_1^2 + X_2^2 + \cdots + X_n^2$$

服从自由度为 n 的 χ^2 分布[①], 记为 $X \sim \chi^2(n)$.

可以证明, $\chi^2(n)$ 分布的概率密度为

$$f(x) = \begin{cases} \dfrac{1}{2^{\frac{n}{2}}\Gamma\left(\dfrac{n}{2}\right)} x^{\frac{n}{2}-1} \mathrm{e}^{-\frac{x}{2}}, & x > 0, \\ 0, & x \leqslant 0. \end{cases}$$

其中 $\Gamma(\alpha) = \displaystyle\int_0^{+\infty} x^{\alpha-1}\mathrm{e}^{-x}\mathrm{d}x \,(\alpha > 0)$ 是 Γ 函数.

图 6-2 画出了 $n=1, n=4$ 和 $n=10$ 的概率密度 $f(x)$ 的曲线. 从图中可以看出, 随着自由度 n 增大, $\chi^2(n)$ 分布的概率密度曲线逐渐接近于正态分布的密度曲线. 事实上, 也可由中心极限定理证明这一结论.

还可以证明 χ^2 分布具有以下性质.

(1) 设 $X \sim \chi^2(n)$, $Y \sim \chi^2(m)$, 且 X 与 Y 相互独立, 则 $X + Y \sim \chi^2(n+m)$.

这说明, 两个独立的服从 χ^2 分布的随机变量的和仍服从 χ^2 分布, 且和的自由度等于两个 χ^2 分布自由度之和. 这称之为 χ^2 分布的可加性.

图 6-2

(2) 设 $X \sim \chi^2(n)$, 则 $E(X) = n$, $D(X) = 2n$.

事实上, 设 $X_i \sim N(0,1)\,(i=1,2,\cdots,n)$, 且 $X_1, X_2, \cdots, X_n$ 相互独立. 那么,

$$E(X_i^2) = D(X_i) + [E(X_i)]^2 = 1, \quad D(X_i^2) = E(X_i^4) - [E(X_i^2)]^2 = 3 - 1 = 2.$$

于是, 由 $X = X_1^2 + X_2^2 + \cdots + X_n^2$ 及 $X_1, X_2, \cdots, X_n$ 相互独立, 可得

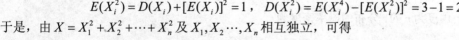

① χ^2 分布于 1875 年和 1890 年分别由海尔墨特 (Hermert) 和皮尔逊 (K.Pearson) 导出, 主要用于拟合度检验和独立性检验.

$$E(X) = E\left(\sum_{i=1}^{n} X_i^2\right) = \sum_{i=1}^{n} E(X_i^2) = n,$$

$$D(X) = D\left(\sum_{i=1}^{n} X_i^2\right) = \sum_{i=1}^{n} D(X_i^2) = 2n.$$

例 6.6 设 $X_1, X_2, \cdots, X_6$ 是来自标准正态总体 $N(0,1)$ 的样本，又设

$$Y = C_1(X_1 + X_2)^2 + C_2(X_3 + X_4 + X_5 + X_6)^2,$$

试求常数 C_1, C_2，使得 Y 服从 χ^2 分布.

解 因为 $X_1, X_2, \cdots, X_6$ 是来自标准正态总体 $N(0,1)$ 的样本，则 $X_1 + X_2 \sim N(0,2)$，$X_3 + X_4 + X_5 + X_6 \sim N(0,4)$，进而

$$\frac{X_1 + X_2}{\sqrt{2}} \sim N(0,1), \quad \frac{X_3 + X_4 + X_5 + X_6}{2} \sim N(0,1),$$

于是

$$\left(\frac{X_1 + X_2}{\sqrt{2}}\right)^2 + \left(\frac{X_3 + X_4 + X_5 + X_6}{2}\right)^2 \sim \chi^2(2),$$

故当 $C_1 = \dfrac{1}{2}, C_2 = \dfrac{1}{4}$ 时，Y 服从 χ^2 分布.

χ^2 分布的上 α 分位点 设 $\chi^2 \sim \chi^2(n)$，对于给定的正数 α $(0 < \alpha < 1)$，称满足条件

$$P\{\chi^2 > \chi_\alpha^2(n)\} = \int_{\chi_\alpha^2(n)}^{+\infty} f(x)\mathrm{d}x = \alpha$$

的 $\chi_\alpha^2(n)$ 为 $\chi^2(n)$ 分布的上 α 分位点（如图 6-3）.

对于给定的 α 和 n，通过查附表 6 可得 $\chi_\alpha^2(n)$ 的值，如 $\chi_{0.1}^2(25) = 34.3816$. 但此表只详列到 $n = 40$ 为止. 当 $n > 40$ 时可用近似公式

$$\chi_\alpha^2(n) \approx \frac{1}{2}\left(z_\alpha + \sqrt{2n-1}\right)^2$$

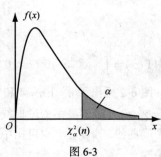

图 6-3

得到 $\chi_\alpha^2(n)$，其中 z_α 是标准正态分布的上 α 分位点. 如

$$\chi_{0.025}^2(70) \approx \frac{1}{2}(1.96 + \sqrt{2 \times 70 - 1})^2 \approx 94.52889.$$

由附表 6，可查到 $\chi_{0.025}^2(70) \approx 95.0232$.

2. t 分布

定义 6.4 设 $X \sim N(0,1)$，$Y \sim \chi^2(n)$，且 X 和 Y 相互独立，则称统计量

$$T = \frac{X}{\sqrt{Y/n}}$$

服从自由度为 n 的 t 分布，记为 $T \sim t(n)$.

t 分布又称学生氏（Student）分布. 它是由英国统计学家戈塞特[①]于 1908 年以笔名"Student"发表的.

可以证明，自由度为 n 的 t 分布的概率密度为

---

① 戈塞特（William Sealey Gosset，1876—1937），英国统计学家，小样本统计理论的开创者，现代统计方法及其应用于实验设计与分析的先驱.

$$f(x) = \frac{\Gamma\left(\dfrac{n+1}{2}\right)}{\sqrt{\pi n}\,\Gamma\left(\dfrac{n}{2}\right)} \left(1+\frac{x^2}{n}\right)^{-\frac{n+1}{2}} \cdot \quad -\infty < x < +\infty.$$

图 6-4 给出了 $n=1, n=4$ 和 $n=10$ 的概率密度 $f(x)$ 的曲线. 曲线关于纵轴对称. 另外, 从图 6-4 可以看出, 自由度 n 越大, 其概率密度曲线与标准正态概率密度曲线越相似. 事实上, 利用 Γ 函数的性质可证明

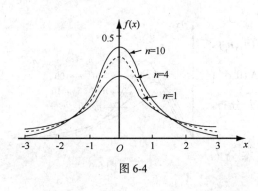

图 6-4

$$\lim_{n\to\infty} f(x) = \frac{1}{\sqrt{2\pi}} e^{-\frac{x^2}{2}},$$

但对较小的 n, t 分布与标准正态分布 $N(0,1)$ 相差较大（见附表 3 与附表 5）.

例 6.7 设 $X_1, X_2, \cdots, X_5$ 是独立且服从相同分布的随机变量, 且每一个 $X_i (i=1,2,\cdots,5)$ 都服从 $N(0,2)$, 试证 $T = \dfrac{\sqrt{6}}{2} \cdot \dfrac{X_1+X_2}{\sqrt{X_3^2+X_4^2+X_5^2}}$ 服从自由度为 3 的 t 分布.

证 由于 $X_1 + X_2 \sim N(0,4)$, 则 $\dfrac{X_1+X_2}{2} \sim N(0,1)$, 又因为 X_3, X_4, X_5 相互独立, 且都服从 $N(0,2)$, 所以 $\dfrac{X_i}{2} \sim N(0,1)$ $(i=3,4,5)$, 于是, $\dfrac{X_3^2+X_4^2+X_5^2}{2} \sim \chi^2(3)$. 又 $\dfrac{X_1+X_2}{2}$ 与 $\dfrac{X_3^2+X_4^2+X_5^2}{2}$ 相互独立, 则

$$T = \frac{\sqrt{6}}{2} \cdot \frac{X_1+X_2}{\sqrt{X_3^2+X_4^2+X_5^2}} = \frac{\dfrac{X_1+X_2}{2}}{\sqrt{\dfrac{X_3^2+X_4^2+X_5^2}{2} \Big/ 3}} \sim t(3).$$

t **分布的上 α 分位点** 设 $t \sim t(n)$, 对于给定的正数 α $(0 < \alpha < 1)$, 称满足条件

$$P\{t > t_\alpha(n)\} = \int_{t_\alpha(n)}^{+\infty} f(x)\mathrm{d}x = \alpha$$

的 $t_\alpha(n)$ 为 $t(n)$ 分布的上 α 分位点（如图 6-5）.

由 t 分布的上 α 分位点的定义及其概率密度曲线的对称性知, $-t_\alpha(n) = t_{1-\alpha}(n)$. t 分布的上 α 分位点可查附表 5. 如 $t_{0.01}(10) = 2.763\,8$, $t_{0.95}(30) = -t_{0.05}(30) = -1.697\,3$. 当 $n > 50$ 时, 可用标准正态分布近似代替 t 分布, 即 $t_\alpha(n) \approx z_\alpha$.

3. F 分布

定义 6.5 设 $U \sim \chi^2(n_1)$, $V \sim \chi^2(n_2)$, 且 U、V 相互独立, 则称随机变量

$$F = \frac{U/n_1}{V/n_2}$$

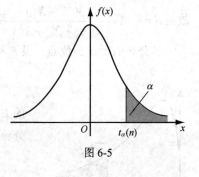

图 6-5

服从自由度为 (n_1, n_2) 的 F 分布[1], 记为 $F \sim F(n_1, n_2)$.

---

[1] F 分布是以统计学家费歇尔（Ronald Aylmer Fisher）姓氏的第一个字母命名的, 主要用于方差分析和回归分析.

可以证明，$F(n_1, n_2)$ 的概率密度为

$$f(x) = \begin{cases} \dfrac{\Gamma\left(\dfrac{n_1+n_2}{2}\right)\left(\dfrac{n_1}{n_2}\right)^{\frac{n_1}{2}} x^{\frac{n_1}{2}-1}}{\Gamma\left(\dfrac{n_1}{2}\right)\Gamma\left(\dfrac{n_2}{2}\right)\left(1+\dfrac{n_1}{n_2}x\right)^{\frac{n_1+n_2}{2}}}, & x>0, \\ 0, & x \leqslant 0. \end{cases}$$

其中 $f(x)$ 的图象如图 6-6 所示.

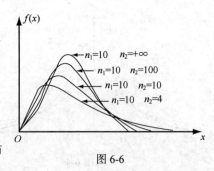

图 6-6

由 F 分布的定义容易证明: 若 $F \sim F(n_1, n_2)$, 则 $\dfrac{1}{F} \sim F(n_2, n_1)$.

例 6.8 设 X_1, X_2, X_3, X_4, X_5 是来自正态总体 $X \sim N(0, \sigma^2)$ 的简单随机样本, 试确定常数 d, 使 $\dfrac{d(X_1^2 + X_2^2)}{X_3^2 + X_4^2 + X_5^2}$ 服从 F 分布, 并指出它的自由度.

解 因为 $X_1, X_2, \cdots, X_5$ 相互独立且都服从正态分布 $N(0, \sigma^2)$, 所以

$$\frac{X_i}{\sigma} \sim N(0,1) \quad (i = 1, 2, \cdots, 5),$$

于是,

$$U = \frac{X_1^2 + X_2^2}{\sigma^2} \sim \chi^2(2), \quad V = \frac{X_3^2 + X_4^2 + X_5^2}{\sigma^2} \sim \chi^2(3),$$

且 U, V 相互独立, 因此

$$\frac{\dfrac{X_1^2 + X_2^2}{\sigma^2} \Big/ 2}{\dfrac{X_3^2 + X_4^2 + X_5^2}{\sigma^2} \Big/ 3} \sim F(2,3),$$

即

$$\frac{3(X_1^2 + X_2^2)}{2(X_3^2 + X_4^2 + X_5^2)} \sim F(2,3),$$

故当 $d = \dfrac{3}{2}$ 时, $\dfrac{3(X_1^2 + X_2^2)}{2(X_3^2 + X_4^2 + X_5^2)}$ 服从自由度为 $(2,3)$ 的 F 分布.

F 分布的上 α 分位点 设 $F \sim F(n_1, n_2)$, 对于给定的正数 α $(0 < \alpha < 1)$, 称满足条件

$$P\{F > F_\alpha(n_1, n_2)\} = \int_{F_\alpha(n_1, n_2)}^{+\infty} f(x)\mathrm{d}x = \alpha$$

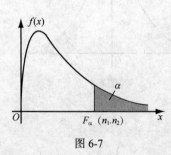

图 6-7

的 $F_\alpha(n_1, n_2)$ 为 $F(n_1, n_2)$ 分布的上 α 分位点（如图 6-7）, F 分布的上 α 分位点可查附表 7 得到.

可以证明 F 分布的上 α 分位点具有性质

$$F_\alpha(n_1, n_2) = \frac{1}{F_{1-\alpha}(n_2, n_1)}.$$

例如, 直接查附表 7 不能得到 $F_{0.95}(12, 9)$, 但利用上述性质可求得

$$F_{0.95}(12,9) = \frac{1}{F_{0.05}(9,12)} = \frac{1}{2.80} \approx 0.357\,14 .$$

6.3.2 正态总体的抽样分布

之所以把 χ^2 分布、t 分布和 F 分布称为统计学上的三种重要分布，是因为在统计推断中用到的随机变量，有很多都服从这三种分布. 下面就来介绍几种在参数估计和假设检验中非常有用的样本函数的分布.

定理 6.1 设 $X_1, X_2, \cdots, X_n$ 为正态总体 $X \sim N(\mu, \sigma^2)$ 的样本，$\overline{X}$ 为样本均值，则有

$$\overline{X} \sim N\left(\mu, \frac{\sigma^2}{n}\right). \tag{6.1}$$

证 $\overline{X}$ 是 n 个相互独立且与总体同分布的正态随机变量的线性组合，由正态随机变量的性质知，$\overline{X}$ 仍为正态随机变量，且 $\overline{X}$ 的分布由它的均值与方差完全确定，按均值与方差运算性质，

$$E(\overline{X}) = E\left(\frac{1}{n}\sum_{i=1}^{n} X_i\right) = \frac{1}{n}\sum_{i=1}^{n} E(X_i) = \mu ,$$

$$D(\overline{X}) = D\left(\frac{1}{n}\sum_{i=1}^{n} X_i\right) = \frac{1}{n^2}\sum_{i=1}^{n} D(X_i) = \frac{\sigma^2}{n} ,$$

于是，$\overline{X} \sim N\left(\mu, \frac{\sigma^2}{n}\right)$.

例 6.9 纽约证券交易所经营股票的股息服从正态 $N(\mu, \sigma^2)$，μ 未知，$\sigma^2 = 100$. 现随机地取 100 只股票，试求样本均值与总体均值的偏差小于 1 的概率.

解 设取出的 100 只股票的均值为 $\overline{X}$. 按题意，求概率 $P\{|\overline{X} - \mu| < 1\}$，现取样本容量 $n = 100$，$\sigma^2 = 100$，即有

$$P\{|\overline{X} - \mu| < 1\} = P\left\{\left|\frac{\overline{X} - \mu}{\sigma/\sqrt{n}}\right| < \frac{1}{\sigma/\sqrt{n}}\right\} = 2\Phi(1) - 1 = 0.682\,68 .$$

定理 6.2 设 $X_1, X_2, \cdots, X_n$ 为正态总体 $X \sim N(\mu, \sigma^2)$ 的样本，$\overline{X}$ 与 S^2 分别为样本均值和样本方差，则有

（1）$\dfrac{(n-1)S^2}{\sigma^2} \sim \chi^2(n-1)$；

（2）$\overline{X}$ 与 S^2 相互独立.

定理 6.2 的证明要用到较多的理论知识，这里从略. 需要了解证明的读者请参考书目[14].

定理 6.3 设 $X_1, X_2, \cdots, X_n$ 为正态总体 $X \sim N(\mu, \sigma^2)$ 的样本，$\overline{X}$ 与 S^2 分别为此样本的样本均值和样本方差，则

$$\frac{\overline{X} - \mu}{S/\sqrt{n}} \sim t(n-1) . \tag{6.2}$$

证 由定理 6.1 及定理 6.2，得

$$\frac{\overline{X} - \mu}{\sigma/\sqrt{n}} \sim N(0,1) , \quad \frac{(n-1)S^2}{\sigma^2} \sim \chi^2(n-1) ,$$

且两者相互独立，再由 t 分布的定义知

$$\frac{\overline{X}-\mu}{\sigma/\sqrt{n}} \Bigg/ \sqrt{\frac{(n-1)S^2}{(n-1)\sigma^2}} = \frac{\overline{X}-\mu}{S/\sqrt{n}} \sim t(n-1) ,$$

化简上式左端即得式（6.2）.

例 6.10 根据调查资料得知，深交所上市公司的流动资金周转天数服从正态分布，平均天数 50 天. 若从这些上市公司随机抽取 16 家进行调查，被抽查的公司实际流动资金周转天数如下：

$$55 \quad 49 \quad 52 \quad 49 \quad 48 \quad 57 \quad 53 \quad 55 \quad 51 \quad 49 \quad 52 \quad 53 \quad 52 \quad 55 \quad 54 \quad 49$$

试求平均周转天数在 48 天与 52 天的概率.

解 设公司的流动资金平均周转天数为 $\overline{X}$. 根据题意可知 $n=16$，$s=2.72$，并且所求概率为

$$P\{48 \leqslant \overline{X} \leqslant 52\} = P\left\{\frac{48-50}{s/\sqrt{n}} \leqslant \frac{\overline{X}-50}{s/\sqrt{n}} \leqslant \frac{52-50}{s/\sqrt{n}}\right\}$$

$$= 1 - 2P\left\{\frac{\overline{X}-50}{s/\sqrt{n}} > 2.941\,2\right\} \approx 0.99 .$$

定理 6.4 设 $X_1, X_2, \cdots, X_{n_1}$ 为来自正态总体 $N(\mu_1, \sigma_1^2)$ 的一个样本，$Y_1, Y_2, \cdots, Y_{n_2}$ 为来自正态总体 $N(\mu_2, \sigma_2^2)$ 的一个样本，且两者相互独立. 再设 $\overline{X}$ 与 $\overline{Y}$ 分别是这两个样本的样本均值，S_1^2 与 S_2^2 分别是这两个样本的样本方差，则有

（1） $\dfrac{S_1^2/\sigma_1^2}{S_2^2/\sigma_2^2} \sim F(n_1-1, n_2-1)$ ；

（2） 当 $\sigma_1^2 = \sigma_2^2 = \sigma^2$ 时，

$$\frac{(\overline{X}-\overline{Y})-(\mu_1-\mu_2)}{S_w\sqrt{\dfrac{1}{n_1}+\dfrac{1}{n_2}}} \sim t(n_1+n_2-2) ,$$

其中 $S_w^2 = \dfrac{(n_1-1)S_1^2+(n_2-1)S_2^2}{n_1+n_2-2}$.

证（1） 由定理 6.2，知

$$\frac{(n_1-1)S_1^2}{\sigma_1^2} \sim \chi^2(n_1-1) , \quad \frac{(n_2-1)S_2^2}{\sigma_2^2} \sim \chi^2(n_2-1) .$$

且它们相互独立. 进而由 F 分布的定义知

$$\frac{(n_1-1)S_1^2}{(n_1-1)\sigma_1^2} \Bigg/ \frac{(n_2-1)S_2^2}{(n_2-1)\sigma_2^2} \sim F(n_1-1, n_2-1) ,$$

即 $\dfrac{S_1^2/\sigma_1^2}{S_2^2/\sigma_2^2} \sim F(n_1-1, n_2-1)$.

（2） 由于 $\overline{X} \sim N\left(\mu_1, \dfrac{\sigma^2}{n_1}\right)$，$\overline{Y} \sim N\left(\mu_2, \dfrac{\sigma^2}{n_2}\right)$，且 $\overline{X}$ 与 $\overline{Y}$ 独立，从而

$$\overline{X}-\overline{Y} \sim N\left(\mu_1-\mu_2, \frac{\sigma^2}{n_1}+\frac{\sigma^2}{n_2}\right) ,$$

于是

$$U = \frac{(\overline{X}-\overline{Y})-(\mu_1-\mu_2)}{\sigma\sqrt{\dfrac{1}{n_1}+\dfrac{1}{n_2}}} \sim N(0,1) .$$

又由给定条件及定理 6.2 知

$$\frac{(n_1-1)S_1^2}{\sigma^2} \sim \chi^2(n_1-1), \quad \frac{(n_2-1)S_2^2}{\sigma^2} \sim \chi^2(n_2-1),$$

且它们相互独立，根据 χ^2 分布的可加性知

$$V = \frac{(n_1-1)S_1^2}{\sigma^2} + \frac{(n_2-1)S_2^2}{\sigma^2} \sim \chi^2(n_1+n_2-2).$$

由 $\bar{X}$ 与 S_1^2 独立和 $\bar{Y}$ 与 S_2^2 独立可知 U 与 V 独立，按 t 分布的定义即得

$$\frac{U}{\sqrt{V/(n_1+n_2-2)}} = \frac{(\bar{X}-\bar{Y})-(\mu_1-\mu_2)}{S_w\sqrt{\frac{1}{n_1}+\frac{1}{n_2}}} \sim t(n_1+n_2-2).$$

习题 6

6.1 设 $X_1, X_2, \cdots, X_n$ 是取自总体 X 的一个样本，总体 X 服从参数为 p 的 0-1 分布，$0<p<1$，求样本 $X_1, X_2, \cdots, X_n$ 的联合分布律.

6.2 设总体 X 在区间 $(0,\theta)$ 内服从均匀分布，$X_1, X_2, \cdots, X_n$ 是来自总体 X 的样本，求样本 $X_1, X_2, \cdots, X_n$ 的联合概率密度.

6.3 设总体 X 的概率密度

$$f(x;\theta) = \begin{cases} \dfrac{x}{\theta^2}\mathrm{e}^{-\frac{x}{\theta}}, & x>0, \\ 0, & \text{其他}, \end{cases}$$

其中 $\theta>0$ 是常数，$X_1, X_2, \cdots, X_n$ 是来自总体 X 的容量为 n 的样本，求样本 $(X_1, X_2, \cdots, X_n)$ 的概率密度.

6.4 设 $X_1, X_2, \cdots, X_n$ 是来自正态总体 $X \sim N(\mu, \sigma^2)$ 的样本，其中 μ 未知，σ^2 已知，问 $\dfrac{1}{n}\sum_{i=1}^{n}(X_i-\mu)^2$ 和 $\dfrac{1}{n}\sum_{i=1}^{n}(X_i-\bar{X})^2$ 哪个是统计量？其中，$\bar{X} = \dfrac{1}{n}\sum_{i=1}^{n}X_i$.

6.5 设 $X_1, X_2, \cdots, X_6$ 是来自 (a,b) 内均匀分布的样本，a,b 未知，指出下列样本函数中哪些是统计量，哪些不是. 为什么？

$$T_1 = \frac{X_1+X_2+\cdots+X_6}{6}, \quad T_2 = \frac{1}{b-a}X_6, \quad T_3 = X_6 - E(X_6), \quad T_4 = \max\{X_1, X_2, \cdots, X_n\}.$$

6.6 设 $(X_1, X_2, \cdots, X_n)$ 是取自总体 X 的一个样本，在下列三种情况下，分别求 $E(\bar{X}), D(\bar{X}), E(S^2)$.（1）$X \sim B(1,p)$；（2）$X \sim \mathrm{Exp}(\lambda)$；（3）$X \sim U(0, 2\theta)$，其中 $\theta>0$.

6.7 设 $\bar{X}$ 为总体 $N(1,5)$ 中抽取的样本 $(X_1, X_2, X_3, X_4, X_5)$ 的均值，求 $P(-3<\bar{X}<3)$.

6.8 在天平上重复称量一重为 m 的物品，假设各次称量结果是相互独立且同服从正态分布 $N(m, 0.1^2)$，若以 $\bar{X}_n$ 表示 n 次称量结果的算术平均值，为使 $P(|\bar{X}_n-m|<0.1) \geqslant 0.95$，试求 n 的最小值应不小于多少.

6.9 某市有 100 000 户家庭，20% 的家庭有汽车，今从中抽取 1600 户家庭的随机样本，求样本中有汽车的家庭的比例在 19% 和 21% 之间的概率.

6.10 查表求 $\chi^2_{0.99}(14)$，$\chi^2_{0.01}(14)$，$t_{0.99}(14)$，$t_{0.01}(14)$，$F_{0.01}(15,29)$，$F_{0.995}(15,14)$.

6.11 设 $T \sim t(15)$，求常数 c，使 $P\{T>c\} = 0.95$.

6.12 设 $(X_1, X_2, \cdots, X_n)$ 是来自正态总体 $X \sim N(0, \sigma^2)$ 的样本，试证：

（1）$\dfrac{1}{\sigma^2}\sum\limits_{i=1}^{n}X_i^2 \sim \chi^2(n)$；（2）$\dfrac{1}{n\sigma^2}(\sum\limits_{i=1}^{n}X_i)^2 \sim \chi^2(1)$.

6.13　设 $X_1, X_2, \cdots, X_5$ 为来自正态总体 $N(0,3^2)$ 的一个简单随机样本，求常数 a,b,c 使得 $Q = aX_1^2 + b(X_2 + X_3)^2 + c(X_4 + X_5)^2$ 服从 χ^2 分布，并指出其自由度.

6.14　设 X_1, X_2, X_3, X_4, X_5 是取自总体 X 的一个样本，总体 X 服从 $N(0,1)$.

（1）试给出常数 c，使得 $c(X_1^2 + X_2^2)$ 服从 χ^2 分布，并指出它的自由度；

（2）试给出常数 d，使得 $d = \dfrac{X_1 + \sqrt{2}X_2}{\sqrt{X_3^2 + X_4^2 + X_5^2}}$ 服从 t 分布，并指出它的自由度.

6.15　设随机变量 X 服从自由度为 (n,n) 的 F 分布，已知 $P(X > \alpha) = 0.05$，求 $P\left(X > \dfrac{1}{\alpha}\right)$.

6.16　若 $T \sim t(n)$，则 T^2 服从什么分布？

6.17　设 $X_1, X_2, \cdots, X_n$ 为来自正态总体 $N(\mu, \sigma^2)$ 的一个简单随机样本，$\bar{X}_n$ 和 S_n^2 是样本均值和样本方差，又设 X_{n+1} 是来自 $N(\mu, \sigma^2)$ 的新试验值，与 $X_1, X_2, \cdots, X_n$ 独立，求统计量 $T = \sqrt{\dfrac{n-1}{n+1}}\dfrac{X_{n+1} - \bar{X}_n}{S_n}$ 的分布.

6.18　设 $X_1, X_2, \cdots, X_9$ 是来自正态总体 X 的简单随机样本，$Y_1 = \dfrac{1}{6}(X_1 + \cdots + X_6)$，$Y_2 = \dfrac{1}{3}(X_7 + X_8 + X_9)$，$S_1^2 = \dfrac{1}{2}\sum\limits_{i=7}^{9}(X_i - Y_2)^2$，$Z = \dfrac{\sqrt{2}(Y_1 - Y_2)}{S_1}$，证明统计量 Z 服从自由度为 2 的 t 分布.

在统计分析中，经常要用总体的样本推断总体的特征或部分特征，这个过程被称为统计推断．统计推断是数理统计研究的核心问题之一．它的基本问题大致分为两类：一类是估计问题，另一类是假设检验问题．其中估计问题又可分为参数估计和非参数估计．本章将介绍参数估计中的点估计、区间估计以及点估计的评价标准．

7.1 参数的点估计

设总体 X 的分布函数 $F(x;\theta)$ 的类型已知，θ（θ 可以是向量）是未知参数．设 $X_1, X_2, \cdots, X_n$ 是来自总体 X 的一个样本，$x_1, x_2, \cdots, x_n$ 是其相应的样本值．参数的点估计就是构造一个合适的统计量 $\hat{\theta}(X_1, X_2, \cdots, X_n)$，用它的观察值 $\hat{\theta}(x_1, x_2, \cdots, x_n)$ 作为未知参数 θ 的近似值．此时称 $\hat{\theta}(X_1, X_2, \cdots, X_n)$ 为 θ 的**点估计量**，称 $\hat{\theta}(x_1, x_2, \cdots, x_n)$ 为 θ 的**点估计值**．在不致混淆的情况下都用 $\hat{\theta}$ 表示．由于这里是用数轴上的一个点 $\hat{\theta}(x_1, x_2, \cdots, x_n)$ 作为未知参数 θ 的估计值，因此称这样的估计为点估计，以区别于后面的区间估计．

对于点估计问题，关键是找一个合适的统计量，它既要具有理论上的合理性，又要具有计算上的方便性．下面介绍常用的两种构造估计量的方法：矩估计法和最大似然估计法．

7.1.1 矩估计法

矩估计法是由皮尔逊在1894年提出的求参数点估计的方法，其基本思想是用样本矩替换总体矩．下面具体介绍这个方法．

设总体 X 的分布中含有 m 个未知参数 $\theta_1, \theta_2, \cdots, \theta_m$，总体 X 的 k（$1 \leqslant k \leqslant m$）阶原点矩存在．一般地，它们都是参数 $\theta_1, \theta_2, \cdots, \theta_m$ 的函数，即

$$\mu_k = E(X^k) = \mu_k(\theta_1, \theta_2, \cdots, \theta_m), \ k = 1, 2, \cdots, m .$$

基于样本 k 阶矩

$$A_k = \frac{1}{n} \sum_{i=1}^{n} X_i^k$$

当 n 较大时接近于总体矩 $\mu_k(k=1,2,\cdots,m)$[①]，就用样本矩作为相应的总体矩的估计量，即

$$A_k = \mu_k = \mu_k(\theta_1, \theta_2, \cdots, \theta_m), \ k = 1, 2, \cdots, m .$$

这样就建立含有 $\theta_1, \theta_2, \cdots, \theta_m$ 的方程组

---

① 由于样本 $X_1, X_2, \cdots, X_n$ 相互独立且有相同的分布，因而 $X_1^k, X_2^k, \cdots, X_n^k$ 也相互独立且具有相同的分布。若总体 k 阶矩 $\mu_k = E(X^k)$ 存在，则由定理 5.4，有 $\lim\limits_{n \to \infty} P\left\{ \left| \frac{1}{n} \sum\limits_{i=1}^{n} X_i^k - \mu_k \right| < \varepsilon \right\} = 1$．

$$\begin{cases} A_1 = \mu_1(\theta_1, \theta_2, \cdots, \theta_m), \\ A_2 = \mu_2(\theta_1, \theta_2, \cdots, \theta_m), \\ \quad\quad \cdots \\ A_m = \mu_m(\theta_1, \theta_2, \cdots, \theta_m). \end{cases}$$

解得

$$\hat{\theta}_k = \theta_k(A_1, A_2, \cdots, A_m), \quad k = 1, 2, \cdots, m.$$

并把它们分别作为 θ_k（$k = 1, 2, \cdots, m$）的估计量. 这样以样本矩的连续函数代替与之相应的总体矩的连续函数，由此得到的参数估计方法就称为**矩估计法**. 用矩估计法确定的估计量称为**矩估计量**. 相应的估计值称为**矩估计值**. 矩估计量与矩估计值统称为**矩估计**. 这是一种简单而又直观的估计方法，做参数估计时不需要明确知道总体的分布，只要待估计的未知参数可以由总体矩表示即可.

例 7.1 设总体 X 的分布律见表 7-1.

表 7-1

X	1	2	3
P	θ^2	$1 - \theta - 2\theta^2$	$\theta^2 + \theta$

其中 θ 为未知参数. 现抽得一个样本 2，3，2，1，3，1，2，3，3，求 θ 的矩估计值.

解 总体 X 一阶原点矩为

$$\mu_1 = E(X) = 1 \times \theta^2 + 2 \times (1 - \theta - 2\theta^2) + 3 \times (\theta^2 + \theta) = 2 + \theta,$$

以一阶样本矩 $A_1 = \overline{X}$ 代替上式一阶总体矩 μ_1，得方程

$$A_1 = 2 + \theta.$$

从中解出 θ，得到 θ 的矩估计量为

$$\hat{\theta} = 2 - A_1 = 2 - \overline{X}.$$

将样本值 2，3，2，1，3，1，2，3，3 代入上式，则得 θ 的矩估计值为 $\hat{\theta} = \dfrac{2}{9}$.

例 7.2 已知总体 X 的概率密度为

$$f(x; \theta) = \begin{cases} (\theta + 2)x^{\theta+1}, & 0 \leq x \leq 1, \\ 0, & \text{其他}, \end{cases}$$

其中 $\theta(\theta > 0)$ 为未知参数. 若 $X_1, X_2, \cdots, X_n$ 是取自总体 X 的一个样本. 试求参数 θ 的矩估计量.

解 总体的一阶矩为

$$\mu_1 = E(X) = \int_{-\infty}^{+\infty} x f(x; \theta) \mathrm{d}x = \int_0^1 x(\theta + 2)x^{\theta+1} \mathrm{d}x = \frac{\theta + 2}{\theta + 3} x^{\theta+2} \Big|_0^1 = \frac{\theta + 2}{\theta + 3}.$$

以一阶样本矩 $A_1 = \overline{X}$ 代替上式一阶总体矩 μ_1，得方程

$$A_1 = \frac{\theta + 2}{\theta + 3},$$

从中解出 θ，得到 θ 的矩估计量为

$$\hat{\theta} = \frac{3A_1 - 2}{1 - A_1} = \frac{3\overline{X} - 2}{1 - \overline{X}}.$$

例 7.3 设总体 X 在区间 $(0, \theta)$ 内服从均匀分布，θ 为未知参数，$X_1, X_2, \cdots, X_n$ 为 X 的一个样本，试求 θ 的矩估计量.

解 因为总体 X 在区间 $(0, \theta)$ 内服从均匀分布，所以 X 的概率密度为

$$f(x; \theta) = \begin{cases} \dfrac{1}{\theta}, & 0 \leqslant x \leqslant \theta, \\ 0, & \text{其他.} \end{cases}$$

于是，总体 X 的一阶矩为

$$\mu_1 = E(X) = \int_{-\infty}^{+\infty} x f(x; \theta) \mathrm{d}x = \int_0^{\theta} \frac{x}{\theta} \mathrm{d}x = \frac{\theta}{2}.$$

以一阶样本矩 $A_1 = \bar{X}$ 代替上式一阶总体矩 μ_1，得方程 $A_1 = \dfrac{\theta}{2}$。从中解出 θ，得到 θ 的矩估计量为

$$\hat{\theta} = 2A_1 = 2\bar{X}.$$

例 7.4 设 $X_1, X_2, \cdots, X_n$ 来自总体 X 的一个样本，总体 X 的均值 μ 及方差 σ^2 都存在，且 $\sigma^2 > 0$。试求总体 X 的均值 μ 和方差 σ^2 的矩估计量。

解 总体 X 一阶矩、二阶矩分别为

$$\mu_1 = E(X) = \mu,$$
$$\mu_2 = E(X^2) = D(X) + [E(X)]^2 = \sigma^2 + \mu^2.$$

分别以一阶、二阶样本矩 A_1, A_2 代替上式中的 μ_1, μ_2，得方程组

$$\begin{cases} A_1 = \mu, \\ A_2 = \sigma^2 + \mu^2. \end{cases}$$

解上述方程组，得 μ 和 σ^2 的矩估计量分别为

$$\hat{\mu} = A_1 = \bar{X},$$
$$\hat{\sigma}^2 = A_2 - A_1^2 = \frac{1}{n} \sum_{i=1}^{n} X_i^2 - \bar{X}^2 = \frac{1}{n} \sum_{i=1}^{n} (X_i - \bar{X})^2.$$

例 7.4 的结果表明，总体均值 μ 与方差 σ^2 的矩估计量的表达式不因不同的总体而异，即无论 X 服从什么分布，X 均值 μ 和方差 σ^2 的矩估计量分别是 $\bar{X}$ 和 $\dfrac{1}{n} \sum_{i=1}^{n} (X_i - \bar{X})^2$。

7.1.2 最大似然估计法

最大似然估计是求未知参数点估计的另一种方法。它是由费歇尔[①]于 1921 年提出来的，随后，他又进一步使之成为一种在总体分布类型已知时普遍采用的重要方法。下面通过考察一个例子来说明极大似然估计的基本思想。

设有甲、乙两个盒子，甲盒中装有 3 白 1 黑共 4 只球，乙盒中装有 1 白 3 黑共 4 只球，现任取一盒子，再从该盒中任取一球，发现是黑球，试问该球最有可能取自哪一个盒子？

要问该球最有可能取自哪一个盒子，那就来计算该球取自两个盒子的概率，在没有观察该球的颜色之前，可以认为该球取自两个盒子的概率相等，在有了该球是黑球的信息之后，根据贝叶斯公式可求得取自甲盒的概率为 0.25，取自乙盒的概率为 0.75，这说明在取出一球为黑球的情况下，该球来自乙盒的概率更大，因此可以认为该球最有可能取自乙盒。

最大似然估计的基本思想就是根据上面的方法引申而来。设总体含有待估参数 θ，它可以有很多值，在得到样本观测值之前可以认为它取各个值的可能性是相同的，在有了样本观测值之后，θ 最有

---

① 费歇尔（Ronald Aylmer Fisher，1890—1962），英国统计学家和遗传学家，现代统计学的奠基人之一。

可能取的值就是使样本观测值出现概率最大的那个 $\hat{\theta}$ ，此时称 $\hat{\theta}$ 为 θ 的最大似然估计．由于这里的待估参数 θ 虽然可以取很多值，但它并不是一个随机变量，因此得到了参数 θ 的估计值 $\hat{\theta}$ ．然后不能说 θ 取 $\hat{\theta}$ 的概率最大，这也就是这种方法不叫最大"概率"估计，而叫做最大"似然"估计的缘由．

下面分别就离散型总体和连续型总体两种情形作具体讨论．

1. 离散型总体的情形

设总体 X 的分布律为 $P\{X=x\}=p(x;\theta)$ ，其中 θ 为未知参数．如果 $X_1,X_2,\cdots,X_n$ 是取自总体 X 的样本，相应观察值为 $x_1,x_2,\cdots,x_n$ ，则样本的联合概率分布为

$$P\{X_1=x_1,X_2=x_2,\cdots,X_n=x_n\}=\prod_{i=1}^{n}p(x_i;\theta),$$

对确定的样本观察值 $x_1,x_2,\cdots,x_n$ ，它是未知参数 θ 的函数，记为 $L(\theta)$ ，并称

$$L(\theta)=\prod_{i=1}^{n}p(x_i;\theta)$$

为**似然函数**．似然函数 $L(\theta)$ 值的大小意味着该样本值出现可能性的大小．既然已经得到样本值 $x_1,x_2,\cdots,x_n$ ，那么它出现的可能性应该是最大的，即似然函数值最大．因而选择使 $L(\theta)$ 达到最大的 $\hat{\theta}$ 作为 θ 的估计．

2. 连续型总体的情形

设总体 X 的概率密度为 $f(x;\theta)$ ，其中 θ 为未知参数．如果 $X_1,X_2,\cdots,X_n$ 是取自总体 X 的样本，相应观察值为 $x_1,x_2,\cdots,x_n$ ，随机点 X_i 落在 x_i 的长度为 Δx_i 的邻域内的概率近似等于 $f(x_i;\theta)\Delta x_i$ $(i=1,2,\cdots,n)$ ．而随机点 $(X_1,X_2,\cdots,X_n)$ 落在 $(x_1,x_2,\cdots,x_n)$ 的边长分别为 $\Delta x_1,\Delta x_2,\cdots,\Delta x_n$ 的 n 维矩形邻域的概率近似等于 $\prod_{i=1}^{n}f(x_i;\theta)\Delta x_i$ ．在 θ 固定时，它是 $(X_1,X_2,\cdots,X_n)$ 在 $(x_1,x_2,\cdots,x_n)$ 处的密度，它的大小与 $(X_1,X_2,\cdots,X_n)$ 落在 $(x_1,x_2,\cdots,x_n)$ 附近的概率的大小成正比．而当样本值给定时，它是 θ 的函数，把它还记作 $L(\theta)$ ，并称

$$L(\theta)=\prod_{i=1}^{n}f(x_i;\theta)\Delta x_i$$

为似然函数．又因为 $\prod_{i=1}^{n}\Delta x_i$ 与 θ 无关．因此，似然函数亦可取为

$$L(\theta)=\prod_{i=1}^{n}f(x_i;\theta).$$

类似于对**离散型总体**的讨论，依然可选择使 $L(\theta)$ 达到最大的 $\hat{\theta}$ 作为 θ 的估计．

若对任意给定的样本值 $x_1,x_2,\cdots,x_n$ ，存在 $\hat{\theta}=\hat{\theta}(x_1,x_2,\cdots,x_n)$ ，使 $L(\hat{\theta})=\max_{\theta}L(\theta)$ ，则称 $\hat{\theta}=\hat{\theta}(x_1,x_2,\cdots,x_n)$ 为 θ 的**最大似然估计值**．称相应的统计量 $\hat{\theta}(X_1,X_2,\cdots,X_n)$ 为 θ 的**最大似然估计量**．在不引起混淆的前提下，最大似然估计值和最大似然估计量统称为**最大似然估计**．这种求未知参数估计量的方法称为**最大似然估计法**．

求未知参数 θ 的最大似然估计值，可归结为求似然函数 L 的最大值点．在多数情况下， L 是 θ 的可微函数，按照微分学中求函数最大值的方法， L 的最大值点 θ 可从方程

$$\frac{\mathrm{d}L}{\mathrm{d}\theta}=0$$

解出，并称此方程为**似然方程**．

由于 L 与 $\ln L$ 有相同的最大值点， θ 的最大似然估计值也可从方程

$$\frac{\mathrm{d}\ln L}{\mathrm{d}\theta} = 0$$

求得，通常把该方程称为**对数似然方程**.

例 7.5 设 $x_1, x_2, \cdots, x_n$ 是取自总体 X 的一个样本值，且 X 服从参数为 λ 的泊松分布，求未知参数 λ 的最大似然估计量.

解 总体 X 的分布律

$$P\{X = k) = \frac{\lambda^k}{k!}\mathrm{e}^{-\lambda}, k = 0,1,2,\cdots.$$

似然函数为

$$L(\lambda) = \prod_{i=1}^{n}\frac{\lambda^{x_i}}{x_i!}\mathrm{e}^{-\lambda} = \frac{\lambda^{\sum_{i=1}^{n}x_i}}{x_1!x_2!\cdots x_n!}\mathrm{e}^{-n\lambda}.$$

而

$$\ln L(\lambda) = \left(\sum_{i=1}^{n}x_i\right)\ln\lambda - n\lambda - \ln(x_1!x_2!\cdots x_n!).$$

令

$$\frac{\mathrm{d}\ln L(\lambda)}{\mathrm{d}\lambda} = \frac{1}{\lambda}\cdot\sum_{i=1}^{n}x_i - n = 0,$$

解得

$$\lambda = \frac{1}{n}\sum_{i=1}^{n}x_i.$$

所以，λ 的最大似然估计量为 $\hat{\lambda} = \frac{1}{n}\sum_{i=1}^{n}X_i = \bar{X}$.

例 7.6 求例 7.2 中未知参数 θ 的最大似然估计.

解 设 $x_1, x_2, \cdots, x_n$ 为总体 X 的一个样本值，则似然函数为

$$L(\theta) = L(\theta; x_1, x_2, \cdots x_n) = (\theta + 2)^n(x_1 x_2 \cdots x_n)^{\theta+1},$$

取对数，

$$\ln L(\theta) = n\ln(2+\theta) + (1+\theta)\sum_{i=1}^{n}\ln x_i,$$

由对数似然方程

$$\frac{\mathrm{d}L(\theta; x_1, x_2, \cdots x_n)}{\mathrm{d}\theta} = \frac{n}{\theta+2} + \sum_{i=1}^{n}\ln x_i = 0,$$

可得 θ 的最大似然估计值为

$$\hat{\theta} = -\frac{n}{\sum_{i=1}^{n}\ln x_i} - 2,$$

而相应的估计量为

$$\hat{\theta} = -\frac{n}{\sum_{i=1}^{n}\ln X_i} - 2.$$

显然，θ 的最大似然估计与例 7.2 中的矩估计是不一致的.

例 7.7 求例 7.3 中未知参数 θ 的最大似然估计.

解 由已知 X 的概率密度为

$$f(x;\theta) = \begin{cases} \dfrac{1}{\theta}, & 0 \leqslant x \leqslant \theta, \\ 0, & \text{其他.} \end{cases}$$

设 $x_1, x_2, \cdots, x_n$ 取自总体 X 的一组样本观测值，则似然函数为

$$L(\theta) = L(\theta; x_1, x_2, \cdots x_n) = \prod_{i=1}^{n} f(x_i; \theta) = \begin{cases} \dfrac{1}{\theta^n}, & 0 \leqslant \min_{1 \leqslant i \leqslant n}\{x_i\} \leqslant x_i \leqslant \max_{1 \leqslant i \leqslant n}\{x_i\} \leqslant \theta, \\ 0, & \text{其他.} \end{cases}$$

在给定样本观测值 $x_1, x_2, \cdots, x_n$ 时，若 $\theta < \max\limits_{1 \leqslant i \leqslant n}\{x_i\}$，则 $L(\theta) = 0$. 于是，似然函数 $L(\theta)$ 一定在 $\theta \geqslant \max\limits_{1 \leqslant i \leqslant n}\{x_i\}$ 时取得最大值，而在此范围内，$L(\theta)$ 的导数没有零点（恒负），因此不能用似然方程来求最大值，注意到 $L(\theta)$ 在此范围内单调递减，所以当 $\theta = \max\limits_{1 \leqslant i \leqslant n}\{x_i\}$ 时，$L(\theta)$ 取得最大值，即 θ 的最大似然估计值为 $\hat{\theta} = \max\limits_{1 \leqslant i \leqslant n}\{x_i\}$，最大似然估计量为 $\hat{\theta} = \max\limits_{1 \leqslant i \leqslant n}\{X_i\}$.

例 7.7 中的似然函数 $L(\theta)$ 的非零区域与未知参数 θ 有关，这种情况一般无法通过求解似然方程的方法获得参数的最大似然估计值，而只能依据最大值的定义直接求出 $L(\theta)$ 的最大值点.

最大似然估计也适用于含多个未知参数 $\theta_1, \theta_2, \cdots, \theta_m$ 的情形. 这时，似然函数 L 是这些未知参数的函数. 一般地，令

$$\frac{\partial L}{\partial \theta_i} = 0 \quad \text{或} \quad \frac{\partial \ln L}{\partial \theta_i} = 0, \quad i = 1, 2, \cdots, m.$$

解上述方程组，可得各未知参数 θ_i $(i = 1, 2, \cdots, m)$ 的最大似然估计值.

例 7.8 设总体 X 服从正态分布 $N(\mu, \sigma^2)$，其中，μ 和 σ^2 均为未知参数. 试由样本值 $x_1, x_2, \cdots, x_n$ 确定 μ 与 σ^2 的最大似然估计.

解 因为 X 的概率密度为

$$f(x) = \frac{1}{\sqrt{2\pi}\sigma} e^{-\frac{(x-\mu)^2}{2\sigma^2}},$$

所以似然函数为

$$L(\mu, \sigma^2) = \prod_{i=1}^{n} \frac{1}{\sqrt{2\pi}\sigma} e^{-\frac{(x_i-\mu)^2}{2\sigma^2}} = \left(\frac{1}{2\pi\sigma^2}\right)^{\frac{n}{2}} e^{-\frac{1}{2\sigma^2}\sum_{i=1}^{n}(x_i-\mu)^2},$$

取对数

$$\ln L(\mu, \sigma^2) = -\frac{n}{2}\ln 2\pi - \frac{n}{2}\ln \sigma^2 - \frac{1}{2\sigma^2}\sum_{i=1}^{n}(x_i - \mu)^2,$$

由对数似然方程组

$$\begin{cases} \dfrac{\partial \ln L}{\partial \mu} = \dfrac{1}{\sigma^2}\sum_{i=1}^{n}(x_i - \mu) = 0, \\ \dfrac{\partial \ln L}{\partial \sigma^2} = -\dfrac{n}{2\sigma^2} + \dfrac{1}{2\sigma^4}\sum_{i=1}^{n}(x_i - \mu)^2 = 0 \end{cases}$$

解得

$$\begin{cases} \mu = \dfrac{1}{n}\sum_{i=1}^{n} x_i, \\ \sigma^2 = \dfrac{1}{n}\sum_{i=1}^{n}(x_i - \overline{x})^2 = \dfrac{n-1}{n}s^2. \end{cases}$$

所以 μ 与 σ^2 的最大似然估计值为

$$\begin{cases} \hat{\mu} = \overline{x}, \\ \hat{\sigma}^2 = \dfrac{n-1}{n}s^2. \end{cases}$$

可验证这与 μ, σ^2 的矩估计完全一致.

7.2 | 估计量的评选标准

在参数估计问题中，对于同一参数，用不同的估计方法，得到的估计量未必相同. 如对例 7.2 中的未知参数 θ 得到的矩估计量与最大似然估计量就不相同，甚至用同一方法也可能得到不同的估计量. 那么，对于同一未知参数，有多个不同的估计量，怎样比较这些估计量的优劣呢？或者当只得到未知参数的一个点估计量时，如何度量这个估计量的好坏？这就需要有一些评选的标准，下面给出几个常用的评选标准.

7.2.1 无偏性

由于未知参数 θ 的估计量 $\hat{\theta}$ 是样本的函数，对不同的样本的观测值可得到不尽相同的估计值. 因此，用 $\hat{\theta}$ 去估计 θ 将会有所偏差. 我们自然希望 $\hat{\theta}$ 的取值总是在 θ 附近摆动，不应偏大或偏小，就其平均意义而言，应该等于其参数的真值 θ. 若如此，这个估计量自然被认为是一个"好"的估计量. 这便是无偏性的概念.

定义 7.1 设 $\hat{\theta}(X_1,\cdots,X_n)$ 是未知参数 θ 的估计量，若

$$E(\hat{\theta}) = \theta,$$

则称 $\hat{\theta}$ 具有**无偏性**，并称 $\hat{\theta}$ 为 θ 的无偏估计量，否则称 $\hat{\theta}$ 为有偏估计量.

例 7.9 设 $X_1, X_2, \cdots, X_n$ 是来自总体 X 的一个样本，而且总体 X 的均值为 μ，方差为 σ^2，证明：

（1）样本均值 $\overline{X}$ 和样本方差 S^2 分别为 μ 和 σ^2 的无偏估计量；

（2）二阶中心矩 B_2 是 σ^2 的有偏估计量.

解（1）由于

$$E(\overline{X}) = E\left(\frac{1}{n}\sum_{i=1}^{n} X_i\right) = \frac{1}{n}E\left(\sum_{i=1}^{n} X_i\right) = \frac{1}{n}\sum_{i=1}^{n} E(X_i) = \mu,$$

因此，$\hat{\mu} = \overline{X}$ 是 μ 的无偏估计量.

又因为

$$D(\overline{X}) = D\left(\frac{1}{n}\sum_{i=1}^{n} X_i\right) = \frac{1}{n^2}D\left(\sum_{i=1}^{n} X_i\right) = \frac{1}{n^2}\sum_{i=1}^{n} D(X_i) = \frac{\sigma^2}{n}.$$

所以

$$E(S^2) = E\left[\frac{1}{n-1}\left(\sum_{i=1}^{n} X_i^2 - n\bar{X}^2\right)\right] = \frac{1}{n-1}\left[\sum_{i=1}^{n} E(X_i^2) - nE(\bar{X}^2)\right]$$

$$= \frac{1}{n-1}\left[\sum_{i=1}^{n}(\sigma^2 + \mu^2) - n\left(\frac{\sigma^2}{n} + \mu^2\right)\right] = \sigma^2,$$

故 S^2 是 σ^2 的无偏估计量.

（2）由于

$$E(B_2) = E\left[\frac{1}{n}\left(\sum_{i=1}^{n} X_i^2 - n\bar{X}^2\right)\right] = E\left(\frac{n-1}{n} S^2\right) = \frac{n-1}{n} E(S^2) = \frac{n-1}{n}\sigma^2,$$

故二阶中心矩 B_2 是 σ^2 的有偏估计量.

例 7.10 设总体 X 的均值 μ 存在，从总体 X 抽取一个样本 X_1, X_2, X_3，选取 μ 的 3 个统计量：

$$\hat{\mu}_1 = \frac{1}{2}(X_1 + X_2), \quad \hat{\mu}_2 = \frac{1}{3}(X_1 + X_2 + X_3), \quad \hat{\mu}_3 = \frac{1}{2}X_1 + \frac{1}{3}X_2 + \frac{1}{6}X_3,$$

试证 $\hat{\mu}_1$，$\hat{\mu}_2$，$\hat{\mu}_3$ 都是 μ 的无偏估计.

证 由 $E(X_1) = E(X_2) = E(X_3)$，有

$$E(\hat{\mu}_1) = \frac{1}{2}[E(X_1) + E(X_2)] = \mu,$$

$$E(\hat{\mu}_2) = \frac{1}{3}[E(X_1) + E(X_2) + E(X_3)] = \mu,$$

$$E(\hat{\mu}_3) = \frac{1}{2}E(X_1) + \frac{1}{3}E(X_2) + \frac{1}{6}E(X_3) = \mu,$$

因此，$\hat{\mu}_1$，$\hat{\mu}_2$，$\hat{\mu}_3$ 都是 μ 的无偏估计.

7.2.2 有效性

一个参数常有多个无偏估计量，如例 7.10，选用哪一个好呢？自然应选取值更集中的，即偏离程度较小的. 一个较好的估计量应具有尽可能小的方差. 由此引入评选估计量的第二个标准——有效性.

定义 7.2 设 $\hat{\theta}_1 = \hat{\theta}_1(X_1, \cdots, X_n)$ 与 $\hat{\theta}_2 = \hat{\theta}_2(X_1, \cdots, X_n)$ 都是未知参数 θ 的无偏估计量，若
$$D(\hat{\theta}_1) < D(\hat{\theta}_2),$$

则称 $\hat{\theta}_1$ 比 $\hat{\theta}_2$ 有效.

例 7.11 在例 7.10 中设总体方差为 σ^2，试比较三个无偏估计量中哪一个更有效.

解 由于 $D(X_i) = D(X) = \sigma^2 \ (i = 1, 2, 3)$，因此

$$D(\hat{\mu}_1) = D\left[\frac{1}{2}(X_1 + X_2)\right] = \frac{1}{4}[D(X_1) + D(X_2)] = \frac{1}{2}\sigma^2,$$

$$D(\hat{\mu}_2) = D\left[\frac{1}{3}(X_2 + X_2 + X_3)\right] = \frac{1}{9}[D(X_1) + D(X_2) + D(X_3)] = \frac{1}{3}\sigma^2,$$

$$D(\hat{\mu}_3) = D\left[\frac{1}{2}X_1 + \frac{1}{3}X_2 + \frac{1}{6}X_3\right] = \frac{1}{4}D(X_1) + \frac{1}{9}D(X_2) + \frac{1}{36}D(X_3) = \frac{7}{18}\sigma^2,$$

由此可得

$$D(\hat{\mu}_2) < D(\hat{\mu}_3) < D(\hat{\mu}_1),$$

所以，在 μ 的三个无偏估计量 $\hat{\mu}_1, \hat{\mu}_2, \hat{\mu}_3$ 中 $\hat{\mu}_2$ 更有效.

7.2.3 相合性

前面所讨论的无偏性和有效性都是在样本容量固定的前提下提出的. 一般地，当样本容量增加时，样本携带总体的信息会增多. 我们自然希望当样本容量增加时，估计量能充分接近于待估参数真实值，由此引入相合性（一致性）的概念.

定义 7.3 设 $\hat{\theta} = \hat{\theta}(X_1, \cdots, X_n)$ 为未知参数 θ 的估计量，若对任意给定的 $\varepsilon > 0$，有

$$\lim_{n \to \infty} P\{|\hat{\theta} - \theta| < \varepsilon\} = 1,$$

则称 $\hat{\theta}$ 为 θ 的**相合估计量**或**一致估计量**.

由定理 5.4 可知，样本均值 $\overline{X}$ 是总体均值 μ 的相合估计量. 我们还可以证明样本矩是总体矩的相合估计量，样本分布函数是总体分布函数的相合估计量.

相合性是对估计量的基本要求. 如果估计量不具有相合性，那么无论样本容量取多大，都不能使参数估计足够准确，这样的估计量是不可取的. 然而，用相合性衡量估计量的优劣，要求样本容量充分地大，这在实际问题中往往很难办到.

7.3 参数的区间估计

前面讨论了参数的点估计，当得到样本的一个观测值时，便得到未知参数 θ 的一个估计值. 但无法知道它与真值 θ 之间有没有误差，如果有误差，误差有多大？点估计没有提供估计精度的任何信息，这在实际问题中不尽如人意. 为解决这一问题，统计学家奈曼①于 20 世纪 30 年代提出了参数的区间估计理论. 下面先给出区间估计的概念.

7.3.1 区间估计的概念

定义 7.4 设总体 X 的分布中含有未知参数 θ，$X_1, X_2, \cdots, X_n$ 是取自总体 X 的一个样本，对给定的数 $\alpha(0 < \alpha < 1)$，若存在统计量 $\theta_L = \theta_L(X_1, X_2, \cdots, X_n)$ 和 $\theta_U = \theta_U(X_1, X_2, \cdots, X_n)$ 使得

$$P\{\theta_L < \theta < \theta_U\} = 1 - \alpha, \tag{7.1}$$

则称随机区间 (θ_L, θ_U) 为 θ 的置信水平为 $1 - \alpha$ 的**置信区间**或**区间估计**，θ_L 和 θ_U 分别称为置信水平 $1 - \alpha$ 的双侧**置信下限**和**置信上限**，$1 - \alpha$ 称为**置信水平**.

需要说明的是，随机区间 (θ_L, θ_U) 一般随样本值的不同而不同. 若在总体中抽样多次（设每次样本容量相同），就得到许多确定的区间. 每个这样的区间要么包含参数 θ 的真值，要么不包含 θ 的真值. 根据定理 5.3，当抽样次数充分大时，这些区间包含 θ 真值的区间约占 $1 - \alpha$，而不包含 θ 真值的区间约占 α. 比如取 $\alpha = 0.05$，则置信水平为 0.95，这表明从总体中重复抽样 1000 次，将得到 1000 个区间，约有 950 个区间包含了 θ 的真值，而其余的区间不包含 θ 的真值. 而对于一个样本观测值，将得到一个确定的区间，它是否包含真值 θ，我们不得而知. 但根据置信区间的定义，我们可以说确定的区间 (θ_L, θ_U) 包含 θ 真值的可靠程度为 $1 - \alpha$.

---

① 奈曼（Jerzy Neyman，1894—1981），波兰裔美籍著名统计学家，区间估计和假设检验理论的奠基人.

7.3.2 寻找置信区间的方法

从区间估计的定义可以看出，要找一个置信区间并不困难，难的是什么样的置信区间是个"好"的置信区间以及如何寻找这个"好"的置信区间. 一般而言，所谓"好"的置信区间就是可靠性和精度尽可能地高，即置信水平尽可能地高，而区间长度尽可能地短. 区间估计的基本问题，就是在样本资源的限制下找出更好的估计方法，以尽量提高置信区间的可靠性和精度. 遗憾的是，可靠性和精度是相互矛盾的统一体，奈曼提出了一个至今被广泛接受的原则：先保证一定的可靠性，在此基础上尽量提高精度. 下面先从一个简单的例子，考察寻找置信区间的具体方法.

例 7.12 设总体 X 服从正态分布 $N(\mu, \sigma^2)$，且 σ^2 已知，$X_1, X_2, \cdots, X_n$ 是来自总体 X 的一个样本. 试求未知参数 μ 的置信水平为 $1-\alpha$ 的置信区间.

解 样本均值 $\bar{X}$ 为总体均值 μ 的无偏估计，$\bar{X}$ 的取值比较集中于 μ 附近. 显然，以较大的概率包含 μ 的区间也包含 $\bar{X}$，基于这一思想，从 $\bar{X}$ 出发构造 μ 的置信区间，由于

$$Z = \frac{\bar{X} - \mu}{\sigma / \sqrt{n}} \sim N(0,1), \tag{7.2}$$

所以由 Z 的上分位点的几何意义知，存在 $z_{\frac{\alpha}{2}}$（如图 7-1），使得

$$P\left\{ \left| \frac{\bar{X} - \mu}{\sigma / \sqrt{n}} \right| < z_{\frac{\alpha}{2}} \right\} = 1 - \alpha,$$

即

$$P\left\{ \bar{X} - \frac{\sigma}{\sqrt{n}} z_{\frac{\alpha}{2}} < \mu < \bar{X} + \frac{\sigma}{\sqrt{n}} z_{\frac{\alpha}{2}} \right\} = 1 - \alpha.$$

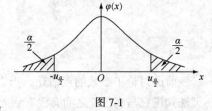

图 7-1

由定义知，该正态总体均值 μ 的置信水平为 $1-\alpha$ 的置信区间为

$$\left(\bar{X} - \frac{\sigma}{\sqrt{n}} z_{\frac{\alpha}{2}}, \bar{X} + \frac{\sigma}{\sqrt{n}} z_{\frac{\alpha}{2}} \right). \tag{7.3}$$

若取 $\alpha = 0.05$，即 $1-\alpha = 0.95$，查附表 3，得 $z_{\frac{\alpha}{2}} = z_{0.025} = 1.96$. 于是得到一个 μ 的置信水平为 0.95 的置信区间

$$\left(\bar{X} - \frac{\sigma}{\sqrt{n}} \times 1.96, \bar{X} + \frac{\sigma}{\sqrt{n}} \times 1.96 \right). \tag{7.4}$$

通过例 7.12，寻找总体分布未知参数 θ 的置信区间可分为以下步骤：

（1）利用未知参数 θ 的一个良好的点估计量 $\hat{\theta}$，构造一个依赖于待估参数 θ 的样本的函数

$$W = W(X_1, X_2, \cdots, X_n; \theta),$$

其中 W 的分布已知，且与 θ 无关；

（2）对于给定的置信水平 $1-\alpha$，根据 W 的分布确定两个常数 a，b，使得

$$P\{a < W < b\} = 1 - \alpha;$$

（3）求出随机事件 $\{a < W < b\}$ 的等价事件 $\{\theta_L < \theta < \theta_U\}$，且 θ_L 与 θ_U 都是统计量，则 (θ_L, θ_U) 就是 θ 的一个置信水平为 $1-\alpha$ 的置信区间.

应注意满足同一置信水平的置信区间可能有无穷多个，如例 7.12 中，对于任给的 α_1, α_2（$0 < \alpha_2 < \alpha_1 < 1$），只要 $\alpha_1 + \alpha_2 = 0.05$，则所确定的区间 $\left(\bar{X} - \frac{\sigma}{\sqrt{n}} z_{\alpha_1}, \bar{X} + \frac{\sigma}{\sqrt{n}} z_{\alpha_2} \right)$ 都是置信水平为 0.95 的置信区间. 如取 $\alpha_2 = 0.02$，$\alpha_1 = 0.03$，得置信区间

$$\left(\bar{X} - \frac{\sigma}{\sqrt{n}} \times 1.89, \bar{X} + \frac{\sigma}{\sqrt{n}} \times 2.06 \right). \tag{7.5}$$

那么，在这些区间中，应该选取哪一个区间呢？注意到置信水平相同的置信区间的区间长度不尽相同，如区间（7.4）的长度为 $3.92 \times \frac{\sigma}{\sqrt{n}}$，区间（7.5）的长度为 $3.95 \times \frac{\sigma}{\sqrt{n}}$. 由于区间长度越长，估计值分散的可能性越大，所以区间长度是估计精度的反映. 因此，根据奈曼原则，即在给定置信水平的前提下，总是寻求区间长度尽可能短的置信区间. 一般来说，若分布是对称的、单峰值，那么关于峰值点对称的区间长度最短，所以，对于例 7.12，式（7.3）的区间长度是最短的.

进而，式（7.3）的区间长度为 $L = \frac{2\sigma}{\sqrt{n}} \cdot z_{\frac{\alpha}{2}}$，显然，$L$ 随着样本容量 n 增大而减小，于是可以通过改变样本容量，以使置信区间达到所给定的精度. 另外，由 L 的表达式可求得 $n = \left(\frac{2\sigma}{L} \cdot z_{\frac{\alpha}{2}} \right)^2$，则对给定的精度（区间长度），可以求出样本容量 n 的大小. 这对设计调查方案非常重要.

由于实际问题中的总体多为正态总体，下面主要针对正态总体来构造均值、方差、均值差和方差比的置信区间.

7.3.3　单个正态总体均值与方差的区间估计

设 $X_1, X_2, \cdots, X_n$ 来自总体 $N(\mu, \sigma^2)$ 的样本，置信水平为 $1 - \alpha$（$0 < \alpha < 1$）.

1. σ^2 为已知，μ 的区间估计

由例 7.12 的求解中可以得到置信水平为 $1 - \alpha$ 的置信区间为

$$\left(\bar{X} - \frac{\sigma}{\sqrt{n}} z_{\frac{\alpha}{2}}, \bar{X} + \frac{\sigma}{\sqrt{n}} z_{\frac{\alpha}{2}} \right).$$

例 7.13　某旅行社为调查当地旅游者的平均消费额，随机访问了 100 名旅游者，得知平均消费额 $\bar{x} = 80$ 元. 根据经验，已知旅游者消费服从正态分布，且标准差 $\sigma = 12$ 元，求该地旅游者平均消费额 μ 的置信水平为 0.95 的置信区间.

解　对于给定的置信水平为 $1 - \alpha = 0.95$，$\alpha = 0.05$，$n = 100$. 查附表 3 得 $z_{\frac{\alpha}{2}} = z_{0.025} = 1.96$. 于是，由已知条件

$$\bar{x} - \frac{\sigma}{\sqrt{n}} z_{\frac{\alpha}{2}} = 80 - \frac{12}{\sqrt{100}} \times 1.96 \approx 77.65,$$

$$\bar{x} + \frac{\sigma}{\sqrt{n}} z_{\frac{\alpha}{2}} = 80 + \frac{12}{\sqrt{100}} \times 1.96 \approx 82.35.$$

因此，该地旅游者平均消费额 μ 的置信水平为 0.95 的置信区间为 (77.65, 82.35)，即在已知 $\sigma = 12$ 的情形下，可以 95% 的置信度认为每个旅游者的平均消费额在 77.65 元至 82.35 元之间.

2. σ^2 为未知，μ 的区间估计

此时，不能由式（7.3）给出区间估计，因其含有未知参数 σ. 考虑到 S^2 是 σ^2 的无偏估计，将式（7.2）中的 σ 换成 S，根据定理 6.3 知，样本函数

$$T = \frac{\bar{X} - \mu}{S / \sqrt{n}} \sim t(n-1).$$

由于 t 分布的概率密度曲线关于纵轴对称，于是对给定的置信水平为 $1 - \alpha$，可以选择 t 分布的上分位点 $t_{\frac{\alpha}{2}}(n-1)$ 使

$$P\left\{-t_{\frac{\alpha}{2}}(n-1)<\frac{\overline{X}-\mu}{S/\sqrt{n}}<t_{\frac{\alpha}{2}}(n-1)\right\}=1-\alpha$$

成立（图 7-2）. 这样就可得到 μ 的置信水平为 $1-\alpha$ 的置信区间

$$\left(\overline{X}-t_{\frac{\alpha}{2}}(n-1)\cdot\frac{S}{\sqrt{n}},\overline{X}+t_{\frac{\alpha}{2}}(n-1)\cdot\frac{S}{\sqrt{n}}\right).$$

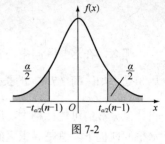

图 7-2

例 7.14 一大型快餐店的经理欲了解顾客在店内的逗留时间，从顾客中随机抽取 9 名，测得他们在店内的逗留时间（单位：分钟）如下：

14.8 15.1 14.7 14.9 15.2 14.8 15.2 15.0 15.3，

若顾客的逗留时间服从正态分布 $N(\mu,\sigma^2)$，且 σ^2 未知，求平均逗留时间 μ 的置信水平为 0.95 的置信区间.

解 本题是在总体 X 的方差 σ^2 未知的情形下，总体 X 均值的区间估计问题. 这里 $n=5$，$1-\alpha=0.95$，$\alpha=0.05$. 查附表 5 得，$t_{\frac{\alpha}{2}}(n-1)=t_{0.025}(8)=2.3060$. 由样本观测值可求得 $\overline{x}=15$，$s=0.21213$. 于是，

$$\overline{x}-\frac{s}{\sqrt{n}}t_{\frac{\alpha}{2}}(n-1)=15-\frac{0.21213}{\sqrt{9}}\times2.3060\approx14.8369，$$

$$\overline{x}+\frac{s}{\sqrt{n}}t_{\frac{\alpha}{2}}(n-1)=15+\frac{0.21213}{\sqrt{9}}\times2.3060\approx15.1631.$$

因此，μ 的置信水平为 0.95 的置信区间为 (14.8369,15.1631).

3. μ 已知，σ^2 的区间估计

由于

$$\chi^2=\frac{1}{\sigma^2}\sum_{i=1}^{n}(X_i-\mu)^2\sim\chi^2(n)，$$

对于给定的置信水平 $1-\alpha$，选取区间 $(\chi_{1-\frac{\alpha}{2}}^2(n),\chi_{\frac{\alpha}{2}}^2(n))$，使得

$$P\left\{\chi_{1-\frac{\alpha}{2}}^2(n-1)<\frac{1}{\sigma^2}\sum_{i=1}^{n}(X_i-\mu)^2<\chi_{\frac{\alpha}{2}}^2(n-1)\right\}=1-\alpha，$$

即

$$P\left\{\frac{\sum_{i=1}^{n}(X_i-\mu)^2}{\chi_{\frac{\alpha}{2}}^2(n)}<\sigma^2<\frac{\sum_{i=1}^{n}(X_i-\mu)^2}{\chi_{1-\frac{\alpha}{2}}^2(n)}\right\}=1-\alpha，$$

由此得 σ^2 的置信水平为 $1-\alpha$ 的置信区间为

$$\left(\frac{\sum_{i=1}^{n}(X_i-\mu)^2}{\chi_{\frac{\alpha}{2}}^2(n)},\frac{\sum_{i=1}^{n}(X_i-\mu)^2}{\chi_{1-\frac{\alpha}{2}}^2(n)}\right).$$

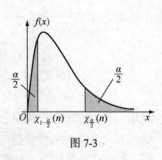

图 7-3

注：在概率密度不对称时，如 χ^2 分布和 F 分布，习惯上仍是取对称的分位点，如图 7-3 的上分位点 $\chi_{1-\frac{\alpha}{2}}^2(n),\chi_{\frac{\alpha}{2}}^2(n)$ 来确定置信区间.

4. μ 未知，σ^2 的区间估计

由定理 6.2 知

$$\chi^2=\frac{(n-1)S^2}{\sigma^2}\sim\chi^2(n-1)，$$

类似可求得 σ^2 的置信水平为 $1-\alpha$ 的置信区间为

$$\left(\frac{(n-1)S^2}{\chi^2_{\frac{\alpha}{2}}(n-1)}, \frac{(n-1)S^2}{\chi^2_{1-\frac{\alpha}{2}}(n-1)} \right),$$

σ 的置信水平为 $1-\alpha$ 的置信区间为

$$\left(\frac{\sqrt{(n-1)}S}{\sqrt{\chi^2_{\frac{\alpha}{2}}(n-1)}}, \frac{\sqrt{(n-1)}S}{\sqrt{\chi^2_{1-\frac{\alpha}{2}}(n-1)}} \right). \tag{7.6}$$

例 7.15 假定某商店中一种商品的月销售量服从正态分布 $N(\mu,\sigma^2)$，σ 未知．为了合理地确定该商品的进货量，需对 μ 和 σ 作估计．为此随机抽取 10 个月，经统计，其销售量（单位：kg）分别为：

$$62 \quad 58 \quad 51 \quad 81 \quad 76 \quad 73 \quad 57 \quad 65 \quad 74 \quad 83$$

试求商品月销售量标准差 σ 的置信水平为 0.95 的置信区间．

解 这里 $1-\alpha=0.95$，$\frac{\alpha}{2}=0.025$，$n-1=9$，$s^2=119.333$．查附表 6，得 $\chi^2_{0.975}(9)=2.7004$，$\chi^2_{0.025}(9)=19.0228$．由式（7.6）得商品月销售量标准差 σ 的置信水平为 0.95 的置信区间为 $(1.72277, 12.13596)$．

7.3.4 两个正态总体均值差与方差比的区间估计

在实际问题中，常常需要检测产品的某一质量指标．由于原料、设备条件、生产工艺、操作人员的不同等因素，将会引起这一指标总体的均值和方差的改变．我们需要知道这些变化有多大，这就需要研究两个总体均值差和方差比的估计问题．下面就在正态总体的情形下进行讨论．

设 $X_1,X_2,\cdots,X_{n_1}$ 与 $Y_1,Y_2,\cdots,Y_{n_2}$ 是分别来自两个相互独立的正态总体 $N(\mu_1,\sigma_1^2)$ 和 $N(\mu_2,\sigma_2^2)$ 的样本，$\bar{X}$，$\bar{Y}$，S_1^2，S_2^2 分别是两个样本的均值与方差，给定信水平为 $1-\alpha$（$0<\alpha<1$）．

1. σ_1^2,σ_2^2 已知，均值差 $\mu_1-\mu_2$ 的置信区间

由于 $\bar{X}\sim N\left(\mu_1,\frac{\sigma_1^2}{n_1}\right)$，$\bar{Y}\sim N\left(\mu_2,\frac{\sigma_2^2}{n_2}\right)$，且 $\bar{X}$ 与 $\bar{Y}$ 独立，因此

$$\bar{X}-\bar{Y}\sim N\left(\mu_1-\mu_2,\frac{\sigma_1^2}{n_1}+\frac{\sigma_2^2}{n_2}\right),$$

或

$$Z=\frac{(\bar{X}-\bar{Y})-(\mu_1-\mu_2)}{\sqrt{\frac{\sigma_1^2}{n_1}+\frac{\sigma_2^2}{n_2}}}\sim N(0,1),$$

对给定的置信水平 $1-\alpha$，由

$$P\left\{ \frac{|(\bar{X}-\bar{Y})-(\mu_1-\mu_2)|}{\sqrt{\frac{\sigma_1^2}{n_1}+\frac{\sigma_2^2}{n_2}}} < z_{\frac{\alpha}{2}} \right\}=1-\alpha,$$

可导出 $\mu_1 - \mu_2$ 的置信水平为 $1-\alpha$ 的置信区间为

$$\left(\overline{X} - \overline{Y} - z_{\frac{\alpha}{2}} \cdot \sqrt{\frac{\sigma_1^2}{n_1} + \frac{\sigma_2^2}{n_2}},\ \overline{X} - \overline{Y} + z_{\frac{\alpha}{2}} \cdot \sqrt{\frac{\sigma_1^2}{n_1} + \frac{\sigma_2^2}{n_2}} \right).$$

2. $\sigma_1^2 = \sigma_2^2 = \sigma^2$ 未知，均值差 $\mu_1 - \mu_2$ 的置信区间

由定理 6.4 知

$$T = \frac{(\overline{X} - \overline{Y}) - (\mu_1 - \mu_2)}{S_w \sqrt{\frac{1}{n_1} + \frac{1}{n_2}}} \sim t(n_1 + n_2 - 2),$$

其中 $S_w^2 = \dfrac{(n_1-1)S_1^2 + (n_2-1)S_2^2}{n_1 + n_2 - 2}$. 取 T 为样本函数，可得 $\mu_1 - \mu_2$ 的置信水平为 $1-\alpha$ 的置信区间为

$$\left(\overline{X} - \overline{Y} - t_{\frac{\alpha}{2}}(n_1 + n_2 - 2) \cdot S_w \sqrt{\frac{1}{n_1} + \frac{1}{n_2}},\ \overline{X} - \overline{Y} + t_{\frac{\alpha}{2}}(n_1 + n_2 - 2) \cdot S_w \sqrt{\frac{1}{n_1} + \frac{1}{n_2}} \right).$$

例 7.16　2014 年，某咨询机构欲了解某城市数字高端群体中的在校大学生和年轻白领在 48 小时内的上网时间，分别调查了 10 位在校大学生和 10 位年轻白领，获得他们的上网时间（单位：分钟）如下.

在校大学生：620　　570　　650　　600　　630　　580　　570　　600　　580　　600
年轻白领：　560　　590　　560　　570　　580　　570　　600　　550　　570　　550
设在校大学生和年轻白领上网时间都服从正态分布，且方差相同. 取置信水平为 0.95，试对在校大学生和年轻白领在 48 小时内平均上网时间之差作区间估计.

解　根据实际情况，可认为来自不同正态总体的两个样本是相互独立的，而且已知两个总体的方差相等且未知. 由题意 $1-\alpha = 0.95$，$\alpha = 0.05$，$n_1 = 10$，$n_2 = 10$. 查附表 5 得，$t_{\frac{\alpha}{2}}(n_1 + n_2 - 2)$
$= t_{0.025}(18) = 2.100\,9$. 由样本观测值计算得 $\overline{x} = 600$，$\overline{y} = 570$，$s_1^2 = \dfrac{6\,400}{9}$，$s_2^2 = \dfrac{2\,400}{9}$. 于是，

$$(\overline{x} - \overline{y}) - t_{\frac{\alpha}{2}}(n_1 + n_2 - 2)s_w \sqrt{\frac{1}{n_1} + \frac{1}{n_2}} = (600 - 570) - 2.100\,9 \times \sqrt{\frac{4\,400}{9}} \times \sqrt{\frac{1}{10} + \frac{1}{10}} \approx 50.774\,26,$$

$$(\overline{x} - \overline{y}) + t_{\frac{\alpha}{2}}(n_1 + n_2 - 2)s_w \sqrt{\frac{1}{n_1} + \frac{1}{n_2}} = (600 - 570) + 2.100\,9 \times \sqrt{\frac{4\,400}{9}} \times \sqrt{\frac{1}{10} + \frac{1}{10}} \approx 9.225\,74,$$

因此，所求 $\mu_1 - \mu_2$ 的置信水平为 0.95 的置信区间为（9.225 74，50.774 26）.

两个正态总体均值差的置信区间的意义是：若 $\mu_1 - \mu_2$ 的置信下限大于零，则可认为 $\mu_1 > \mu_2$；若 $\mu_1 - \mu_2$ 的置信上限小于零，则可认为 $\mu_1 < \mu_2$；若 $\mu_1 - \mu_2$ 的置信上限与置信下限异号，则可以认为 μ_1 与 μ_2 没有显著差异. 本例的结果表明，在校大学生的上网时间长于年轻白领的上网时间还是比较明显的.

3. 方差比 $\dfrac{\sigma_1^2}{\sigma_2^2}$ 的置信区间（μ_1, μ_2 未知）

由定理 6.4 知

$$F = \frac{S_1^2 / \sigma_1^2}{S_2^2 / \sigma_2^2} \sim F(n_1 - 1, n_2 - 1),$$

取 F 为样本函数，可得

$$P\left\{ F_{1-\frac{\alpha}{2}}(n_1 - 1, n_2 - 1) < F < F_{\frac{\alpha}{2}}(n_1 - 1, n_2 - 1) \right\} = 1 - \alpha,$$

于是，方差比 $\dfrac{\sigma_1^2}{\sigma_2^2}$ 的一个置信水平 $1-\alpha$ 的置信区间为

$$\left(\frac{1}{F_{\frac{\alpha}{2}}(n_1-1,n_2-1)} \cdot \frac{S_1^2}{S_2^2}, \frac{1}{F_{1-\frac{\alpha}{2}}(n_1-1,n_2-1)} \cdot \frac{S_1^2}{S_2^2} \right).$$

例 7.17　为了研究男女大学生在生活费支出（单位：元）上的差异，在某大学各随机地抽取了 21 名男生和 26 名女生进行调查，由其调查结果算得男生和女生生活费支出的样本方差分别为 $s_1^2=260$，$s_2^2=280$．设男女大学生的生活费支出都服从正态分布，试求两个总体方差之比 $\dfrac{\sigma_1^2}{\sigma_2^2}$ 置信水平为 0.95 的置信区间.

解　由题意，$n_1=21$，$n_2=26$，$1-\alpha=0.95$，$s_1^2=260$，$s_2^2=280$．查附表 7 得

$$F_{\frac{\alpha}{2}}(n_1-1,n_2-1)=F_{0.025}(20,25)=2.30,$$

$$F_{1-\frac{\alpha}{2}}(n_1-1,n_2-1)=F_{0.975}(20,25)=\frac{1}{F_{0.025}(25,20)}=\frac{1}{2.40},$$

所以 $\dfrac{\sigma_1^2}{\sigma_2^2}$ 的置信水平为 0.95 的置信区间为

$$\left(\frac{1}{F_{\frac{\alpha}{2}}(n_1-1,n_2-1)} \cdot \frac{s_1^2}{s_2^2}, \frac{1}{F_{1-\frac{\alpha}{2}}(n_1-1,n_2-1)} \cdot \frac{s_1^2}{s_2^2} \right)=(0.403\,73,2.228\,6)$$

两个正态总体方差比的置信区间的意义是：若 $\dfrac{\sigma_1^2}{\sigma_2^2}$ 的置信下限大于 1，则可认为 $\sigma_1^2>\sigma_2^2$；若 $\dfrac{\sigma_1^2}{\sigma_2^2}$ 的置信上限小于 1，则可认为 $\sigma_1^2<\sigma_2^2$；若 $\dfrac{\sigma_1^2}{\sigma_2^2}$ 的置信区间包含 1，则可认为 σ_1^2 与 σ_2^2 没有显著差异. 本例的结果表明，男女大学生生活费支出没有显著差异.

7.3.5　单侧置信区间

前面讨论的置信区间的置信上限和置信下限都是有限的,这种置信区间又称作**双侧置信区间**.在实际问题中,有时关心的只是未知参数的"下限"或者"上限".例如,未知参数 θ 是某种投资的收益,我们当然希望这个收益越大越好,所以关心的只是 θ 的"下限";与之相反,在考虑产品的废品率 p 时,我们当然希望这个废品率越小越好,所以关心的只是参数 p 的"上限",这就引出了单侧置信区间的概念.

定义 7.5　设总体 X 的分布中含有未知参数 θ，$X_1,X_2,\cdots,X_n$ 是取自总体 X 的一个样本,对给定的数 $\alpha(0<\alpha<1)$，若存在统计量 $\theta_L=\theta_L(X_1,X_2,\cdots,X_n)$，使得

$$P\{\theta>\theta_L\}=1-\alpha,$$

则称随机区间 $(\theta_L,+\infty)$ 是 θ 的置信水平为 $1-\alpha$ 的**单侧置信区间**，θ_L 称为 θ 的置信水平为 $1-\alpha$ 的**单侧置信下限**.

又若存在统计量 $\theta_U=\theta_U(X_1,X_2,\cdots,X_n)$，使得

$$P\{\theta<\theta_U\}=1-\alpha,$$

则称随机区间 $(-\infty,\theta_U)$ 是 θ 的置信水平为 $1-\alpha$ 的**单侧置信区间**，θ_U 称为 θ 的置信水平为 $1-\alpha$ 的**单侧置信上限**.

若总体 $X \sim N(\mu, \sigma^2)$ ， μ, σ^2 未知，设 $X_1, X_2, \cdots, X_n$ 是取自总体 X 的一个样本，根据定理6.3，

$$T = \frac{\overline{X} - \mu}{S / \sqrt{n}} \sim t(n-1) ,$$

则对给定的 $\alpha \ (0 < \alpha < 1)$ ，由 t 分布的上侧分位点的定义知，存在 $t_\alpha(n-1)$ ，使得

$$P\left\{ \frac{\overline{X} - \mu}{S / \sqrt{n}} > t_\alpha(n-1) \right\} = \alpha ,$$

于是，

$$P\left\{ \frac{\overline{X} - \mu}{S / \sqrt{n}} < t_\alpha(n-1) \right\} = 1 - \alpha ,$$

即

$$P\left\{ \mu > \overline{X} - t_\alpha(n-1) \frac{S}{\sqrt{n}} \right\} = 1 - \alpha .$$

故 μ 的置信度为 $1-\alpha$ 的单侧置信区间为

$$\left(\overline{X} - t_\alpha(n-1) \frac{S}{\sqrt{n}}, +\infty \right) ,$$

单侧置信下限为

$$\mu_L = \overline{X} - t_\alpha(n-1) \frac{S}{\sqrt{n}} .$$

又由定理6.2，

$$\chi^2 = \frac{(n-1)S^2}{\sigma^2} \sim \chi^2(n-1) ,$$

$$P\left\{ \frac{(n-1)S^2}{\sigma^2} > \chi^2_{1-\alpha}(n-1) \right\} = 1 - \alpha ,$$

即

$$P\left\{ \sigma^2 < \frac{(n-1)S^2}{\chi^2_{1-\alpha}(n-1)} \right\} = 1 - \alpha .$$

于是，方差 σ^2 的置信度为 $1-\alpha$ 的单侧置信区间 $\left(0, \frac{(n-1)S^2}{\chi^2_{1-\alpha}(n-1)} \right)$ ，单侧置信上限为 $\sigma^2_U = \frac{(n-1)S^2}{\chi^2_{1-\alpha}(n-1)}$.

例7.18 从一批某种型号的电子元件中随机抽取10个测其使用寿命（单位：kh），得样本观测值为：

$$154 \quad 146 \quad 154 \quad 148 \quad 153 \quad 155 \quad 147 \quad 149 \quad 144$$

设电子元件的使用寿命服从正态分布 $N(\mu, \sigma^2)$ ，求：（1）寿命均值 μ 的置信水平为95%的单侧置信下限；（2）寿命方差 σ^2 的置信水平为95%的单侧置信上限.

解 根据已知条件， $\alpha = 0.05$ ， $n = 9$ ， $\overline{x} = 150$ ， $s^2 = 16.5$.

（1）查附表5得， $t_{0.05}(8) = 1.8595$. 故寿命均值 μ 的置信度为95%的单侧置信区间为

$$\left(\overline{x} - t_\alpha(n-1) \frac{s}{\sqrt{n}}, +\infty \right) = \left(150 - 1.8595 \times \frac{\sqrt{16.5}}{\sqrt{9}}, +\infty \right) = (147.4822, +\infty) ,$$

单侧置信下限为 147.4822.

（2）查表6得， $\chi^2_{1-\alpha}(n-1) = \chi^2_{0.95}(8) = 2.7326$. 寿命方差 σ^2 的置信度为95%的单侧置信区间为

$$\left(0, \frac{(n-1)s^2}{\chi^2_{1-\alpha}(n-1)}\right) = \left(0, \frac{(9-1)\times 16.5}{2.732\,6}\right) = (0, 48.305\,6)$$

单侧置信上限为 48.305 6.

习题 7

7.1 设总体 X 具有概率密度

$$f(x;\theta) = \begin{cases} \dfrac{2}{\theta^2}(\theta - x), & 0 < x < \theta, \\ 0, & \text{其他}, \end{cases}$$

其中参数 θ 未知，求 θ 的矩估计量.

7.2 设总体 X 的概率密度为

$$f(x;a,b) = \begin{cases} \dfrac{1}{b-a}, & a < x < b, \\ 0, & \text{其他}, \end{cases}$$

其中 a,b 未知，求 a 与 b 的矩估计量.

7.3 设总体 X 的概率密度为

$$f(x;\mu,\theta) = \begin{cases} \dfrac{1}{\theta}\mathrm{e}^{-\frac{x-\mu}{\theta}}, & x > \mu, \\ 0, & x \leqslant \mu, \end{cases}$$

其中 μ，$\theta(\theta > 0)$ 为未知参数，试求 μ，θ 的矩估计量.

7.4 一批产品中含有次品，从中随机地取 75 件，发现有 10 件次品，试求这批产品的次品率 p 的最大似然估计值.

7.5 设总体 X 服从几何分布，其分布律为

$$P\{X = x\} = p(1-p)^{x-1}, \quad x = 1, 2, \cdots.$$

求参数 p $(0 < p < 1)$ 的最大似然估计量.

7.6 设总体 X 的概率密度为 $f(x;\sigma) = \dfrac{1}{2\sigma}\mathrm{e}^{-\frac{|x|}{\sigma}}$ $(-\infty < x < +\infty)$，其中 $\sigma > 0$ 且未知，试求 σ 的最大似然估计量 $\hat{\sigma}$.

7.7 设总体 X 服从参数为 m, p 的二项分布，其中，p $(0 < p < 1)$ 未知，m 已知，$X_1, X_2, \cdots, X_n$ 是取自总体 X 的一个样本，试求未知参数 p 的矩估计量与最大似然估计量.

7.8 设总体 X 服从参数为 λ 的指数分布，其中，$\lambda > 0$，$X_1, X_2, \cdots, X_n$ 是取自总体 X 的一个样本，试求参数 λ 的矩估计量与最大似然估计量.

7.9 设总体 X 的分布函数为

$$F(x;\alpha,\beta) = \begin{cases} 1 - \left(\dfrac{\alpha}{x}\right)^{\beta}, & x > \alpha, \\ 0, & x \leqslant \alpha, \end{cases}$$

其中参数 $\alpha > 0$，$\beta > 1$. 设 $X_1, X_2, \cdots, X_n$ 为来自总体 X 的随机样本.（1）当 $\alpha = 1$ 时，求未知参数 β 的矩估计量；（2）当 $\alpha = 1$ 时，求未知参数 β 的最大似然估计量；（3）当 $\beta = 2$ 时，求未知参数 α 的最大似然估计量.

7.10 试证习题 7.6 中 σ 的最大似然估计量 $\hat{\sigma}$ 是 σ 的无偏估计.

7.11 从总体 X 中抽取样本 X_1, X_2, X_3，已知总体服从正态分布. 证明下列三个统计量

$$\hat{\mu}_1 = X_1, \quad \hat{\mu}_2 = \frac{1}{3}(X_1 + X_2 + X_3), \quad \hat{\mu}_3 = \frac{1}{2}X_1 + \frac{1}{3}X_2 + \frac{1}{6}X_3$$

都是总体均值 $E(X) = \mu$ 的无偏估计量，并确定哪个估计量更有效.

7.12 设总体 X 的均值 μ 和方差 σ^2 都存在，$X_1, X_2, \cdots, X_n$ 为 X 的一个样本，证明：

（1）样本加权平均值 $\bar{X}^* = \sum_{i=1}^{n} c_i X_i \left(c_i \geqslant 0, \sum_{i=1}^{n} c_i = 1 \right)$ 是 μ 的无偏估计量；

（2）在 μ 的所有形如 $\bar{X}^*$ 的无偏估计量中，样本均值 $\bar{X}$ 最有效.

7.13 设 $X_1, X_2, \cdots, X_n$ 是取自总体 $X \sim N(0, \sigma^2)$ 的一个样本，其中 σ^2 未知，令 $\hat{\sigma}^2 = \frac{1}{n}\sum_{i=1}^{n} X_i^2$，试证 $\hat{\sigma}^2$ 是 σ^2 的相合估计量.

7.14 已知某铁厂的铁水的含碳量（%）在正常情况下服从正态分布，且标准差 $\sigma = 0.108$. 现测量 5 炉铁水，其含碳量分别为 4.28，4.40，4.42，4.35，4.37，试求均值 μ 的置信水平为 0.95 的置信区间.

7.15 某食盐企业用自动包装机包装食盐，设各包食盐的重量服从正态分布 $N(\mu, \sigma^2)$，某日开工后随机测得 16 包的重量（单位：g）依次为：

| 506 | 508 | 499 | 503 | 504 | 510 | 497 | 512 |
| 514 | 505 | 493 | 496 | 506 | 502 | 509 | 496 |

试求总体均值 μ 的置信水平为 0.95 的置信区间.

7.16 假设某种批量生产的配件的内径 X 服从正态分布 $N(\mu, \sigma^2)$，今随机抽取 16 个，测得平均内径为 3.05mm，样本标准差为 0.16mm，试求 μ 和 σ^2 的置信水平为 0.95 的置信区间.

7.17 某地区 2000 年分行业调查职工平均工资情况：已知体育、卫生、社会福利事业职工工资 X（单位：元）$\sim N(\mu_1, 218^2)$，从总体 X 中调查 25 人，平均工资 1 286 元；文教、艺术、广播事业职工工资 Y（单位：元）$\sim N(\mu_2, 227^2)$，从总体 Y 中调查 30 人，平均工资 1 272 元，求这两大类行业职工平均工资之差的 99% 的置信区间.

7.18 某食品加工厂有甲、乙两条加工猪肉罐头的生产线. 设罐头质量服从正态分布，且甲、乙两条生产线互不影响. 从甲生产线抽取 10 只罐头，测得其平均质量 $\bar{x} = 501$g，已知其总体标准差 $\sigma_1 = 5$g；从乙生产线抽取 20 只罐头，测得其平均质量 $\bar{y} = 498$g，已知其总体标准差 $\sigma_2 = 4$g，求甲、乙两条猪肉罐头生产线生产罐头质量的均值差 $\mu_1 - \mu_2$ 的置信水平为 0.99 的置信区间.

7.19 为了比较甲、乙两种显像管的使用寿命 X 和 Y，随机地抽取甲、乙两种显像管各 10 只，得数据 $x_1, \cdots, x_{10}$ 和 $y_1, \cdots, y_{10}$（单位：10^4h），且由此算得，$\bar{x} = 2.33$，$\bar{y} = 0.75$，$\sum_{i=1}^{10}(x_i - \bar{x})^2 = 27.5$，$\sum_{i=1}^{10}(y_i - \bar{y})^2 = 19.2$. 假定两种显像管的使用寿命均服从正态分布，且由生产过程知道它们的方差相等. 试求两个总体均值之差 $\mu_1 - \mu_2$ 的置信水平为 0.95 的置信区间.

7.20 从一批灯泡中随机地抽取 5 只做寿命试验，其寿命如下（单位：h）：

$$1050 \quad 1100 \quad 1120 \quad 1250 \quad 1280$$

已知这批灯泡寿命 $X \sim N(\mu, \sigma^2)$，求平均寿命 μ 的置信水平为 95% 的单侧置信下限.

统计推断的另一类重要问题是假设检验. 假设检验的方法是根据实际问题的需要对总体分布函数或分布函数中所含的未知参数提出某种假设, 利用样本提供的信息对所提出假设的真伪进行判断, 假设检验就是作出这一判断的过程. 假设检验分为参数检验和非参数检验. 对总体分布函数中的未知参数提出的假设进行检验称为**参数假设检验**, 对总体分布函数形式或类型的假设进行检验称为非**参数假设检验**. 本章主要介绍正态总体下参数假设检验的基本理论及常用方法, 并简单介绍总体分布函数的假设检验.

8.1 假设检验的基本概念

现实生活中, 人们经常要对某个"假设"作判断, 确定它的真伪. 在研究领域, 研究者在检验一种新的领域时, 首先要提出一种自己认为正确的看法, 即假设. 用统计语言来说, "假设"就是对总体参数的具体数值或总体分布函数的形式所作的陈述. 一个假设的提出总是以一定的理由为基础, 但这些理由通常不够充分, 因此产生了"检验"的需求, 也就是要进行判断. 例如, 在某种新药的开发过程中, 研究人员需要判断新药是否比原有药物更为有效; 在对流水线生产的罐装可乐的抽检中, 抽检人员需要通过测量罐装可乐的容量以判断流水线工作是否正常; 公司在收到货物时, 质检人员需要判断该批货物的属性是否与合同中规定的一致; 保险公司需要了解非寿险保单持有者在保单固定的有效期内, 因事故要求索赔的次数是否服从泊松分布等.

为了说明假设检验的思想和基本方法, 以一个例子进行说明.

例 8.1 有一罐装可乐生产流水线, 生产每罐的容量 X (单位: ml) 服从正态分布. 根据质量要求, 每罐的标准容量为 355ml, 由以往长期的经验, X 的标准差为 $\sigma = 5$ ml. 为了检查某日开工后生产流水线的工作是否正常, 从流水线生产的产品中随机抽取 9 罐, 测得它们的容量 (单位: ml) 为

$$363 \quad 358 \quad 363 \quad 361 \quad 353 \quad 365 \quad 352 \quad 359 \quad 357$$

试问这天生产流水线的工作是否正常?

解 回答生产流水线工作是否正常的问题相当于检验总体均值是否等于 355ml. 也就是根据已知样本信息判断 $\mu = 355$ 还是 $\mu \neq 355$. 如果 $\mu = 355$, 则认为生产流水线的工作正常; 如果 $\mu \neq 355$, 则认为生产流水线的工作不正常. 为此, 先提出下面两个对立的假设

$$H_0: \ \mu = \mu_0 = 355; \quad H_1: \ \mu \neq \mu_0 = 355.$$

检验的目的就是在 H_0 与 H_1 之间作选择. 若认为 H_0 正确, 则接受 H_0; 若认为 H_0 不正确, 则拒绝 H_0 而接受 H_1 . 对 H_0 或 H_1 的取舍是以样本数据为依据的, 即样本数据与 H_0 一致, 就不应该拒绝 H_0, 若样本数据与 H_0 相去甚远, 就应拒绝 H_0 . 那么如何确定样本数据与 H_0 是否一致呢? 由于样本均值 $\bar{X}$ 是总体均值 μ 的无偏估计, 因而 $\bar{X}$ 的观测值的大小在一定程度上反映了 μ 的大小. 从而在 H_0 成立的前提下, $|\bar{X} - \mu_0|$ 应该较小, 也就是 $\frac{|\bar{X} - \mu_0|}{\sigma / \sqrt{n}}$ 应该较小. 为此, 可以选择一个适当的常数 k ,

当 $\dfrac{|\bar{X} - \mu_0|}{\sigma / \sqrt{n}} \geqslant k$ 时，就有理由怀疑假设 H_0 的正确性，从而拒绝 H_0.

在 H_0 成立的前提下，$X \sim N(355, 5^2)$，由定理 6.1 容易得到检验统计量

$$Z = \frac{\bar{X} - \mu_0}{\sigma / \sqrt{n}} \sim N(0,1) ,$$

为了确定常数 k，首先确定一个足够小的概率 α，令

$$P\{|Z| \geqslant k\} = P\left\{\left|\frac{\bar{X} - \mu_0}{\sigma / \sqrt{n}}\right| \geqslant k\right\} = \alpha , \tag{8.1}$$

事件 $\{|Z| \geqslant k\}$ 是小概率事件，根据实际推断原理，小概率事件在一次抽样中不会发生. 如果在一次抽样中小概率事件发生了，就表明在假设 H_0 成立的前提下出现了不合理的现象，就应该拒绝（否定）假设 H_0，接受其对立假设 H_1. 反之，就接受原假设 H_0. 又根据标准正态分布 $N(0,1)$ 上 α 分位点的定义，可得 $k = z_{\frac{\alpha}{2}}$.

若取 $\alpha = 0.05$，$n = 9$，则 $z_{\frac{\alpha}{2}} = 1.96$，则式（8.1）为

$$P\left\{\frac{|\bar{X} - 355|}{5 / \sqrt{9}} \geqslant 1.96\right\} = 0.05 ,$$

括号内的事件平均 20 次抽样仅发生一次. 而由现在抽样结果算得 $\bar{x} = 359$，于是

$$|z| = \frac{|\bar{x} - 355|}{5 / \sqrt{9}} = 2.4 > 1.96 .$$

说明在一次抽样中小概率事件发生了，因此，应该拒绝（否定）假设 H_0，接受其对立假设 H_1，即认为这段时间生产流水线的工作不正常，需要检修.

如果流水线在检修之后另一段时间内又取 9 罐可乐测其容量，测得其平均容量 $\bar{x} = 356$，则有

$$|z| = \frac{|\bar{x} - 355|}{5 / \sqrt{9}} = 0.6 < 1.96 ,$$

即在本次抽样中小概率事件没有发生，这说明抽样结果与假设 H_0 不矛盾. 这时，没有理由拒绝 H_0，故应该接受假设 H_0，即认为检修之后生产流水线的工作正常.

在例 8.1 中，我们称假设 H_0 为**原假设**，称其对立假设 H_1 为**备择假设**. 假设检验的目的就是要在原假设 H_0 与备择假设 H_1 之间选择一种，即接受原假设 H_0 而拒绝备择假设 H_1，或者拒绝原假设 H_0 而接受备择假设 H_1. 在例 8.1 中，备择假设 H_1 表示 μ 在 355 的两侧，称为**双侧备择假设**，相应的检验称为**双侧检验**. 但有时候需要检验如下形式假设

$$H_0: \theta \leqslant \theta_0 \ (\theta = \theta_0) ; \quad H_1: \theta > \theta_0 ,$$

则称为**右侧备择假设**，相应的检验称为**右侧检验**；类似地，如果需要检验假设

$$H_0: \theta \geqslant \theta_0 \ (\theta = \theta_0) ; \quad H_1: \theta < \theta_0 ,$$

则称 H_1 为**左侧备择假设**，相应的检验称为**左侧检验**. 左侧检验与右侧检验统称为**单侧检验**. 是单侧检验还是双侧检验，要考虑题目的具体要求. 例如，检验某种治疗方法是否有效是单侧检验，因为只要检测是否比原方法好，而不检验是否比原方法坏. 而若检验服用某种药物后对人体有好作用还是副作用，则做双侧检验，因为既要考虑坏的情况，又要考虑好的情况. 一般地，对于双侧检验问题，不写出备择假设 H_1 不会引起混淆，所以只写出原假设 H_0 就可以了. 但对单侧检验，必须提出备择假设.

在例 8.1 中，当统计量 Z 的观测值的绝对值大于或等于 $z_{\frac{\alpha}{2}}$，即 Z 的观测值落在区间 $(-\infty, -z_{\frac{\alpha}{2}}]$ 或 $[z_{\frac{\alpha}{2}}, +\infty)$ 上时，就拒绝假设 H_0；当 Z 的观测值的绝对值小于 $z_{\frac{\alpha}{2}}$，即 Z 的观测值落在区间 $(-z_{\frac{\alpha}{2}}, z_{\frac{\alpha}{2}})$ 内

时,就接受假设 H_0. 通常称 Z 为**检验统计量**,称 $(-\infty, -z_{\frac{\alpha}{2}}] \cup [z_{\frac{\alpha}{2}}, +\infty)$ 为假设 H_0 的**拒绝域**,称 $(-z_{\frac{\alpha}{2}}, z_{\frac{\alpha}{2}})$ 为假设 H_0 的**接受域**. 也就是说,当检验统计值落在拒绝域时,拒绝原假设 H_0,当检验统计值落在接受域时,接受原假设 H_0,并称 $-z_{\frac{\alpha}{2}}$ 和 $z_{\frac{\alpha}{2}}$ 为检验统计量 Z 的**临界值**.

从上述例子的分析过程中可以看到,假设检验的推理方法可以说是建立在实际推断原理基础上的一种"反证法". 为了检验原假设 H_0 是否成立,先假定原假设 H_0 成立,然后在此基础上再看某一事件发生的可能性. 如果此假设在一次抽样中导致小概率事件发生了,则认为出现了不合理假设,这表明原假设 H_0 很可能不成立,从而应拒绝 H_0;如果原假设 H_0 没有导致上述不合理假设发生,则没有理由拒绝 H_0,只好接受 H_0. 但是,必须注意,这个反证法是带有概率性质的,它与纯数学中所使用的反证法不能完全等同. 这里所谓的"出现了不合理假设",并不是逻辑推理中出现的绝对矛盾,而是根据"**小概率事件在一次抽样中不会发生**"这样一个人们在实践中广泛采用的原理推断的结果.

由于假设检验的推理方法是建立在实际推断原理基础上的,对原假设 H_0 是否成立所做出的判断并不是绝对正确的,有可能犯下述两类错误:一类错误称为"**弃真**",是指当原假设 H_0 客观上为真时,却做出了拒绝 H_0 的决策,即犯了"以真为假"的错误,称之为**第一类错误**,犯第一类错误的概率记为 α;另一类错误称为"**取伪**",是指当原假设 H_0 实际上不真时,却做出了接受 H_0 的决策,即犯了"以假为真"的错误,称之为**第二类错误**,犯第二类错误的概率记为 β. 当然,我们总希望犯上述两类错误的概率 α 与 β 都很小,但实际上,在样本容量 n 固定时,要使 α 与 β 都很小是很难办到的. 要使 α 与 β 都很小,只有充分地增大样本容量 n 才行,而这又是实际所不允许的. 基于这种情况,一般遵循控制犯第一类错误的原则,即在控制犯第一类错误的概率不超过 α 的条件下,尽量使犯第二类错误的概率 β 减小,这是因为人们常常把拒绝 H_0 比错误地接受 H_0 看得更重要些. 这种只对犯第一类错误的概率加以控制,而不考虑犯第二类错误的假设检验,称为**显著性检验**. 在一般情形下,显著性检验的法则比较容易找到. 因此,本书中只讨论显著性检验.

在显著性检验中,如果控制犯第一类错误的概率不超过 α,则称 α 为**显著性水平**. α 的大小视具体情况而定,通常,α 取 0.1,0.05,0.01,0.005 等较小值. 必须指出,假设检验的结论与选取的显著性水平 α 有密切的关系. 如在例 8.1 中,在取显著性水平 $\alpha = 0.05$ 的情况下,做出的结论是生产流水线的工作不正常;如果改取显著性水平 $\alpha = 0.01$,则 $z_{\frac{\alpha}{2}} = 2.58$,从而

$$z = \frac{|\bar{x} - 355|}{5/\sqrt{9}} = 2.4 < 2.58,$$

即小概率事件 $|z| \geqslant 2.58$ 没有发生,这表明抽样结果与原假设 H_0 不矛盾. 这时没有理由拒绝 H_0,就应该接受 H_0,即认为这段时间生产流水线的工作正常. 由此可见,对于同一假设检验问题,在不同的显著性水平下,有可能做出不同的结论. 因此,今后在给出一个假设检验问题的结论时,必须说明其结论是在怎样的显著性水平下做出的.

综上所述,处理假设检验问题的基本步骤如下:

(1)根据实际问题的要求,提出原假设 H_0 与备择假设 H_1;

(2)根据具体情况,选取适当的显著性水平 α 及样本容量 n;

(3)选取适当的样本函数 W,并在原假设 H_0 成立的前提下,确定检验统计量 W 的概率分布;

(4)利用 W 的分布求出 W 相应于 α 和 n 的临界值及 H_0 的拒绝域;

(5)由样本观察值计算出 W 的观测值,并与临界值作比较. 若观测值落入拒绝域内,则拒绝原假设 H_0;否则不能拒绝 H_0,接受原假设 H_0.

8.2

单个正态总体的参数假设检验

在本节讨论中，假设总体 $X \sim N(\mu, \sigma^2)$，$X_1, X_2, \cdots, X_n$ 是来自总体 X 的一个样本，样本均值为 $\bar{X}$，样本方差为 S^2.

8.2.1 均值的假设检验

1. σ^2 已知时，关于 μ 的检验

先考虑双侧假设，即检验假设

$$H_0 : \mu = \mu_0, \quad H_1 : \mu \neq \mu_0 .$$

检验统计量

$$Z = \frac{\bar{X} - \mu_0}{\sigma / \sqrt{n}} \sim N(0,1) .$$

对于给定的显著性水平 α，查附表 3 可得 $z_{\frac{\alpha}{2}}$，使得 $P\left\{ \left| \frac{\bar{X} - \mu_0}{\sigma / \sqrt{n}} \right| \geq z_{\frac{\alpha}{2}} \right\} = \alpha$，因此，这一检验假设的问题的拒绝域为 $\{|z| \geq z_{\frac{\alpha}{2}}\}$，简记 $|z| \geq z_{\frac{\alpha}{2}}$. 下面涉及的简记记法不再一一写出.

根据一次抽样后得到的样本观察值 $x_1, x_2, \cdots, x_n$ 计算出 Z 的观察值 z，若 $|z| \geq z_{\frac{\alpha}{2}}$，则拒绝原假设 H_0，即认为总体均值与 μ_0 有显著差异；若 $|z| < z_{\frac{\alpha}{2}}$，则接受原假设 H_0，即认为总体均值 μ 与 μ_0 无显著差异.

如果进行右侧检验，即对假设

$$H_0 : \mu = \mu_0, \quad H_1 : \mu > \mu_0$$

检验时，检验统计量

$$Z = \frac{\bar{X} - \mu_0}{\sigma / \sqrt{n}} \sim N(0,1) .$$

对于给定的显著性水平 α，查附表 3 可得 z_α，使得 $P\left\{ \frac{\bar{X} - \mu_0}{\sigma / \sqrt{n}} \geq z_\alpha \right\} = \alpha$，因此原假设 H_0 的拒绝域为 $\{z \geq z_\alpha\}$.

如果进行右侧检验，对假设

$$H_0 : \mu \leq \mu_0, \quad H_1 : \mu > \mu_0$$

检验时，由于

$$\left\{ \frac{\bar{X} - \mu_0}{\sigma / \sqrt{n}} \geq k \right\} \subset \left\{ \frac{\bar{X} - \mu}{\sigma / \sqrt{n}} \geq k \right\},$$

注意到 $\frac{\bar{X} - \mu}{\sigma / \sqrt{n}} \sim N(0,1)$，对于给定的显著性水平 α，查附表 3 可取 $k = z_\alpha$，使得

$$P\left\{ \frac{\bar{X} - \mu_0}{\sigma / \sqrt{n}} \geq z_\alpha \right\} \leq P\left\{ \frac{\bar{X} - \mu}{\sigma / \sqrt{n}} \geq z_\alpha \right\} = \alpha .$$

此时，H_0 的拒绝域为 $\left\{ z = \frac{\bar{x} - \mu_0}{\sigma / \sqrt{n}} \geq z_\alpha \right\}$.

比较两种右侧检验假设,尽管两者原假设的形式不同,实际意义也不尽相同,但对于相同的显著水平,它们的拒绝域相同. 因此,遇到这两类问题时,可归结为一类问题来讨论. 后面将要讨论的有关正态总体的参数假设检验问题也有类似的结果.

类似地,如果进行左侧假设检验,即对假设

$$H_0 : \mu = \mu_0 \quad (\mu \geqslant \mu_0), \quad H_1 : \mu < \mu_0$$

检验时,对于给定的显著性水平 α ,检验统计量

$$Z = \frac{\overline{X} - \mu_0}{\sigma / \sqrt{n}} \sim N(0,1).$$

对于给定的显著性水平 α ,查附表 3 可得 z_α ,使得 $P\left\{ \dfrac{\overline{X} - \mu_0}{\sigma / \sqrt{n}} \leqslant -z_\alpha \right\} = \alpha$,因此原假设的拒绝域为 $\{z \leqslant -z_\alpha\}$.

上述检验所用统计量 $Z = \dfrac{\overline{X} - \mu_0}{\sigma / \sqrt{n}}$ 服从标准正态分布,称这类检验为 **Z 检验法**.

例 8.2 一手机厂家生产某种品牌的手机,已知该品牌手机的待机时间 X 服从正态分布 $N(\mu, 400)$,根据以往的生产经验,该品牌手机的平均待机时间不会超过 150 小时. 为了提高手机待机时间,厂家采用了一种新的工艺. 为了弄清楚新工艺是否真的能提高手机平均待机时间,他们测试了采用新工艺生产的 25 台手机的待机时间,其平均待机时间为 157.5 小时. 试问可否由此判定这恰是新工艺的效应,而非偶然的原因使得抽出的这 25 台手机的平均待机时间较长呢?取显著性水平为 $\alpha = 0.05$.

解 总体 $X \sim N(\mu, 400)$,根据题意可采用单侧 Z 检验. 检验假设

$$H_0 : \mu \leqslant \mu_0 = 150, \ H_1 : \mu > 150.$$

已知 $n = 25$,在 H_0 成立的前提下,检验统计量

$$Z = \frac{\overline{X} - \mu_0}{\sigma / \sqrt{n}} \sim N(0,1).$$

对于显著性水平 $\alpha = 0.05$,查附表 3 得 $z_\alpha = 1.645$. 原假设的拒绝为 $\{z \geqslant z_\alpha\} = \{z \geqslant 1.645\}$.

由 $\overline{x} = 157.5$ 计算 Z 的观测值,

$$z = \frac{\overline{x} - \mu_0}{\sigma / \sqrt{n}} = \frac{157.5 - 150}{20 / \sqrt{25}} = 1.875.$$

由于 $z = 1.875 > z_\alpha = 1.645$. 从而否定原假设 H_0 ,接受备择假设 H_1 ,即认为新工艺事实上提高了手机的平均待机时间.

2. σ^2 未知时,关于 μ 的检验

在 σ^2 未知条件下检验假设

$$H_0 : \mu = \mu_0, \quad H_1 : \mu \neq \mu_0.$$

此时不能选用 $Z = \dfrac{\overline{X} - \mu_0}{\sigma / \sqrt{n}}$ 作为检验统计量了. 注意到 S^2 是 σ^2 的无偏估计,因此以 S 代替 σ ,采用

$$T = \frac{\overline{X} - \mu_0}{S / \sqrt{n}}$$

作为检验统计量. 当 H_0 为真时,由定理 6.3 可得

$$T = \frac{\overline{X} - \mu_0}{S / \sqrt{n}} \sim t(n-1).$$

对于给定的显著性水平 α，查附表 5 可得 $t_{\frac{\alpha}{2}}(n-1)$，使得 $P\left\{\dfrac{|\overline{X}-\mu_0|}{S/\sqrt{n}} \leqslant t_{\frac{\alpha}{2}}(n-1)\right\} = \alpha$，因此原假设的拒绝域为 $\{|t| \geqslant t_{\frac{\alpha}{2}}(n-1)\}$.

类似于 σ^2 已知情形的讨论，可得右侧检验

$$H_0: \mu = \mu_0 \quad (\mu \leqslant \mu_0), \quad H_1: \mu > \mu_0$$

的拒绝域为 $\{t \geqslant t_{\alpha}(n-1)\}$.

左侧检验

$$H_0: \mu = \mu_0 \quad (\mu \geqslant \mu_0), \quad H_1: \mu < \mu_0$$

的拒绝域为 $\{t \leqslant -t_{\alpha}(n-1)\}$.

上述检验所用检验统计量服从 t 分布，称这类检验为 **T 检验法**.

例 8.3 某车床加工一种零件，要求长度为 50mm，今从一大批加工后的这种零件中随机抽查了 9 件，测得其长度（单位：mm）如下：

$$49.6 \quad 49.3 \quad 50.1 \quad 50.0 \quad 49.2 \quad 49.9 \quad 49.8 \quad 51.0 \quad 50.2.$$

设零件的长度服从正态分布，问这批零件是否合格？（$\alpha = 0.05$）

解 由于 σ^2 未知，采用 T 检验法. 检验假设

$$H_0: \mu = \mu_0 = 50, \, H_1: \mu \neq 50.$$

检验统计量

$$T = \frac{\overline{X} - \mu_0}{S/\sqrt{n}} \sim t(n-1).$$

对于显著性水平 $\alpha = 0.05$，查附表 5，得 $t_{0.025}(8) = 2.306$，拒绝域为 $|t| \geqslant t_{0.025}(8) = 2.306$.

由样本值可计算 T 的观测值

$$|t| = \frac{|\overline{x} - 50|}{s/\sqrt{n}} = 0.56 < 2.036 = t_{0.025}(8),$$

故应接受 H_0，即在显著性水平 $\alpha = 0.05$ 下认为这批零件是合格品.

8.2.2 总体方差的假设检验

1. μ 已知时，关于 σ^2 的检验

在 μ 已知的条件下，考虑检验假设

$$H_0: \sigma^2 = \sigma_0^2, H_1: \sigma^2 \neq \sigma_0^2.$$

其中 σ_0 为已知常数.

由于

$$\chi^2 = \frac{1}{\sigma_0^2} \sum_{i=1}^{n} (X_i - \mu)^2 \sim \chi^2(n),$$

对于给定的显著性水平 α，查附表 6 可得 $\chi_{1-\frac{\alpha}{2}}^2(n)$ 与 $\chi_{\frac{\alpha}{2}}^2(n)$，使得

$$P\left\{\chi_{1-\frac{\alpha}{2}}^2(n) < \frac{1}{\sigma_0^2} \sum_{i=1}^{n} (X_i - \mu)^2 < \chi_{\frac{\alpha}{2}}^2(n)\right\} = 1 - \alpha,$$

即

$$P\left\{\frac{1}{\sigma_0^2} \sum_{i=1}^{n} (X_i - \mu)^2 \leqslant \chi_{1-\frac{\alpha}{2}}^2(n)\right\} \cup \left\{\frac{1}{\sigma_0^2} \sum_{i=1}^{n} (X_i - \mu)^2 \geqslant \chi_{\frac{\alpha}{2}}^2(n)\right\} = \alpha.$$

从而得到 H_0 的拒绝域为 $\{\chi^2 \leqslant \chi^2_{1-\frac{\alpha}{2}}(n)\}$ 或 $\{\chi^2 \geqslant \chi^2_{\frac{\alpha}{2}}(n)\}$.

2. μ 未知时，关于 σ^2 的检验

在 μ 未知条件下，检验假设

$$H_0 : \sigma^2 = \sigma_0^2 , \quad H_1 : \sigma^2 \neq \sigma_0^2 .$$

其中 σ_0 为已知常数.

由于 S^2 是 σ^2 的无偏估计量，当 H_0 成立时，观察值 s^2 与 σ_0^2 的比值 $\dfrac{s^2}{\sigma_0^2}$ 应在 1 的附近摆动，不应该出现过分大于 1 或过分小于 1 的情形. 由定理 6.2 可知，检验统计量

$$\chi^2 = \frac{n-1}{\sigma_0^2} S^2 \sim \chi^2(n-1) ,$$

对于给定的显著性水平 α，查附表 6 得 $\chi^2_{1-\frac{\alpha}{2}}(n-1)$ 与 $\chi^2_{\frac{\alpha}{2}}(n-1)$，使得

$$P\{\chi^2_{1-\frac{\alpha}{2}}(n-1) < \chi^2 < \chi^2_{\frac{\alpha}{2}}(n-1)\} = 1 - \alpha .$$

由此得 H_0 的拒绝域为 $\{\chi^2 \leqslant \chi^2_{1-\frac{\alpha}{2}}(n-1)\}$ 或 $\{\chi^2 \geqslant \chi^2_{\frac{\alpha}{2}}(n-1)\}$.

上述检验所使用的统计量服从 χ^2 分布，这种检验法称为 **χ^2 检验法**.

类似地，可以讨论关于 σ^2 的单侧检验，其检验假设及相应拒绝域见附表 2.

例 8.4 政府部门对某住宅小区住户的消费情况进行调查，从调查报告中随机抽取 26 户，其每年开支除去税款和住宅费用（单位：万元）以外，计算得到其消费数据的方差 $s^2 = 92$. 根据历史资料可知，小区住户消费数据服从方差 $\sigma^2 = 50$ 的正态分布. 根据这一数据能否推断小区住户消费数据的波动性较以往的有显著性的变化？（$\alpha = 0.02$）

解 这是一个双侧检验. 依题意，需检验假设

$$H_0 : \sigma^2 = \sigma_0 = 50 , \quad H_1 : \sigma^2 \neq 50 .$$

已知 $n = 26$，μ 未知. 选择的检验统计量为

$$\chi^2 = \frac{n-1}{\sigma_0^2} S^2 \sim \chi^2(n-1) .$$

对于显著性水平 $\alpha = 0.02$，查附表 6 得 $\chi^2_{0.99}(25) = 11.524\,0$，$\chi^2_{0.01}(25) = 44.314\,1$. 由观察值 $s^2 = 92$ 得 $\chi^2 = \dfrac{(n-1)s^2}{\sigma_0^2} = 46 > 44.314\,1$，观察值 χ^2 落在拒绝域内，故拒绝 H_0，即认为所有住户的消费数据的波动性较以往有显著性的变化.

在实际问题中，有时需要对均值 μ 和方差 σ^2 同时进行检验.

例 8.5 某食盐厂用一台包装机包装食盐，每袋重量 X（单位：g）服从正态分布. 在机器正常工作的情况下，生产袋装食盐的平均重量为 500g，标准差不超过 5g. 为了检查某日开工后机器工作是否正常，从包装的产品中随机抽取 9 袋，测得它们的重量（单位：g）为

495　500　505　506　497　508　497　499　502,

试问这天包装机工作是否正常？（$\alpha = 0.05$）

解 首先考虑检验假设

$$H_0 : \mu = \mu_0 = 500 , \quad H_1 : \mu \neq 500 .$$

这里 $n = 9$，σ 未知. 选取的检验统计量

$$T = \frac{\overline{X} - \mu_0}{S / \sqrt{n}} = \frac{\overline{X} - 500}{S / \sqrt{9}} \sim t(n-1) .$$

对于显著性水平 $\alpha = 0.05$，查附表 4 得 $t_{0.025}(8) = 2.306\,0$，拒绝域为 $|t| \geqslant t_{0.025}(8) = 2.306\,0$．

由样本观测值可求得 $\bar{x} = 501$，$s^2 = 20.50$，检验统计量 T 的观测值 $t = \dfrac{501-500}{\sqrt{20.50}\,/\,\sqrt{9}} \approx 0.662\,59$．由于 $|t| = 0.662\,59 < 2.306\,0 = t_{\frac{\alpha}{2}}(n-1)$．因此，接受假设 H_0，即认为自动生产线没有系统误差．

其次，再检验假设

$$H_0: \sigma^2 \leqslant 25, \quad H_1: \ \sigma^2 > 25.$$

注意 μ 未知，$\sigma_0^2 = 25$．选取检验统计量

$$\chi^2 = \frac{n-1}{\sigma_0^2}S^2 \sim \chi^2(n-1).$$

对于给定的 $\alpha = 0.05$，查附表 5 得 $\chi_\alpha^2(n-1) = \chi_{0.05}^2(8) = 15.507\,3$．由样本值计算的观测值

$$\chi^2 = \frac{n-1}{\sigma_0^2}s^2 = \frac{8 \times 20.5}{25} = 6.56.$$

从而有 $\chi^2 < \chi_{0.05}^2(8)$，故接受假设 H_0，即认为自动生产线工作稳定，未出现系统偏差．

综上所述，可以认为自动生产线工作正常．

8.3 两个正态总体的参数假设检验

在实际问题中，人们常常需要对两个总体的某个或某些参数进行比较．如，为了决定在甲、乙两个企业中选择一个购买一批电子产品，需要比较这两个企业生产的电子产品的寿命均值和方差，通常会选择寿命均值大的而方差小的电子产品；在考虑两种不同的投资方式时，需要比较两种方式下资金的平均利润，选择平均利润高、风险小的投资方式等．本节讨论用以比较两个正态总体的均值和方差的假设检验．

在本节的讨论中，设 $X \sim N(\mu_1, \sigma_1^2)$，$Y \sim N(\mu_2, \sigma_2^2)$，样本 $X_1, X_2, \cdots, X_{n_1}$ 与样本 $Y_1, Y_2, \cdots, Y_{n_2}$ 分别取自总体 X 和总体 Y 且两个样本相互独立，$\bar{X}$ 与 $\bar{Y}$ 分别为相应的样本均值，S_1^2 与 S_2^2 分别为相应的样本方差．

8.3.1 两个正态总体均值差的假设检验

1. 方差 σ_1^2 与 σ_2^2 已知时，均值差 $\mu_1 - \mu_2$ 的假设检验

给定显著性水平 α，检验假设

$$H_0: \mu_1 - \mu_2 = \mu_0, \quad H_1: \mu_1 - \mu_2 \neq \mu_0.$$

其中 μ_0 为已知常数．

在 H_0 成立的条件下，检验统计量

$$Z = \frac{\bar{X} - \bar{Y} - \mu_0}{\sqrt{\dfrac{\sigma_1^2}{n_1} + \dfrac{\sigma_2^2}{n_2}}} \sim N(0,1),$$

查附表 3 得 $z_{\frac{\alpha}{2}}$，使得 $P\{|Z| \geqslant z_{\frac{\alpha}{2}}\} = \alpha$，从而得到 H_0 的拒绝域为 $\{|z| \geqslant z_{\frac{\alpha}{2}}\}$．

2. 方差 $\sigma_1^2 = \sigma_2^2 = \sigma^2$ 未知时，均值差 $\mu_1 - \mu_2$ 的假设检验

要检验假设

$$H_0: \mu_1 - \mu_2 = \mu_0, H_1: \mu_1 - \mu_2 \neq \mu_0.$$

其中 μ_0 为已知常数.

在 H_0 成立的条件下，检验统计量

$$T = \frac{\bar{X} - \bar{Y} - \mu_0}{S_w \sqrt{\frac{1}{n_1} + \frac{1}{n_2}}} \sim t(n_1 + n_2 - 2),$$

其中 $S_w^2 = \dfrac{(n_1-1)S_1^2 + (n_2-1)S_2^2}{n_1 + n_2 - 2}$，$S_w = \sqrt{S_w^2}$.

对于给定的显著性水平 α，查附表 5 可得 $t_{\frac{\alpha}{2}}(n_1 + n_2 - 2)$，使得 $P\{|T| \leqslant t_{\frac{\alpha}{2}}(n_1 + n_2 - 2)\} = 1 - \alpha$，因此原假设的拒绝域为 $\{|T| \geqslant t_{\frac{\alpha}{2}}(n_1 + n_2 - 2)\}$.

例 8.6 某公司对男、女职员的周薪进行调查，其周薪 X, Y 分别服从正态分布 $N(\mu_1, \sigma_1^2)$，$N(\mu_2, \sigma_2^2)$，已知他们周薪的标准差分别为 84 元和 96 元，现从公司随机抽取男、女职员各 60 人，统计得知，男职员平均周薪为 1295 元，女职员平均周薪为 1230 元，能否认为男、女职员的周薪无显著差异？ $(\alpha = 0.05)$

解 本题 σ_1^2，σ_2^2 已知，在显著性水平 $\alpha = 0.05$ 下，检验假设

$$H_0: \mu_1 = \mu_2, \, H_1: \mu_1 \neq \mu_2.$$

检验统计量

$$Z = \frac{(\bar{X} - \bar{Y})}{\sqrt{\frac{\sigma_1^2}{n_1} + \frac{\sigma_2^2}{n_2}}} \sim N(0, 1).$$

拒绝域为 $|z| \geqslant z_{\frac{\alpha}{2}} = z_{0.025} = 1.96$.

由已知条件可求得检验统计量的观察值，

$$|z| = \frac{|\bar{x} - \bar{y}|}{\sqrt{\frac{\sigma_1^2}{n_1} + \frac{\sigma_1^2}{n_2}}} = \frac{|1295 - 1230|}{\sqrt{\frac{84^2}{60} + \frac{96^2}{60}}} = 3.95 > 1.96,$$

故应拒绝 H_0，即认为男、女职员的周薪有显著差异.

例 8.7 某地某年高考后随机抽得 15 名男生、12 名女生的物理考试成绩如下.

男生：49 48 47 53 51 43 39 57 56 46 42 44 55 44 40

女生：46 40 47 51 43 36 43 38 48 54 48 34

假设男、女生的物理考试成绩服从正态分布，且方差不变，试在 $\alpha = 0.05$ 的显著水平下推断男、女生物理考试成绩有无显著性差异.

解 这里方差 $\sigma_1^2 = \sigma_2^2 = \sigma^2$，需要检验假设

$$H_0: \mu_1 = \mu_2, \, H_1: \mu_1 \neq \mu_2.$$

检验统计量

$$T = \frac{\bar{X} - \bar{Y}}{S_w \sqrt{\frac{1}{n_1} + \frac{1}{n_2}}} \sim t(n_1 + n_2 - 2).$$

拒绝域为 $|T| \geqslant t_{\frac{\alpha}{2}}(n_1 + n_2 - 2)$.

由样本值可计算得

$$n_1 = 15, \quad \bar{x} = 47.6, \quad (n_1 - 1)s_1^2 = \sum_{i=1}^{15} (x_i - \bar{x})^2 = 469.6,$$

$$n_2 = 12, \quad \overline{y} = 44, \quad (n_2 - 1)s_2^2 = \sum_{i=1}^{12} (y_i - \overline{y})^2 = 412.$$

从而有

$$s_w = \sqrt{\frac{(n_1 - 1)s_1^2 + (n_2 - 1)s_2^2}{n_1 + n_2 - 2}} = \sqrt{\frac{469.6 + 412}{25}} \approx 5.938\,3,$$

于是

$$|t| = \frac{|\overline{x} - \overline{y}|}{S_w \sqrt{\frac{1}{n_1} + \frac{1}{n_2}}} = \frac{|47.6 - 44|}{5.94 \sqrt{\frac{1}{15} + \frac{1}{12}}} = 1.566.$$

对给定的显著性水平 $\alpha = 0.05$，查附表 5 得，$t_{\frac{\alpha}{2}}(n_1 + n_2 - 2) = t_{0.025}(25) = 2.059\,5.$ 因为 $|t| = 1.556 \leqslant$ $2.060 = t_{0.025}(25)$，从而接受假设 H_0，即认为这一地区男、女生的物理考试成绩没有差异.

如果在例 8.7 中要推断男生物理考试成绩是否比女生物理考试成绩好，则需要检验假设

$$H_0: \mu_1 \geqslant \mu_2, \quad H_1: \mu_1 < \mu_2.$$

这是单侧检验问题. 关于单侧检验的拒绝域见附表 2.

8.3.2 两个正态总体方差相等的假设检验

1. 均值 μ_1 与 μ_2 已知时，方差比 $\frac{\sigma_1^2}{\sigma_2^2}$ 的假设检验

这里需要检验假设

$$H_0: \sigma_1^2 = \sigma_2^2, \quad H_1: \sigma_1^2 \neq \sigma_2^2.$$

在 H_0 成立的条件下，检验统计量

$$F = \frac{n_2 \sum_{i=1}^{n_1} (X_i - \mu_1)^2}{n_1 \sum_{i=1}^{n_2} (Y_i - \mu_2)^2} \sim F(n_1, n_2).$$

对于给定的显著性水平 α，查附表 7 得 $F_{1-\frac{\alpha}{2}}(n_1, n_2)$ 与 $F_{\frac{\alpha}{2}}(n_1, n_2)$，使得

$$P\{F_{1-\frac{\alpha}{2}}(n_1, n_2) < F < F_{\frac{\alpha}{2}}(n_1, n_2)\} = 1 - \alpha,$$

即

$$P\{F \leqslant F_{1-\frac{\alpha}{2}}(n_1, n_2) \bigcup F \geqslant F_{\frac{\alpha}{2}}(n_1, n_2)\} = \alpha.$$

从而得 H_0 的拒绝域为

$$\{F \leqslant F_{1-\frac{\alpha}{2}}(n_1, n_2) \text{ 或 } F \geqslant F_{\frac{\alpha}{2}}(n_1, n_2)\}.$$

注意到 $F_{1-\frac{\alpha}{2}}(n_1, n_2) = \dfrac{1}{F_{\frac{\alpha}{2}}(n_1, n_2)}$，所以 H_0 的拒绝域可写成

$$\left\{F \leqslant \frac{1}{F_{\frac{\alpha}{2}}(n_2, n_1)}\right\} \text{ 或 } \{F \geqslant F_{\frac{\alpha}{2}}(n_1, n_2)\}.$$

2. 均值 μ_1 与 μ_2 未知时，方差比 $\frac{\sigma_1^2}{\sigma_2^2}$ 的假设检验

在均值 μ_1 与 μ_2 已知，检验假设

$$H_0: \sigma_1^2 = \sigma_2^2, \quad H_1: \sigma_1^2 \neq \sigma_2^2.$$

由于 S_1^2 与 S_2^2 分别是 σ_1^2 与 σ_2^2 的无偏估计量，若 H_0 成立，即 $\dfrac{\sigma_1^2}{\sigma_2^2}=1$，则 $\dfrac{S_1^2}{S_2^2}$ 接近于 1. 若 $\dfrac{S_1^2}{S_2^2}$ 偏离 1 较大，则不能认为 $\sigma_1^2=\sigma_2^2$. 由定理 6.4 可知

$$\frac{S_1^2/\sigma_1^2}{S_2^2/\sigma_2^2} \sim F(n_1-1,n_2-1).$$

特别在 H_0 成立的条件下，有

$$F=\frac{S_1^2}{S_2^2} \sim F(n_1-1,n_2-1),$$

于是可选 F 作为检验统计量.

对于给定的显著性水平 α，查附表 7 得 $F_{1-\frac{\alpha}{2}}(n_1-1,n_2-1)$ 与 $F_{\frac{\alpha}{2}}(n_1-1,n_2-1)$，使得

$$P\{F \leqslant F_{1-\frac{\alpha}{2}}(n_1-1,n_2-1) \cup F \geqslant F_{\frac{\alpha}{2}}(n_1-1,n_2-1)\}=\alpha,$$

由此得 H_0 的拒绝域为

$$\{F \leqslant F_{1-\frac{\alpha}{2}}(n_1-1,n_2-1)\} \text{ 或 } \{F \geqslant F_{\frac{\alpha}{2}}(n_1-1,n_2-1)\},$$

或写成

$$\left\{F \leqslant \frac{1}{F_{\frac{\alpha}{2}}(n_1-1,n_2-1)}\right\} \text{ 或 } \{F \geqslant F_{\frac{\alpha}{2}}(n_1-1,n_2-1)\}.$$

上述检验所用检验统计量服从 F 分布，这种检验法称为 **F 检验法**.

类似地，可以讨论关于方差比的单侧检验，其检验假设及相应拒绝域见附表 2.

例 8.8 为比较甲、乙两种安眠药的疗效，将 20 名患者分成两组，每组 10 人，如服药后延长的睡眠时间分别服从正态分布，其数据（单位：小时）如下.

甲：5.5　4.6　4.4　3.4　1.9　1.6　1.1　0.8　0.1　-0.1
乙：3.7　3.4　2.0　2.0　0.8　0.7　0　-0.1　-0.2　-1.6

问在显著性水平 $\alpha=0.05$ 下，两种药的疗效有无显著差别？

解 设甲药服后延长的睡眠时间 $X \sim N(\mu_1,\sigma_1^2)$，乙药服后延长的睡眠时间 $Y \sim N(\mu_2,\sigma_2^2)$，其中 μ_1，μ_2，σ_1^2，σ_2^2 均为未知. 这里需要检验的是 $\mu_1=\mu_2$，但是不知道两个总体的方差是否相等，因此需要先检验假设

$$H_0:\sigma_1^2=\sigma_2^2, \quad H_1:\sigma_1^2 \neq \sigma_2^2.$$

选取的检验统计量

$$F=\frac{S_1^2}{S_2^2} \sim F(n_1-1,n_2-1).$$

对显著性水平 $\alpha=0.05$，$n_1=10$，$n_2=10$，查附表 7，得

$$F_{\frac{\alpha}{2}}(n_1-1,n_2-1)=F_{0.025}(9,9)=4.03,$$

$$F_{1-\frac{\alpha}{2}}(n_1-1,n_2-1)=F_{0.975}(9,9)=\frac{1}{F_{0.025}(9,9)}=\frac{1}{4.03} \approx 0.2481.$$

又因 $F=\dfrac{s_1^2}{s_2^2}=\dfrac{4.01}{3.2}=1.2531$. 由于 $0.2481<F=1.2531<4.03$，故接受假设 H_0，即认为 $\sigma_1^2=\sigma_2^2$.

再检验假设

$$H_0':\mu_1=\mu_2, \quad H_1':\mu_1 \neq \mu_2.$$

选取的检验统计量

$$T = \frac{\overline{X} - \overline{Y}}{S_w \sqrt{\frac{1}{n_1} + \frac{1}{n_2}}} \sim t(n_1 + n_2 - 2),$$

由 $\alpha = 0.05$，$n_1 = 10$，$n_2 = 10$，查附表 7，得

$$t_{\frac{\alpha}{2}}(n_1 + n_2 - 2) = t_{0.025}(18) = 2.100\,9.$$

由样本观察值可求得

$$|t| = \frac{|\overline{x} - \overline{y}|}{S_w \sqrt{\frac{1}{n_1} + \frac{1}{n_2}}} = \frac{|2.33 - 0.75|}{1.899\sqrt{\frac{1}{10} + \frac{1}{10}}} = 1.860\,4.$$

因为 $|1.86| < 2.100\,9 = t_{0.025}(18)$，故接受原假设 H_0'，即认为两种安眠药疗效无显著差异，两种药物延长睡眠的平均时间上的差异可以认为由随机因素引起，而不是系统的偏差.

8.4 | 分布假设检验

前面介绍的各种统计假设的检验方法，常常假设总体服从正态分布，再由样本对分布参数进行检验. 但在实际问题中，有时不知道总体服从什么类型的分布，这时需要对总体的分布提出某种假设，根据总体的一个样本检验此假设是否成立，即所谓的**分布假设检验**. 本节介绍 χ^2 拟合检验法，并用它讨论理论分布完全已知和含未知参数两种情形下的分布假设检验问题.

设总体 X 的分布函数为 $F(x)$. $X_1, X_2, \cdots, X_n$ 是取自总体 X 的一个样本. 考虑检验假设

$$H_0 : F(x) = F_0(x), \quad H_1 : F(x) \neq F_0(x),$$

其中，$F_0(x)$ 是不含任何未知参数的已知函数.

在 H_0 成立的前提下，首先将总体 X 的取值范围分成 k 个互不相交的子集 $A_1, A_2, \cdots, A_k$，并由分布函数 $F_0(x)$ 计算 X 在 A_i 中取值的概率 p_i. 其中，k 的取值视具体情况而定，一般要求每个子集所含样本值的个数不小于 5. 其次，统计样本观测值 $x_1, x_2, \cdots, x_n$ 中落在 A_i 的个数 n_i 及频率 $\frac{n_i}{n}$. 最后，由概率与频率之间的关系可知，当 n 充分大时，频率 $\frac{n_i}{n}$ 与概率 p_i 理应接近，故用概率与频率偏差的加权平方和

$$\sum_{i=1}^{k} C_i \left(\frac{n_i}{n} - p_i \right)^2 \tag{8.2}$$

这个统计量来度量样本与 H_0 中所假设的分布的吻合程度，其中，C_i 为给定常数. 皮尔逊证明，如果选取 $C_i = \dfrac{n}{p_i}$，则由式（8.2）定义的统计量具有下述定理 8.1 的性质. 于是，采用

$$\chi^2 = \sum_{i=1}^{k} \frac{n}{p_i} \left(\frac{n_i}{n} - p_i \right)^2 = \sum_{i=1}^{k} \frac{(n_i - np_i)^2}{np_i} \tag{8.3}$$

作为检验统计量.

定理 8.1 如果原假设 H_0 成立，则当样本容量 $n \to \infty$ 时，统计量 χ^2 的分布趋于自由度为 $k-1$ 的 χ^2 分布，即统计量 χ^2 的极限分布为 $\chi^2(k-1)$.

根据该定理，对给定的显著性水平 α，查附表 6 可得 $\chi_\alpha^2(k-1)$，使得

$$P\{\chi^2 > \chi_\alpha^2(k-1)\} = \alpha,$$

所以，H_0 的拒绝域为 $\{\chi^2 > \chi_\alpha^2(k-1)\}$.

若由所给的样本值 $x_1, x_2, \cdots, x_n$ 算得统计量 χ^2 的实测值落入拒绝域，则小概率事件发生了，应拒绝原假设 H_0，即认为总体的分布函数 $F(x)$ 与已知分布函数 $F_0(x)$ 有显著差异；若 χ^2 的观测值小于 $\chi_\alpha^2(k-1)$，则接受原假设 H_0，即认为总体的分布函数 $F(x)$ 与已知分布函数 $F_0(x)$ 无显著差异.

如果 $F_0(x)$ 中含有 r 个未知参数 $\theta_1, \theta_2, \cdots, \theta_r$，即总体 X 的分布函数为 $F(x; \theta_1, \theta_2, \cdots, \theta_r)$，那么先求出 $\theta_1, \theta_2, \cdots, \theta_r$ 的最大似然估计值 $\hat{\theta}_1, \hat{\theta}_2, \cdots, \hat{\theta}_r$，再求出相应的概率 p_i 的估计值 $\hat{p}_i = P\{X \in A_i\}$. 当 n 充分大时，可以证明统计量

$$\chi^2 = \sum_{i=1}^{k} \frac{(n_i - n\hat{p}_i)^2}{n\hat{p}_i}$$

近似服从 $\chi^2(k-r-1)$ 分布. 这时检验假设

$$H_0 : F(x) = F_0(x; \theta_1, \theta_2, \cdots, \theta_r)$$

的拒绝域为 $\{\chi^2 > \chi_\alpha^2(k-r-1)\}$.

上述分布假设检验的方法称为 χ^2 **拟合检验法**. 在用 χ^2 拟合检验法进行分布假设检验时，根据实践经验，要求样本容量 $n \geq 50$，且要求每个子集的 $np_i \geq 5$. 若 $np_i < 5$，则应适当合并 A_k 以满足此要求，此时应注意相应地减少自由度.

例 8.9 在一个陀螺的圆周上均匀地刻上区间 $[0, 10)$ 上的诸值，旋转这个陀螺，当它停止时，其边周与地板的接触点是一个随机变量. 旋转 100 次，触地点落在 $[0, 10)$ 的 10 个等分区间上的频数见表 8-1.

表 8-1

[0,1)	[1,2)	[2,3)	[3,4)	[4,5)	[5,6)	[6,7)	[7,8)	[8,9)	[9,10)
9	7	11	13	10	6	8	15	9	12

问这个陀螺是否匀称？ $(\alpha = 0.05)$

解 记 X 表示陀螺边周与地板的接触点，且其概率密度为 $f(x)$，按题意，需要检验假设

$$H_0 : \quad f(x) = \begin{cases} \dfrac{1}{10}, & 0 \leq x < 10, \\ 0, & \text{其他.} \end{cases}$$

用 χ^2 拟合检验法检验. 在 H_0 成立的条件下，X 落在每个小区间 $[i, i+1]$ 上的概率为

$$p_i = P\{i \leq X < i+1\} = \int_i^{i+1} 1 \mathrm{d}x = \frac{1}{10}, \quad i = 1, 2, \cdots, 10.$$

由题意可求得检验统计量的观测值为

$$\chi^2 = \sum_{i=1}^{10} \frac{(n_i - np_i)^2}{np_i} = \frac{(9-10)^2}{10} + \frac{(7-10)^2}{10} + \cdots + \frac{(12-10)^2}{10} = 7.$$

对给定的显著性水平 $\alpha = 0.05$，查附表 5，可得 $\chi_\alpha^2(k-1) = \chi_\alpha^2(9) = 16.92 > 7$. 故应接受原假设 H_0，即在显著性水平 $\alpha = 0.05$ 下，认为陀螺是匀称的.

例 8.10 某城市消防部门统计了 2014 年 1 月 1 日至 2014 年 4 月 10 日每天接到报警的次数，得到数据见表 8-2.

表 8-2

i	0	1	2	3	4	5	6	7	8	9	10	11	≥ 12
n_i	6	5	16	17	21	11	9	9	2	1	2	1	0

其中 n_i 表示一天报警有 i 次的天数，试问该期间报警次数是否服从泊松分布？（显著性水平 $\alpha = 0.05$）

解 根据题意，需要检验假设

$$H_0: \quad P\{x=i\} = \frac{\lambda^i}{i!}\mathrm{e}^{-\lambda}, \quad i = 0, 1, 2, \cdots.$$

其中 λ 为未知参数. 由最大似然估计法可求得

$$\hat{\lambda} = \bar{x} = \frac{1}{n}\sum_{i=0}^{n}in_i = \frac{1}{100}\sum_{i=0}^{11}in_i = 4.$$

当 H_0 成立时，X 的所有可能取值为 0，1，2，$\cdots$，将这些取值按表 8-3 分成两两互不相容的子集 $A_1, A_2, \cdots, A_{12}$，则

$$\hat{p}_i = \frac{\hat{\lambda}^i}{i!}\mathrm{e}^{-\hat{\lambda}} = \frac{4^i}{i!}\mathrm{e}^{-4}, \quad n\hat{p}_i = 100 \times \frac{4^i}{i!}\mathrm{e}^{-4}, \quad i = 0, 1, 2, \cdots, 12.$$

将计算结果列于表 8-3 中，并将 $n\hat{p}_i$ 小于 5 的组予以合并，合并后的组数 $k = 8$.

表 8-3

i	A_i	n_i	$n\hat{p}_i$		n_i^2 / np_i
0	A_0	6	1.831 6		13.212 8
1	A_1	5	7.326 3	$\}$ 9.157 9	
2	A_2	16	14.652 5		17.471 4
3	A_3	17	19.536 7		14.792 7
4	A_4	21	19.536 7		22.572 9
5	A_5	11	15.629 3		7.741 8
6	A_6	9	10.419 6		7.773 8
7	A_7	9	5.954 0		13.604 2
8	A_8	2	2.977 0		
9	A_9	1	1.323 1		
10	A_{10}	2	0.529 2	$\}$ 5.113 4	7.040 4
11	A_{11}	1	0.192 5		
$\geqslant 12$	A_{12}	0	0.091 5		
Σ		100	100		104.210 1

由此可得

$$\chi^2 = \sum_{i=1}^{8}\frac{(n_i - n\hat{p}_i)^2}{n\hat{p}_i} = \sum_{i=1}^{8}\frac{n_i^2}{n\hat{p}_i} - n = 104.210\,1 - 100 = 4.210\,1.$$

由于要估计参数的个数 $r = 1$，所以检验统计量 χ^2 的自由度为 $k - r - 1 = 6$.

对于给定的显著性水平 $\alpha = 0.05$，查附表 5，可确定 $\chi^2_\alpha(k-r-1) = \chi^2_{0.05}(6) = 12.591\,6$，从而假设 H_0 的拒绝域为 $\{\chi^2 \geqslant 12.591\,6\}$.

又因为 $\chi^2 = 4.210\,1 < 12.591\,6$，所以接受假设 H_0，即认为 X 服从参数为 4 的泊松分布.

例 8.11 某医疗机构为研究 5～8 岁儿童的身体发育情况，而将其身高（单位：cm）作为总体 X，为此随机抽检了 65 名儿童，测得其身高的数据如下：

100	130	120	138	110	115	134	120	122	110	141	141	130
120	115	162	130	130	147	122	120	131	110	129	106	117
138	124	122	126	120	142	110	128	120	124	140	114	118
110	119	132	125	131	112	148	108	107	117	120	110	141

| 121 | 130 | 119 | 121 | 132 | 126 | 117 | 98 | 115 | 123 | 96 | 110 | 139 |

试检验 5～8 岁儿童的身高 X 是否服从正态分布？（显著性水平 $\alpha = 0.05$）

解 依据题意，需在显著性水平 $\alpha = 0.05$ 下，检验假设

$$H_0: \quad X \sim N(\mu, \sigma^2).$$

本题中 $n = 65$，可使用 χ^2 拟合检验法. 因为在 H_0 中未给出参数 μ, σ^2 的值，需先在 H_0 成立的条件下求出它们的最大似然估计值. 经计算，得到

$$\hat{\mu} = \bar{x} = \frac{1}{65}\sum_{i=1}^{65} x_i = 123.123\,1,$$

$$\hat{\sigma}^2 = \frac{1}{64}\sum_{i=1}^{65}(x_i - \bar{x})^2 = 157.831\,0.$$

将在 H_0 下 X 的可能取值区间 $(-\infty, +\infty)$ 分成 8 个子区间 $A_1, A_2, \cdots, A_8$，如表 8-4 所列，其中 $A_1 = (-\infty, 100.5]$，$A_8 = (160.5, +\infty)$. 由公式

$$\hat{P}\{a < X \le b\} = \Phi\left\{\frac{b - \hat{\mu}}{\hat{\sigma}}\right\} - \Phi\left\{\frac{a - \hat{\mu}}{\hat{\sigma}}\right\},$$

计算 $\hat{p}_i = \hat{P}(A_i)$，$i = 1, 2, \cdots, 8$. 现将计算结果列于表 8-4.

表 8-4

A_i	n_i	$\hat{p}_i$	$n\hat{p}_i$		$n_i^2/n p_i$
$A_1: (-\infty, 100.5]$	3	0.035 9	2.331 6	10.237 7	16.507 6
$A_2: (100.5, 110.5]$	10	0.121 6	7.906 1		
$A_3: (110.5, 120.5]$	18	0.259 8	16.887 2		19.186 2
$A_4: (120.5, 130.5]$	18	0.304 2	19.770 2		16.388 3
$A_5: (130.5, 140.5]$	9	0.195 2	12.690 1		6.382 9
$A_6: (140.5, 150.5]$	6	0.068 6	4.462 0	5.414 9	
$A_7: (150.5, 160.5]$	0	0.013 2	0.857 7		9.049 1
$A_8: (160.5, +\infty)$	1	0.001 5	0.095 2		
Σ	65	1.000 0	65.000 0		67.514 1

将 $n\hat{p}_i$ 小于 5 的组予以合并，合并后的组数 $k = 5$. 又 $r = 2$，故 $k - r - 1 = 2$. 进而，

$$\chi_\alpha^2(k - r - 1) = \chi_{0.05}^2(2) = 5.991\,5,$$

那么

$$\chi^2 = \sum_{i=1}^{5}\frac{(n_i - n\hat{p}_i)^2}{n\hat{p}_i} = \sum_{i=1}^{5}\frac{n_i^2}{n\hat{p}_i} - n = 67.514\,1 - 65 = 2.514\,1,$$

因此，在显著性水平 $\alpha = 0.05$ 下接受 H_0，即认为 5～8 岁儿童的身高这一总体服从正态分布.

习题 8

8.1 某灯泡厂生产一种节能灯泡，其使用寿命（单位：小时）服从正态分布 $N(1\,600, 150^2)$. 现从一批灯泡中随意抽取 25 只，测得它们的平均寿命为 1 636 小时. 假定灯泡寿命的标准差稳定不变，问这批灯泡的平均寿命是否等于 1 600 小时？（取显著性水平 $\alpha = 0.05$）

8.2 有一批子弹,出厂时测其初速 V 服从正态分布 $N(\mu_0, \sigma_0^2)$,其中 $\mu_0 = 950\,\text{m/s}$, $\sigma_0 = 10\,\text{m/s}$,现经过较长时间储存后取 9 发进行测试,得样本值(单位:m/s)如下:

$$934 \quad 914 \quad 945 \quad 920 \quad 953 \quad 912 \quad 910 \quad 924 \quad 940$$

据检验,子弹经储存,其初速 V 仍服从正态分布,且 σ_0 可认为不变,问是否可认为这批枪弹的初速 V 显著降低?($\alpha = 0.05$)

8.3 正常人的脉搏平均为 72(次/min),检查 10 例四乙基铅中毒患者,测得他们的脉搏(次/min)为

$$54 \quad 67 \quad 68 \quad 78 \quad 70 \quad 66 \quad 67 \quad 70 \quad 65 \quad 69$$

已知脉搏服从正态分布,在显著性水平 $\alpha = 0.05$ 下,问四乙基铅中毒患者与正常人的脉搏有无显著差异?

8.4 某食品厂生产一种食品罐头,每罐食品的标准重量为 500 克.今从刚生产的一批罐头中随机抽取 10 罐,称得其重量(单位:克)为:

$$495 \quad 510 \quad 505 \quad 498 \quad 503 \quad 492 \quad 502 \quad 512 \quad 497 \quad 506$$

假定罐头重量服从正态分布,问这批罐头的平均重量是否合乎标准?(取 $\alpha = 0.05$).

8.5 如果一个矩形的宽度与长度的比值为 0.618,则称此矩形为黄金矩形,并称这个比值为黄金比例.某工艺厂生产一种镜框,从中抽取 20 个,测其宽与长的比值为:

$$0.693 \quad 0.749 \quad 0.654 \quad 0.670 \quad 0.662 \quad 0.672 \quad 0.615 \quad 0.606 \quad 0.690 \quad 0.628$$
$$0.668 \quad 0.611 \quad 0.606 \quad 0.609 \quad 0.601 \quad 0.553 \quad 0.570 \quad 0.844 \quad 0.576 \quad 0.933$$

设镜框宽与长的比值服从正态分布,在显著性水平 $\alpha = 0.05$ 下,问这种镜框宽长比例的均值与黄金比例是否有显著差异?

8.6 某工厂从生产的圆珠笔中随机抽出 36 根,测其长度,得到样本平均值为 $\bar{x} = 12.8\,\text{cm}$,样本标准差 $s = 2.6\,\text{cm}$.问这批圆珠笔的平均长度能否认为在 12cm 以下?(取 $\alpha = 0.05$).

8.7 已知某细纱车间纺织某种细纱的支数服从正态分布,其标准差为 1.2.从某天纺出的细纱中随机抽出 16 缕进行支数测量,算得样本标准差为 2.1.在显著性水平 $\alpha = 0.05$ 下,问这天细纱支数的均匀度较平常有无显著差异?

8.8 从某电工器材厂生产的一批保险丝中抽取 10 根,测试其熔化时间,得到数据如下:

$$42 \quad 65 \quad 75 \quad 78 \quad 71 \quad 59 \quad 57 \quad 68 \quad 55 \quad 54$$

设保险丝的熔化时间服从正态分布,问这批保险丝熔化时间的标准差是否等于 12?(取显著性水平 $\alpha = 0.01$)

8.9 测定某食品中的水分,由它的 10 个测定值算出,样本均值 $\bar{x} = 0.452\%$,样本标准差 $s = 0.037\%$.设测定值总体服从正态分布 $N(\mu, \sigma^2)$,试在显著性水平 $\alpha = 0.05$ 下,分别检验假设.
(1)$H_0: \mu = 0.5\%$; (2)$H_0: \sigma = 0.04\%$.

8.10 甲、乙两台车床加工同一规格的零件,从加工的零件中各抽出若干件,测量其尺寸(单位:cm)如下:

甲:20.5 19.8 19.7 20.4 20.1 20.0 19.0 19.9

乙:19.7 20.8 20.5 19.8 19.4 20.6 19.2

假定两台车床加工的零件尺寸都服从正态分布,且方差相同.问两台车床加工零件的平均尺寸有无显著差异?(取 $\alpha = 0.05$)

8.11 在十块田地上同时试种 A,B 两种谷物,根据亩产量(单位:kg)算得 $\bar{x}_A = 30.97$,$\bar{y}_B = 21.79$,$s_A = 26.7$,$s_B = 21.1$.在显著性水平 $\alpha = 0.05$ 下,问这两种谷物的平均亩产量有无显著差异?假定两种谷物的亩产量都服从正态分布,且方差相等.

8.12 在 8.10 题中，假定两个正态总体的方差相等，即两台车床加工零件的精度相同. 试在显著性水平 $\alpha = 0.05$ 下，检验此假设是否合理.

8.13 按两种不同配方生产橡胶，测的伸长率（%）如下：

配方Ⅰ：540 533 525 520 544 531 536 529 534

配方Ⅱ：565 577 580 575 556 542 560 532 570 561

设橡胶伸长率服从正态分布，检验按两种配方生产的橡胶伸长率的方差是否相同.（取 $\alpha = 0.05$）

8.14 对两批同类电子元件的电阻进行测试，各抽 6 件，测的结果（单位：欧姆）如下.

A 批：0.140 0.138 0.143 0.144 0.141 0.137

B 批：0.135 0.140 0.142 0.136 0.138 0.141

设这两批元件的电阻分别服从正态分布 $N(\mu_1, \sigma_1^2)$ 与 $N(\mu_2, \sigma_2^2)$，试在 $\alpha = 0.05$ 下检验下列假设

（1）$H_0: \sigma_1^2 = \sigma_2^2$；　　　　（2）$H_0: \mu_1 = \mu_2$.

8.15 考察某地区正常成年人每立方毫米血液中的红细胞数. 检查正常成年男性 156 名，算得红细胞数的样本均值 $\bar{x}_1 = 465.13$（万/mm^3），样本标准差 $s_1 = 54.80$（万/mm^3）；检查正常成年女性 74 名，算得红细胞数的样本均值 $\bar{x}_2 = 422.16$（万/mm^3），样本标准差 $s_2 = 49.20$（万/mm^3）. 假定正常成年男性与正常成年女性的红细胞数均服从正态分布，问该地区正常成年人的红细胞平均数是否与性别有关？（取 $\alpha = 0.05$）

8.16 一台机床加工轴的平均椭圆度是 0.095（mm），机床调整后取 20 根轴测量其椭圆度，算得样本均值 $\bar{x} = 0.081$（mm），样本标准差 $s = 0.025$（mm）. 问调整后机床加工轴的平均椭圆度有无显著降低？这里假定机床加工轴的椭圆度服从正态分布，取显著性水平 $\alpha = 0.05$.

8.17 某盐业公司用机器包装食盐，按规定，每袋标准重量为 1 公斤，标准差不得超过 0.02 公斤. 某日开工后，为了检查机器工作是否正常，从装好的食盐中抽取 9 袋，称得其重量（单位：公斤）为：

0.994 1.014 1.020 0.950 1.030 0.968 0.976 1.048 0.982

假定食盐的袋装重量服从正态分布，问当日机器工作是否正常？（取 $\alpha = 0.05$）

8.18 甲、乙两个铸造厂生产同一种铸件，铸件的重量都服从正态分布. 分别从两厂的产品中抽取 7 件和 6 件样品，称得重量（单位：kg）如下：

甲厂：93.3 92.1 94.7 90.1 95.6 90.0 94.7

乙厂：95.0 94.9 96.2 95.1 95.8 96.3

在显著性水平 $\alpha = 0.05$ 下，问甲厂铸件重量的均值是否比乙厂的小？而甲厂铸件重量的方差是否比乙厂的大？

8.19 某农场 10 年前在某鱼塘里按比例 20：15：40：25 投放了四种鱼：鲑鱼、鲈鱼、竹夹鱼和鲇鱼的鱼苗. 现在在鱼塘里获得样本见表 8-5.

表 8-5

序号	1	2	3	4	
种类	鲑鱼	鲈鱼	竹夹鱼	鲇鱼	
数量（条）	132	100	200	168	$\sum = 600$

试取 $\alpha = 0.05$，检验各类鱼数量的比例较 10 年前是否有显著改变.

8.20 在检验某产品的质量时，每次抽取 10 个产品来检验. 共取了 100 次，得到每 10 个产品中次品数 X 的频率分布见表 8-6.

表 8-6

X	0	1	2	3	4	5	6	7	8	9	10
频数 m_i	35	40	18	5	1	1	0	0	0	0	0

在显著性水平 $\alpha = 0.05$ 下，问生产过程中出现次品的概率 p 是否稳定不变，即次品数 X 是否服从二项分布 $B(10, p)$？

8.21 为讨论上海证券交易所和深证证券交易所日收益率之间的差异，某日分别对两个交易所进行随机抽样，记录其个股的收益率如下.

上海证券交易所 30 只样本股票的收益率（%）：

3.4　2.7　5.4　2.1　3.0　3.1　3.0　3.5　1.6　2.6　3.6　6.4　5.3　3.0　3.0
2.9　5.0　0.9　2.2　3.1　2.9　3.1　2.9　2.7　1.6　3.4　4.2　5.1　3.2　2.4

深圳证券交易所 35 只样本股票的收益率（%）：

1.2　5.1　4.3　0.8　3.2　3.0　3.8　1.3　2.2　0.4　2.7　1.5　2.1　3.3　1.8
2.4　4.6　2.8　1.8　3.6　2.2　2.8　1.7　2.6　2.1　1.7　3.2　3.5　1.2　2.2
3.5　3.3　2.7　2.6　2.4

取显著性水平为 0.05，能否认为两个证券交易所收益率的平均值无显著性差异？

回归分析与方差分析 | 第9章

回归分析是确定两个或两个以上变量之间相互依赖的定量关系的一种统计分析方法. 这种关系描述的是变量之间相互依存、相伴发生的性质, 它不是变量之间的一种函数关系. 在参数估计和假设检验的基础上, 通过建立数学模型来研究这种关系, 并由此对相应的变量进行预测与控制. 方差分析是根据试验数据推断一个或多个因素在其状态变化时是否会对试验指标有显著性影响, 从而选出对试验指标最具影响的试验条件的一种统计推断方法. 本章介绍一元线性回归、可线性化的非线性回归、多元线性回归、单因素方差分析和双因素方差分析.

9.1 一元线性回归

我们在研究自然现象和社会现象的某些客观规律时, 往往要涉及变量与变量之间的关系问题. 一般而言, 变量与变量之间的关系通常可分为两类. 一类是确定性关系, 如圆的面积 S 与半径 r 之间的关系 $S = \pi r^2$ 就属于确定性关系. 显然, 如果给定半径 r 的一个值, 那么就得到 S 的一个确定的数值. 另一类是非确定性关系, 也叫相关关系. 这种关系表现为变量之间有一定的依赖关系, 而又不能用函数准确地表示. 如某种商品的销售量与当地人口有关, 人口越多, 销售量越大, 但人口与销售量之间并无确定的数值对应关系. 又如家庭的收入和支出密切相关, 但是不能用家庭的收入完全确定其支出. 相关关系的不确定性, 是因为变量中有随机变量. 研究一个随机变量 (因变量或响应变量) 与一些普通变量 (自变量或预报变量) 之间的相互关系的统计方法称为**回归分析**. 只有一个自变量的回归分析称为**一元回归分析**; 多于一个自变量的回归分析称为**多元回归分析**. 若变量之间呈线性关系, 则称为**线性回归分析**; 若变量之间不具有线性关系, 则称为**非线性回归分析**. 回归分析的主要任务是提供建立有相关关系的变量之间的数学关系式的一般方法, 判别建立的关系式是否有效, 从影响随机变量的诸变量中判别哪一些变量的影响显著, 并利用所得关系式进行预报和控制.

9.1.1 一元线性回归的数学模型

对于 x 取一组不完全相同的值 $x_1, x_2, \cdots, x_n$, 设 $Y_1, Y_2, \cdots, Y_n$ 分别是在 $x_1, x_2, \cdots, x_n$ 处对 Y 的独立观察的结果, 称 $(x_1, Y_1), (x_2, Y_2), \cdots, (x_n, Y_n)$ 是一个样本[①], 对应的样本观测值为 $(x_1, y_1), (x_2, y_2), \cdots, (x_n, y_n)$. 我们就是利用样本来估计回归函数, 为此先要推测回归函数的形式. 在一些实际问题中, 可以结合专业知识分析它的形式, 而大多数情况是根据实测数据推测它的形式. 具体做法就是将样本观测值 $(x_1, y_1), (x_2, y_2), \cdots, (x_n, y_n)$ 作为直角坐标系中相应点的坐标描出点, 所得到的图叫做**散点图**. 散点图有助于观察因变量 Y 与自变量 x 之间的关系.

例 9.1 众所周知, 儿子的身高 Y 与其父亲的身高 x 有关, 若已知某位父亲的身高, 能否预测其成年儿子的身高?

---

① 这里 $Y_1, Y_2, \cdots, Y_n$ 是相互独立的随机变量, 但一般未必服从同一分布, 为方便计, 也称 $(x_1, Y_1), (x_2, Y_2), \cdots, (x_n, Y_n)$ 是一个样本.

为解决这类问题，就需要研究两个变量间的关系，皮尔逊测量了 10 对父子的身高（单位：英寸），所得数据如表 9-1.

表 9-1

父亲身高 x	60	62	64	65	66	67	68	70	72	74
儿子身高 Y	63.6	65.2	66	65.5	66.9	67.1	67.4	68.3	70.1	70

儿子的身高与父亲的身高之间不可能存在一个确定的数量关系，事实上，即便是父亲的身高相同，其儿子的身高也不一定会相同. 影响儿子身高的因素多种多样，除了父亲身高以外，还与父母的遗传基因、成长环境、饮食营养、休息睡眠以及其他因素有关.

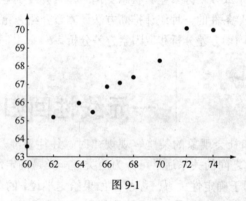

图 9-1

根据表 9-1 中的数据画出散点图 9-1. 从散点图可以发现，随着父亲的身高 x 的增加，儿子身高基本也呈现增加的态势，大部分的点分布在一条向右上方延伸的直线附近. 但各点不完全在直线上，这是因为 Y 还受到其他因素的影响. 这样 Y 可以看成由两部分叠加而成，一部分是由 x 的线性函数 $a+bx$ 所引起，另一部分是随机因素引起的误差 ε ，即

$$Y = a + bx + \varepsilon ,$$

这就是所谓的一元线性回归模型.

一般地，假设 x 与 Y 之间的相关关系可以表示为

$$Y = a + bx + \varepsilon , \tag{9.1}$$

其中，ε 为随机误差，且 $\varepsilon \sim N(0,\sigma^2)$ ，a,b,σ^2 都是未知参数，x 与 Y 的这种关系称为**一元线性回归模型**. $y = a + bx$ 称为**回归直线**，a 称为**回归常数**，b 称为**回归系数**，此时 $Y \sim N(a+bx,\sigma^2)$. 对于 (x,Y) 的样本 $(x_1,Y_1),(x_2,Y_2),\cdots,(x_n,Y_n)$ ，有

$$\begin{cases} Y_i = a + bx_i + \varepsilon_i, & i = 1,2,\cdots,n, \text{ 且} \\ \varepsilon_i \sim N(0,\sigma^2), & \varepsilon_1,\varepsilon_2,\cdots,\varepsilon_n \text{ 相互独立} \end{cases} \tag{9.2}$$

由样本得到 a,b 的估计 $\hat{a},\hat{b}$ ，则称

$$\hat{y} = \hat{a} + \hat{b}x , \tag{9.3}$$

为 y 关于 x 的**经验回归直线方程**，简称为**回归方程**. 给定 $x = x_0$ 后，称 $\hat{y}_0 = \hat{a} + \hat{b}x_0$ 为**回归值**（也称拟合值、预测值）.

9.1.2 参数 a,b 的估计

现在来估计参数 a,b . 若样本的一组观测值为 $(x_1,y_1),(x_2,y_2),\cdots,(x_n,y_n)$ ，那么对于每个 x_i ，由线性回归方程（9.3）可以确定一个回归值 $\hat{y}_i = \hat{a} + \hat{b}x_i$ ，这个回归值 $\hat{y}_i$ 与实际观察值 y_i 之差称为 x_i

处的**残差**，用 e_i 表示，即 $e_i = y_i - \hat{y}_i$．它刻画了 y_i 与回归直线 $\hat{y} = \hat{a} + \hat{b}x$ 的偏离程度．作残差的平方和

$$Q(\hat{a}, \hat{b}) = \sum_{i=1}^{n} e_i^2 = \sum_{i=1}^{n} [y_i - (\hat{a} + \hat{b}x_i)]^2 , \tag{9.4}$$

$Q(\hat{a}, \hat{b})$ 简称为**残差平方和**．

$Q(\hat{a}, \hat{b})$ 的大小刻画了样本点 $(x_1, y_1), (x_2, y_2), \cdots, (x_n, y_n)$ 与经验回归直线的接近程度．$Q(\hat{a}, \hat{b})$ 越小，表示接近的整体程度越好．取 $\hat{a}, \hat{b}$，使得

$$Q(\hat{a}, \hat{b}) = \min_{a,b} Q(a, b).$$

$\hat{a}, \hat{b}$ 就分别作为 a, b 的估计．这种估计参数的方法叫做**最小二乘法**，所得到的点估计称为**最小二乘估计**．

根据微积分的基本知识，$\hat{a}, \hat{b}$ 是方程组

$$\begin{cases} \dfrac{\partial Q}{\partial a} = -2 \sum_{i=1}^{n} (y_i - a - bx_i) = 0, \\ \dfrac{\partial Q}{\partial b} = -2 \sum_{i=1}^{n} (y_i - a - bx_i)x_i = 0, \end{cases}$$

即

$$\begin{cases} na + \left(\sum_{i=1}^{n} x_i\right) b = \sum_{i=1}^{n} y_i, \\ \left(\sum_{i=1}^{n} x_i\right) a + \left(\sum_{i=1}^{n} x_i^2\right) b = \sum_{i=1}^{n} x_i y_i \end{cases}$$

的解，并称此方程组为**正规方程组**，解正规方程组，得

$$\begin{cases} \hat{b} = \dfrac{\displaystyle\sum_{i=1}^{n} x_i y_i - n\bar{x}\,\bar{y}}{\displaystyle\sum_{i=1}^{n} x_i^2 - n\bar{x}^2} = \dfrac{\displaystyle\sum_{i=1}^{n} (x_i - \bar{x})(y_i - \bar{y})}{\displaystyle\sum_{i=1}^{n} (x_i - \bar{x})(x_i - \bar{x})} , \\ \hat{a} = \dfrac{1}{n} \sum_{i=1}^{n} y_i - \left(\dfrac{1}{n} \sum_{i=1}^{n} x_i\right) \hat{b} = \bar{y} - \bar{x}\hat{b}, \end{cases} \tag{9.5}$$

其中，$\bar{x} = \dfrac{1}{n} \sum_{i=1}^{n} x_i$，$\bar{y} = \dfrac{1}{n} \sum_{i=1}^{n} y_i$．令

$$\begin{cases} L_{xy} = \displaystyle\sum_{i=1}^{n} (x_i - \bar{x})(y_i - \bar{y}) = \sum_{i=1}^{n} x_i y_i - n\bar{x}\,\bar{y}, \\ L_{xx} = \displaystyle\sum_{i=1}^{n} (x_i - \bar{x})^2 = \sum_{i=1}^{n} x_i^2 - n\bar{x}^2, \\ L_{yy} = \displaystyle\sum_{i=1}^{n} (y_i - \bar{y})^2 = \sum_{i=1}^{n} y_i^2 - n\bar{y}^2. \end{cases} \tag{9.6}$$

则 $\hat{a}, \hat{b}$ 又可写成

$$\begin{cases} \hat{a} = \bar{y} - \hat{b}\bar{x}, \\ \hat{b} = \dfrac{L_{xy}}{L_{xx}}. \end{cases} \tag{9.7}$$

式（9.5）或式（9.7）叫做参数 a,b 的最小二乘估计.

在式（9.6）中将 y 换成 Y，y_i 换成 $Y_i(i=1,2,\cdots,n)$，并将 L_{yy},L_{xy} 分别改写为 L_{YY},L_{xY}，则得到 a,b 的估计量

$$\begin{cases} \hat{a} = \overline{Y} - \hat{b}\overline{x}, \\ \hat{b} = \dfrac{L_{xY}}{L_{YY}}. \end{cases}$$

将式（9.7）中的 $\hat{a}$ 的表达式代入式（9.3），则可得回归直线方程的另一种形式

$$\hat{y} = \overline{y} + \hat{b}(x - \overline{x}).$$

上式表明，对于样本值 $(x_1,y_1),(x_2,y_2),\cdots,(x_n,y_n)$，回归直线通过散点图的几何中心 $(\overline{x},\overline{y})$.

关于参数 a,b 的估计量 $\hat{a},\hat{b}$，可以证明如下定理.

定理 9.1 在模型（9.2）之下，$\hat{a},\hat{b}$ 分别是参数 a,b 的无偏估计，且

（1）$\hat{b} \sim N\left(b, \dfrac{\sigma^2}{L_{xx}}\right)$；

（2）$\hat{a} \sim N\left(a, \left(\dfrac{1}{n} + \dfrac{\overline{x}^2}{L_{xx}}\right)\sigma^2\right)$；

（3）$\hat{Y} = \hat{a} + \hat{b}x \sim N\left(a + bx, \left(\dfrac{1}{n} + \dfrac{(x-\overline{x})^2}{L_{xx}}\right)\sigma^2\right)$.

例 9.2 设在例 9.1 中，随机变量 Y 符合模型（9.1）中的条件，求儿子身高 Y 关于父亲身高 x 的回归直线方程.

解 为求得回归直线方程，列表如表 9-2 所示.

表 9-2

编号	x	y	x^2	y^2	xy
1	60	63.6	3 600	4 044.96	3 816
2	62	65.2	3 844	4 251.04	4 042.4
3	64	66	4 096	4 356	4 224
4	65	65.5	4 225	4 290.25	4 257.5
5	66	66.9	4 356	4 475.61	4 415.4
6	67	67.1	4 489	4 502.41	4 495.7
7	68	67.4	4 624	4 542.76	4 583.2
8	70	68.3	4 900	4 664.89	4 781
9	72	70.1	5 184	4 914.01	5 047.2
10	74	70	5 476	4 900	5 180
Σ	668	670.1	44 794	44 941.93	44 842.4

于是，

$$\sum_{i=1}^{10} x_i = 668, \quad \sum_{i=1}^{10} y_i = 670.1, \quad \sum_{i=1}^{10} x_i^2 = 44\,794, \quad \sum_{i=1}^{10} y_i^2 = 44\,941.93,$$

$$\sum_{i=1}^{10} x_i y_i = 44\,842.4, \quad \overline{x} = 66.8, \quad \overline{y} = 67.01.$$

进而，

$$L_{xx} = 44794 - 10 \times (66.8)^2 = 171.6 \ ,$$

$$L_{xy} = 44842.4 - 10 \times 66.8 \times 70.01 = 79.72 \ ,$$

$$L_{yy} = 44941.93 - 10 \times (70.01)^2 = 38.529 \ ,$$

$$\hat{b} = \frac{L_{xy}}{L_{xx}} = \frac{79.72}{171.6} = 0.464\,568\,765 \ ,$$

$$\hat{a} = \overline{y} - \overline{x}\hat{b} = 67.01 - 66.8 \times \frac{79.72}{171.6} = 35.976\,806\,53 \ .$$

因此，得到儿子身高关于父亲身高的经验回归直线方程为

$$\hat{y} = 35.976\,806\,53 + 0.464\,568\,765\hat{x} \ .$$

这个例子说明，父亲身高 x 增加一个单位，其成年儿子的身高 y 平均增加 $0.464\,568\,765$ 个单位. 一群高个子父辈的儿子们的平均身高要低于他们父辈的平均身高，一群低个子父辈的儿子们仍是低个子，但是平均身高却比他们父辈增加一些. 正是因为子代的身高有回归父辈平均身高的这种趋势，才使人类的身高在一定时期内相对稳定，这也正是"回归"一词的由来.

9.1.3 σ^2 的估计

由式（9.1）得

$$E\{[Y - (a + bx)]^2\} = E(\varepsilon^2) = \sigma^2 \ .$$

这表示 σ^2 愈小，以回归函数 $a + bx$ 作为 Y 的近似导致的均方误差就愈小. 这样，利用回归函数 $a + bx$ 研究随机变量 Y 与 x 的关系就愈有效. 然而，σ^2 是未知的，因而需要利用样本去估计 σ^2.

考虑残差平方和

$$Q_e = Q(\hat{a}, \hat{b}) = \sum_{i=1}^{n} (y_i - \hat{y}_i)^2 = \sum_{i=1}^{n} [y_i - (\hat{a} + \hat{b}x_i)]^2 \ .$$

为了便于计算 Q_e，将 Q_e 分解，

$$
\begin{aligned}
Q_e &= \sum_{i=1}^{n} (y_i - \hat{y}_i)^2 = \sum_{i=1}^{n} [y_i - \overline{y} - \hat{b}(x_i - \overline{x})]^2 \\
&= \sum_{i=1}^{n} (y_i - \overline{y})^2 - 2\hat{b} \sum_{i=1}^{n} (x_i - \overline{x})(y_i - \overline{y}) + \hat{b}^2 \sum_{i=1}^{n} (x_i - \overline{x})^2 \\
&= L_{yy} - 2\hat{b}L_{xy} + \hat{b}^2 L_{xx} \ .
\end{aligned}
$$

由式（9.7）的 $\hat{b} = \dfrac{L_{xy}}{L_{xx}}$ 得 Q_e 的一个分解式，

$$Q_e = L_{yy} - \hat{b}L_{xy} \ ,$$

与 Q_e 的相应的统计量（仍以 Q_e 记）为

$$Q_e = L_{YY} - \hat{b}L_{xY} \ .$$

可以证明以下定理.

定理 9.2 在模型（9.2）之下，有

（1）$\dfrac{Q_e}{\sigma^2} \sim \chi^2(n-2)$；

（2）$Q_e, \hat{b}, \overline{Y}$ 相互独立.

由定理 9.2 知，$E\left(\dfrac{Q_e}{\sigma^2}\right)=n-2$，，即 $E\left(\dfrac{Q_e}{n-2}\right)=\sigma^2$，从而

$$\hat\sigma^2=\frac{Q_e}{n-2}=\frac{1}{n-2}(L_{YY}-\hat b L_{xY})$$

是 σ^2 的无偏估计量．

例 9.3 求例 9.2 中 σ^2 的无偏估计．

解 由例 9.2 得，$L_{xy}=79.72$，$L_{yy}=38.529$，$\hat b=0.464\,568\,765$，即得

$$Q_e=L_{yy}-\hat b L_{xy}=1.493\,578\,054，$$

$$\hat\sigma^2=\frac{Q_e}{n-2}=\frac{1.493\,578\,054}{8}=0.186\,697\,257．$$

9.1.4　线性假设的显著性检验

前面关于线性回归方程 $\hat y=\hat a+\hat b x$ 的讨论是在线性假设 $Y=a+bx+\varepsilon$，$\varepsilon\sim N(0,\sigma^2)$ 前提下进行的．但是这样得到的回归方程并不一定描述了 x 与 Y 之间的相互关系，或者说，如果点 (x_i,Y_i) 过于偏离回归直线，那么得到的线性回归方程就毫无意义．因此，当用最小二乘法得到线性回归方程之后，有必要检验所得到的线性回归方程是否有意义，即是否反映了 x 与 Y 之间的相互关系．

对于一元线性回归模型，回归函数 $a+bx$，因此 x 的变化对 Y 是否有影响可以通过 b 来反映．若 $b=0$，则说明 x 的变化对 Y 没有影响．因此，一元线性回归模型的显著性检验就是检验假设

$$H_0:b=0，\quad H_1:b\neq 0．$$

下面使用 T 检验法来进行检验．由定理 9.1 和定理 9.2 知，

$$\frac{\hat b-b}{\sigma/\sqrt{L_{xx}}}\sim N(0,1)，\quad \frac{(n-2)\hat\sigma^2}{\sigma^2}\sim\chi^2(n-2)，$$

且两者相互独立．于是当 $H_0:b=0$ 成立时，

$$T=\frac{\hat b-b}{\hat\sigma}\sqrt{L_{xx}}=\frac{\hat b\sqrt{L_{xx}}}{\hat\sigma}\sim t(n-2)．$$

对于给定的显著性水平 α，根据数据 $(x_1,y_1),(x_2,y_2),\cdots,(x_n,y_n)$ 计算统计量 T 的观测值．如果

$$|t|=\frac{|\hat b|\sqrt{L_{xx}}}{\hat\sigma}>t_{\frac{\alpha}{2}}(n-2)，$$

则拒绝 $H_0:b=0$，即认为解释变量 x 对响应变量 Y 有显著影响；否则，得到的回归方程没有实际意义，需要另行研究．

例 9.4 检验例 9.2 中的回归效果是否显著，取 $\alpha=0.05$．

解 由例 9.1、例 9.3 可知 $\hat b=0.464\,568\,765$，$L_{xy}=79.72$，$\hat\sigma^2=0.186\,697\,257$．查附表 5，得 $t_{\frac{\alpha}{2}}(n-2)=t_{0.025}(8)=2.306\,0$．又

$$|t|=\frac{|\hat b|\sqrt{L_{xx}}}{\hat\sigma}=13.962\geqslant 2.306\,0=t_{0.025}(8)．$$

故拒绝假设 $H_0:b=0$，认为回归效果显著．于是，例 9.2 中求得的回归直线方程是有意义的，它大致描述了儿子身高与父亲身高之间的相关关系．

9.1.5 预测与控制

如果随机变量 Y 与自变量 x 之间的线性相关关系显著，则经验回归直线方程 $\hat{Y} = \hat{a} + \hat{b}x$ 大致刻画了 Y 与 x 之间的变化规律. 但是，因为 Y 与 x 之间的关系不是确定性的，所以对于任意给定的 x 的一个值 x_0，由回归直线方程只能得到 y_0 的一个估计值

$$\hat{y}_0 = \hat{a} + \hat{b}x_0,$$

称 $\hat{y}_0$ 为 y 在 x_0 的**预测值**. y 的观测值 y_0 与预测值 $\hat{y}_0$ 之差称为**预测误差**.

在实际问题中，预测的真正意义就是在一定的显著性水平 α 下，寻找一个正数 $\delta(x_0)$，使得在 $x = x_0$ 对 Y 进行独立观测结果 Y_0 以 $1-\alpha$ 的概率落入区间 $(\hat{y}_0 - \delta(x_0), \hat{y}_0 + \delta(x_0))$ 内，即

$$P\{|Y_0 - \hat{y}_0| < \delta(x_0)\} = 1 - \alpha,$$

其中，$Y_0 = a + bx_0 + \varepsilon_0$，$\varepsilon_0 \sim N(0, \sigma^2)$.

由定理 9.1 及定理 9.2 知

$$Y_0 - \hat{y}_0 \sim N\left(0, \left(1 + \frac{1}{n} + \frac{(x_0 - \overline{x})^2}{L_{xx}}\right)\sigma^2\right), \quad \frac{(n-2)\hat{\sigma}^2}{\sigma^2} \sim \chi^2(n-2),$$

且 $Y_0 - \hat{y}_0$ 与 $\hat{\sigma}^2$ 相互独立，于是

$$T = \frac{Y_0 - \hat{y}_0}{\hat{\sigma}\sqrt{1 + \frac{1}{n} + \frac{(x_0 - \overline{x})^2}{L_{xx}}}} \sim t(n-2),$$

故对给定的显著性水平 α，求得 $\delta(x_0) = t_{\frac{\alpha}{2}}(n-2)\hat{\sigma}\sqrt{1 + \frac{1}{n} + \frac{(x_0 - \overline{x})^2}{L_{xx}}}$，故得 Y_0 的置信度为 $1-\alpha$ 的预测区间[①]为 $(\hat{y}_0 - \delta(x_0), \ \hat{y}_0 + \delta(x_0))$.

易见，Y_0 的预测区间长度为 $2\delta(x_0)$，对给定的 α，x_0 越靠近样本均值 $\overline{x}$，预测区间长度 $2\delta(x_0)$ 越小，预测效果越好. 当 n 很大，并且 x_0 较接近 $\overline{x}$ 时，有

$$\sqrt{1 + \frac{1}{n} + \frac{(x_0 - \overline{x})^2}{L_{xx}}} \approx 1, \quad t_{\frac{\alpha}{2}}(n-2) \approx z_{\frac{\alpha}{2}},$$

那么，预测区间近似为 $(\hat{y}_0 - z_{\frac{\alpha}{2}}\hat{\sigma}, \hat{y}_0 + z_{\frac{\alpha}{2}}\hat{\sigma})$.

应该指出，利用回归方程进行预测，一般只适用于原来的试验范围，不能随意扩大范围.

例 9.5　在例 9.2 中，若父亲身高为 70 英寸，求其儿子的身高的置信度为 95% 的预测区间.

解　在例 9.2 中，已经求得线性回归方程为

$$\hat{y} = 35.976\,806\,53 + 0.464\,568\,765\hat{x}.$$

当 $x_0 = 70$ 时，有

$$\hat{y}_0 = 35.976\,806\,53 + 0.464\,568\,765 \times 70 = 68.497,$$

又在例 9.3 中，已经算得 $Q_e = 1.493\,578\,054$，从而 $\hat{\sigma} = \sqrt{\dfrac{Q_e}{n-2}} \approx 0.432$，因此，所求置信度为 95% 的预测区间为

$$(68.497 - 1.96 \times 0.432, \ 68.497 + 1.96 \times 0.432),$$

即 $(67.650, 69.344)$.

---

① 预测区间的含义与置信区间类似，只是前者对随机变量而言，后者对未知参数而言.

控制问题是预测问题的反问题，即如果要求 Y 的观测值落在某一指定的区间 (y_1, y_2) 内，应当把 x 的取值控制在什么范围内？

对于给定的置信水平 $1-\alpha$ ，x 的控制区间可由

$$
\begin{cases}
y_1 = \hat{a} + \hat{b}x_1 - \hat{\sigma}z_{\frac{\alpha}{2}}, \\
y_2 = \hat{a} + \hat{b}x_2 + \hat{\sigma}z_{\frac{\alpha}{2}}
\end{cases}
$$

分别解出 x_1, x_2 . 当 $\hat{b} > 0$ 时，控制区间为 (x_1, x_2) ；当 $\hat{b} < 0$ 时，控制区间为 (x_2, x_1) . 要实现控制，区间 (y_1, y_2) 的长度应大于 $2z_{\frac{\alpha}{2}}$.

9.2 可线性化的非线性回归

前面讨论了一元线性回归问题，但在实际应用中还有许多现象之间的数量关系并不是线性的，而是非线性的. 在这种情况下，仍然使用线性回归方程去解释或者预测，误差将变得很大，这时考虑建立变量间的非线性方程. 非线性方程种类繁多，本节介绍几种常见的可转化为线性回归模型的非线性模型.

1. 双曲函数模型

$Y = a + \dfrac{b}{x} + \varepsilon$, $\varepsilon \sim N(0, \sigma^2)$, 其中，$a, b, \sigma^2$ 是与 x 无关的未知参数. 令 $x' = \dfrac{1}{x}$, 则可化为一元线性回归模型

$$Y = a + bx' + \varepsilon .$$

2. 幂指函数型

$Y = \alpha e^{\beta x} \cdot \varepsilon$, $\ln \varepsilon \sim N(0, \sigma^2)$, 其中，$\alpha, \beta, \sigma^2$ 是与 x 无关的未知参数. 在 $Y = \alpha e^{\beta x} \cdot \varepsilon$ 两边取对数，得 $\ln Y = \ln \alpha + \beta x + \ln \varepsilon$. 令 $Y' = \ln Y$, $a = \ln \alpha$, $b = \beta$, $x' = x$, $\varepsilon' = \ln \varepsilon$, 则可转化为

$$Y' = a + bx' + \varepsilon', \ \varepsilon' \sim N(0, \sigma^2).$$

3. 指数函数型

$Y = \alpha x^{\beta} \varepsilon$, $\ln \varepsilon \sim N(0, \sigma^2)$, 其中，$\alpha, \beta, \sigma^2$ 是与 x 无关的未知参数. 在 $Y = \alpha x^{\beta} \cdot \varepsilon$ 两边取对数，得 $\ln Y = \ln \alpha + \beta \ln x + \ln \varepsilon$. 令 $Y' = \ln Y$, $a = \ln \alpha$, $b = \beta$, $x' = \ln x$, $\varepsilon' = \ln \varepsilon$, 则可转化为

$$Y' = a + bx' + \varepsilon', \varepsilon' \sim N(0, \sigma^2).$$

4. 对数函数型

$Y = \alpha + \beta \ln x + \varepsilon$, $\varepsilon \sim N(0, \sigma^2)$, 其中，$\alpha, \beta, \sigma^2$ 是与 x 无关的未知参数. 令 $a = \alpha$ ，$b = \beta$ ，$x' = \ln x$ ，则可转化为

$$Y = a + bx' + \varepsilon, \ \varepsilon \sim N(0, \sigma^2).$$

5. 倒指数函数型

$Y = \alpha e^{\frac{\beta}{x}} \cdot \varepsilon$, $\ln \varepsilon \sim N(0, \sigma^2)$, 其中，α, β, σ^2 是与 x 无关的未知参数. 在 $Y = \alpha e^{\frac{\beta}{x}} \cdot \varepsilon$ 两边取对数得 $\ln Y = \ln \alpha + \beta \cdot \dfrac{1}{x} + \ln \varepsilon$. 令 $Y' = \ln Y$, $a = \ln \alpha$, $b = \beta$, $x' = \dfrac{1}{x}$, $\varepsilon' = \ln \varepsilon$, 则可转化为

$$Y' = a + bx' + \varepsilon', \ \varepsilon' \sim N(0, \sigma^2).$$

例 9.6 某品牌手机自上市以来价格变化的数据资料如表 9-3.

表9-3

上市月数 x	1	2	3	4	5	6	7	8	9	10
平均价格 y（元）	2 500	2 122	1 834	1 512	1 355	1 162	998	847	732	678

今以 x 表示手机上市的月数，Y 表示相应的平均价格，求 Y 关于 x 的回归方程.

解 作散点图 9-2，从图中大致可以看出 Y 与 x 呈指数关系，于是采用指数函数型

$$Y = \alpha e^{\beta x} \cdot \varepsilon, \quad \ln \varepsilon \sim N(0, \sigma^2),$$

令 $Y' = \ln Y$, $a = \ln \alpha$, $b = \beta$, $x' = \ln x$, $\varepsilon' = \ln \varepsilon$, 则有

$$Y' = a + b x' + \varepsilon', \quad \varepsilon' \sim N(0, \sigma^2).$$

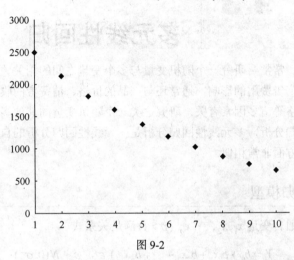

图 9-2

这成为一元回归问题，具体计算结果如表 9-4.

表9-4

编号	x	y	x'	y'	x'^2	y'^2	$x'y'$
1	1	2 500	1	7.824	1	61.216	7.824
2	2	2 132	2	7.665	4	58.749	15.330
3	3	1 798	3	7.494	9	56.166	22.483
4	4	1 594	4	7.374	16	54.376	29.496
5	5	1 372	5	7.224	25	52.187	36.120
6	6	1 181	6	7.074	36	50.043	42.445
7	7	1 016	7	6.924	49	47.937	48.465
8	8	875	8	6.774	64	45.890	54.194
9	9	753	9	6.624	81	43.878	59.617
10	10	657	10	6.488	100	42.090	64.877
Σ			55	71.465	385	512.532	380.850

经计算得

$$\overline{x'} = 5.5, \quad \overline{y'} = 7.147, \quad L_{x'x'} = 82.5, \quad L_{y'y'} = 1.807, \quad L_{x'y'} = -12.207,$$

$$\hat{\sigma}^2 = \frac{Q_e}{n-2} = 0.000\,092\,87, \quad \hat{b} = \frac{L_{x'y'}}{L_{x'x'}} = -0.148, \quad \hat{a} = \overline{y'} - b\overline{x'} = 7.960,$$

从而有

$$\hat{y}' = 7.960 - 0.148x'.$$

又可求得

$$|t| = \frac{\hat{b}}{\hat{\sigma}}\sqrt{L_{x'x'}} = 77\,759.64 > t_{\frac{0.05}{2}}(8) = 2.306\,0,$$

即在显著水平 $\alpha = 0.05$ 之下，线性回归效果是显著的. 代回原变量，得 Y 关于 x 的回归方程：
$\hat{y} = e^{\hat{y}'} = 2\,864.998e^{-0.148x}$.

9.3 | 多元线性回归

在许多实际问题中，常常要研究一个随机变量与多个变量之间的相关关系. 例如，某种产品的销售额不仅受到投入的广告费用的影响，通常还与产品的价格、消费者的收入状况、社会保有量以及其他可替代产品的价格等诸多因素有关. 研究这类一个随机变量同其他多个变量之间关系的主要方法之一是运用多元回归分析. 多元线性回归分析是一元线性回归分析的自然推广形式，两者在参数估计、显著性检验等方面非常相似.

9.3.1 多元线性回归模型

设随机变量 Y 与普通自变量 $x_1, x_2, \cdots, x_p$ $(p > 1)$ 满足关系式

$$Y = b_0 + b_1 x_1 + b_2 x_2 + \cdots + b_p x_p + \varepsilon, \quad \varepsilon \sim N(0, \sigma^2),$$

其中，$b_0, b_1, b_2, \cdots, b_p$，$\sigma^2$ 是与 $x_1, x_2, \cdots, x_p$ 无关的未知参数. 对于自变量任意取定的一组数值 $x_{1t}, x_{2t}, \cdots, x_{pt}$，相应地得到随机变量

$$Y = b_0 + b_1 x_{1t} + b_2 x_{2t} + \cdots + b_p x_{pt} + \varepsilon_t, \quad t = 1, 2, \cdots, n.$$

其中，$\varepsilon_1, \varepsilon_2, \cdots, \varepsilon_n$ 是相互独立且服从同一分布 $N(0, \sigma^2)$. 这就是多元回线性回归的数学模型.

记 n 组样本观测值分别是 $(x_{i1}, x_{i2}, \cdots, x_{ip}, y_i)$ $(i = 1, 2, \cdots, n)$，则

$$\begin{cases} y_1 = b_0 + b_1 x_{11} + b_2 x_{12} + \cdots + b_p x_{1p} + \varepsilon_1, \\ y_2 = b_0 + b_1 x_{21} + b_2 x_{22} + \cdots + b_p x_{2p} + \varepsilon_2, \\ \cdots\cdots\cdots\cdots\cdots\cdots\cdots\cdots\cdots\cdots\cdots\cdots\cdots\cdots \\ y_n = b_0 + b_1 x_{n1} + b_2 x_{n2} + \cdots + b_p x_{np} + \varepsilon_n. \end{cases} \quad (9.8)$$

令

$$\boldsymbol{Y} = \begin{bmatrix} y_1 \\ y_2 \\ \vdots \\ y_n \end{bmatrix}, \quad \boldsymbol{X} = \begin{bmatrix} 1 & x_{11} & x_{12} & \cdots & x_{1p} \\ 1 & x_{21} & x_{22} & \cdots & x_{2p} \\ \vdots & \vdots & \vdots & & \vdots \\ 1 & x_{n1} & x_{n2} & \cdots & x_{np} \end{bmatrix}, \quad \boldsymbol{B} = \begin{bmatrix} b_0 \\ b_1 \\ \vdots \\ b_p \end{bmatrix}, \quad \boldsymbol{\varepsilon} = \begin{bmatrix} \varepsilon_1 \\ \varepsilon_2 \\ \vdots \\ \varepsilon_n \end{bmatrix},$$

则式（9.8）可用矩阵形式表示为

$$\boldsymbol{Y} = \boldsymbol{XB} + \boldsymbol{\varepsilon},$$

其中 $\boldsymbol{\varepsilon}$ 是 n 维随机向量，它的分量相互独立.

9.3.2 最小二乘估计

与一元线性回归类似，采用最小二乘法来估计参数．称使得偏差平方和

$$Q(b_0,b_1,\cdots,b_p)=\sum_{i=1}^{n}(y_i-b_0-b_1x_{i1}-b_2x_{i2}-\cdots-b_px_{ip})^2$$

取得最小的 $\hat{b}_0,\hat{b}_1,\cdots,\hat{b}_p$ 为系数 $b_0,b_1,\cdots,b_p$ 的最小二乘估计．根据多元函数的极值原理，令

$$\begin{cases}\dfrac{\partial Q}{\partial b_0}=-2\sum_{i=1}^{n}(y_i-b_0-b_1x_{i1}-\cdots-b_px_{ip})=0,\\[2mm]\dfrac{\partial Q}{\partial b_1}=-2\sum_{i=1}^{n}(y_i-b_0-b_1x_{i1}-\cdots-b_px_{ip})x_{i1}=0,\\[2mm]\qquad\cdots\cdots\\[2mm]\dfrac{\partial Q}{\partial b_p}=-2\sum_{i=1}^{n}(y_i-b_0-b_1x_{i1}-\cdots-b_px_{ip})x_{ip}=0.\end{cases}$$

整理得

$$\begin{cases}nb_0+(\sum_{i=1}^{n}x_{i1})b_1+\cdots+(\sum_{i=1}^{n}x_{ip})b_p=\sum_{i=1}^{n}y_i,\\[2mm](\sum_{i=1}^{n}x_{i1})b_0+(\sum_{i=1}^{n}x_{i1}^2)b_1+\cdots+(\sum_{i=1}^{n}x_{i1}x_{ip})b_p=\sum_{i=1}^{n}x_{i1}y_i,\\[2mm]\qquad\cdots\cdots\\[2mm](\sum_{i=1}^{n}x_{ip})b_0+(\sum_{i=1}^{n}x_{ip}x_{i1})b_1+\cdots+(\sum_{i=1}^{n}x_{ip}^2)b_p=\sum_{i=1}^{n}x_{ip}y_i.\end{cases}\qquad(9.9)$$

式（9.9）称为**正规方程组**，用矩阵可表示为

$$\boldsymbol{X}^{\mathrm{T}}\boldsymbol{X}\boldsymbol{B}=\boldsymbol{X}^{\mathrm{T}}\boldsymbol{Y},$$

在系数矩阵 $\boldsymbol{X}^{\mathrm{T}}\boldsymbol{X}$ 满秩的条件下，可解得

$$\hat{\boldsymbol{B}}=(\boldsymbol{X}^{\mathrm{T}}\boldsymbol{X})^{-1}\boldsymbol{X}^{\mathrm{T}}\boldsymbol{Y},$$

$\hat{\boldsymbol{B}}$ 就是 $\boldsymbol{B}$ 的最小二乘估计，即 $\hat{\boldsymbol{B}}$ 为回归方程

$$\hat{y}=\hat{b}_0+\hat{b}_1x_1+\cdots+\hat{b}_px_p$$

的回归系数．

例 9.7 今有 4 个物体 A、B、C、D，为了测得其重量，按照下述方案进行：①把四个物体 A、B、C、D 都放在天平左盘，右盘放上 20 克的砝码能使天平达到平衡；②将 A、C 两物体放在天平左盘，B、D 放在右盘，在右盘再放置 8 克的砝码，才能使天平平衡；③如果将 A、B 放在天平左盘，而将 C、D 放在右盘，同时在右盘再放置 10 克的砝码，才使天平平衡；④在天平左盘放 A、D，右盘放 B、C，为使天平达到平衡，在右盘再放上 2 克的砝码.由于在测量过程中会产生误差，试用多元回归分析估计这 4 个物体的质量．

解 为方便起见，$x_{ij}=1$ $(i,j=1,2,3,4)$ 分别表示第 i 个方案物体 A、B、C、D 放在天平的左盘，$x_{ij}=-1$ $(i,j=1,2,3,4)$ 分别表示第 i 个方案物体 A、B、C、D 放在天平的右盘，y_i 表第 i 个方案天平右盘所加的砝码质量.假设物体 A、B、C、D 的质量分别为 b_1,b_2,b_3,b_4，上述方案的秤量中产生误差分别为 ε_i $(i=1,2,3,4)$，那么

$$y_i=x_{i1}b_1+x_{i2}b_2+x_{i3}b_3+x_{i4}b_4+\varepsilon_i$$

其中，$i = 1, 2, 3, 4$. 由已知条件

$$Y = \begin{bmatrix} y_1 \\ y_2 \\ y_3 \\ y_4 \end{bmatrix} = \begin{bmatrix} 20 \\ 8 \\ 9 \\ 1 \end{bmatrix}, \quad X = \begin{bmatrix} x_{11} & x_{12} & x_{13} & x_{14} \\ x_{21} & x_{22} & x_{23} & x_{24} \\ x_{31} & x_{32} & x_{33} & x_{34} \\ x_{41} & x_{42} & x_{43} & x_{44} \end{bmatrix} = \begin{bmatrix} 1 & 1 & 1 & 1 \\ 1 & -1 & 1 & -1 \\ 1 & 1 & -1 & -1 \\ 1 & -1 & -1 & 1 \end{bmatrix}, \quad B = \begin{bmatrix} b_1 \\ b_2 \\ b_3 \\ b_4 \end{bmatrix}.$$

由最小二乘估计，得

$$\hat{B} = \begin{bmatrix} \hat{b}_1 \\ \hat{b}_2 \\ \hat{b}_3 \\ \hat{b}_4 \end{bmatrix} = (X^T X)^{-1} X^T Y = \begin{bmatrix} 4 & 0 & 0 & 0 \\ 0 & 4 & 0 & 0 \\ 0 & 0 & 4 & 0 \\ 0 & 0 & 0 & 4 \end{bmatrix}^{-1} \begin{bmatrix} 1 & 1 & 1 & 1 \\ 1 & -1 & 1 & -1 \\ 1 & 1 & -1 & -1 \\ 1 & -1 & -1 & 1 \end{bmatrix}^T \begin{bmatrix} 20 \\ 8 \\ 10 \\ 2 \end{bmatrix} = \begin{bmatrix} 10 \\ 5 \\ 4 \\ 1 \end{bmatrix},$$

即 4 个物体 A、B、C、D 的质量大约分别 10 克、5 克、4 克和 1 克.

类似于一元线性回归，对于多元线性回归模型的假设是否符合实际情况，需要进行假设检验.

另外，在实际问题中，与 Y 有关的因素往往很多，如果将它们都取作自变量，必然会导致所得到自变量的个数很庞大. 因而在实际应用中，剔除对 Y 的影响很小的自变量，保留对 Y 影响较大的自变量，这样能使回归方程较为简洁，便于应用.

9.4 单因素试验的方差分析

在科学试验和生产实践中，影响一个事件的因素往往很多，而比较各种因素对事件产生影响的大小便是人们经常遇到的问题. 例如，农作物的产量受到品种、施肥量、气温、降水量等因素的影响. 为了增加农作物的产量，就有必要在众多因素中找出影响最显著的因素，并指出它们在什么状态下对增加产量最有利，从而选出最优的因素水平. 为此，需要进行试验，方差分析就是根据试验的结果进行分析，鉴别各有关因素对试验结果影响的有效方法.

在试验中，把考察的指标（如农作物的产量）称为试验指标，影响试验指标的条件称为因素（如品种、施肥量、气温等）. 因素可分为两类：一类是人们可以控制的因素（如品种、施肥量）；另一类是人们不可控制的因素（如气温）. 以下所说的因素都是指可控因素. 因素所处的状态称为该因素的水平. 如果一项试验中只有一个因素在改变，则称为单因素试验；如果多于一个因素在改变，则称为多因素试验.

为方便起见，以后用 X 表示试验指标，用大写字母 $A, B, C, \cdots$ 表示因素，用 $A_1, A_2, \cdots, A_k$ 表示因素 A 的 k 个不同水平.

例 9.8 比较研究某种农作物的 4 个不同品种对产量的影响，选取 16 块大小相同、肥沃程度相近的土地，每个品种选种 4 块，采用相同的耕种方式，测得产量结果如表 9-5.

表 9-5

品种	产量			
A_1	202	215	225	218
A_2	237	215	205	226
A_3	340	325	315	334
A_4	250	267	242	254

由此判断农作物的品种对产量是否有显著性影响.

这里的实验指标就是农作物的产量，因素就是品种 (A)，有 4 个水平 $A_i(i=1,2,3,4)$，假设 4 个不同品种的农作物的产量为 4 个不同的总体，分别记为 $X_i(i=1,2,3,4)$，并且每个总体服从正态分布且方差相同，即 $X_i \sim N(\mu_i, \sigma^2)(i=1,2,3,4)$. 于是，问题就归结为检验 4 种不同品种对产量的影响是否显著. 相当于检验假设

$$H_0: \mu_1 = \mu_2 = \mu_3 = \mu_4$$

是否成立. 如果接受 H_0，则认为没有显著影响，反之，则认为有显著影响.

下面讨论单因素多水平重复试验的方差分析的一般方法.

设因素 A 有 k 个不同的水平 $A_1, A_2, \cdots, A_k$，在每个水平 $A_i(i=1,2,\cdots,k)$ 下，进行 n_j $(n_j \geq 2)$ 次独立试验，得到结果如表 9-6.

表 9-6

水平	试验数据			
A_1	X_{11}	X_{12}	$\cdots$	X_{1n_1}
A_2	X_{21}	X_{22}	$\cdots$	X_{2n_2}
$\vdots$	$\vdots$	$\vdots$		$\vdots$
A_k	X_{k1}	X_{k2}	$\cdots$	X_{kn_k}

假设：各水平 $A_i(i=1,2,\cdots,k)$ 下的样本 $X_{i1}, X_{i2}, \cdots, X_{in_k}$ 来自具有相同的方差 σ^2，均值分别为 $\mu_i(i=1,2,\cdots,k)$ 的正态总体 $N(\mu_i, \sigma^2)$，μ_i 与 σ^2 未知，且设不同水平 A_i 下的样本之间相互独立.

根据这 k 组观测值检验因素 A 的影响是否显著，也就是检验假设

$$H_0: \mu_1 = \mu_2 = \cdots = \mu_k,$$
$$H_1: \mu_1, \mu_2, \cdots, \mu_k \text{ 不全相等.}$$

设试验总次数为 n，则 $n = \sum_{i=1}^{k} n_i$. 记第 i 组样本的组平均值为 $\bar{X}_i = \frac{1}{n_i} \sum_{j=1}^{n_i} X_{ij}$ $(i=1,2,\cdots,k)$. 于是，全体样本平均值为 $\bar{X} = \frac{1}{n} \sum_{i=1}^{k} \sum_{j=1}^{n_i} X_{ij} = \frac{1}{n} \sum_{i=1}^{k} n_i \bar{X}_i$. 考虑全体数据 X_{ij} $(i=1,2,\cdots,k; j=1,2,\cdots,n_i)$ 对总平均 $\bar{X}$ 的总离差平方和 $S_T = \sum_{i=1}^{k} \sum_{j=1}^{n_i} (X_{ij} - \bar{X})^2$. 由于

$$S_T = \sum_{i=1}^{k} \sum_{j=1}^{n_i} (X_{ij} - \bar{X})^2 = \sum_{i=1}^{k} \sum_{j=1}^{n_i} [(X_{ij} - \bar{X}_i) + (\bar{X}_i - \bar{X})]^2$$

$$= \sum_{i=1}^{k} \sum_{j=1}^{n_i} (X_{ij} - \bar{X}_i)^2 + \sum_{i=1}^{k} \sum_{j=1}^{n_i} (\bar{X}_i - \bar{X})^2 + 2\sum_{i=1}^{k} \sum_{j=1}^{n_i} (X_{ij} - \bar{X}_i)(\bar{X}_i - \bar{X}),$$

而

$$\sum_{i=1}^{k} \sum_{j=1}^{n_i} (\bar{X}_i - \bar{X})^2 = \sum_{i=1}^{k} n_i (\bar{X}_i - \bar{X})^2,$$

$$\sum_{i=1}^{k} \sum_{j=1}^{n_i} (X_{ij} - \bar{X}_i)(\bar{X}_i - \bar{X}) = \sum_{i=1}^{k} (\bar{X}_i - \bar{X}) \sum_{j=1}^{n_i} (X_{ij} - \bar{X}_i) = \sum_{i=1}^{k} (\bar{X}_i - \bar{X})(n_i \bar{X}_i - n_i \bar{X}_i) = 0.$$

因此

$$S_T = \sum_{i=1}^{k} \sum_{j=1}^{n_i} (X_{ij} - \bar{X})^2 = \sum_{i=1}^{k} \sum_{j=1}^{n_i} (X_{ij} - \bar{X}_i)^2 + \sum_{i=1}^{k} n_i (\bar{X}_i - \bar{X})^2.$$

记

$$S_E = \sum_{i=1}^{k} \sum_{j=1}^{n_i} (X_{ij} - \bar{X}_i)^2 ,$$

它表示各个数据 X_{ij} 对本组平均值 $\bar{X}_i$ 的离差平方和的总和，反映了试验过程中各种随机因素引起的试验误差，称为**组内误差平方和或误差平方和**. 记

$$S_A = \sum_{i=1}^{k} n_i (\bar{X}_i - \bar{X})^2 ,$$

它表示各组平均值对总体平均值的离差平方和，反映了各组样本之间的差异程度，即在因素 A 的不同水平 A_i 的效应的差异程度，称为**组间离差平方和或 A 的效应平方和**. 因此有

$$S_T = S_E + S_A .$$

对于来自正态总体 $N(\mu_i, \sigma^2)$ 的样本 $X_{i1}, X_{i2}, \cdots, X_{in_i}$，根据定理 6.2 可知

$$\frac{1}{\sigma^2} \sum_{j=1}^{n_i} (X_{ij} - \bar{X}_i)^2 \sim \chi^2(n_i - 1) , \quad i = 1, 2, \cdots, k .$$

再根据 χ^2 分布的可加性，得

$$\frac{S_E}{\sigma^2} = \frac{1}{\sigma^2} \sum_{i=1}^{k} \sum_{j=1}^{n_i} (X_{ij} - \bar{X}_i)^2 \sim \chi^2(n - k) .$$

如果检验假设 H_0 为真，即 $\mu_1 = \mu_2 = \cdots = \mu_k = \mu$，则所有数据 X_{ij} $(i = 1, 2, \cdots, k; \ j = 1, 2, \cdots, n_i)$ 可以看做来自同一个正态总体 $N(\mu, \sigma^2)$. 因为各 X_{ij} $(i = 1, 2, \cdots, k; j = 1, 2, \cdots, n_i)$ 相互独立，由定理 6.2 可知

$$\frac{S_T}{\sigma^2} = \frac{1}{\sigma^2} \sum_{i=1}^{k} \sum_{j=1}^{n_i} (X_{ij} - \bar{X})^2 \sim \chi^2(n - 1) .$$

此外，可以证明统计量 S_A 和 S_E 相互独立，且有

$$\frac{S_A}{\sigma^2} = \frac{1}{\sigma^2} \sum_{i=1}^{k} n_i (\bar{X}_i - \bar{X})^2 \sim \chi^2(k - 1) .$$

令

$$\bar{S}_E = \frac{S_E}{n - k} , \quad \bar{S}_A = \frac{S_A}{k - 1} ,$$

称 $\bar{S}_E$ 为**组内平均离差平方和**，称 $\bar{S}_A$ 为**组间平均离差平方和**.

当假设 H_0 为真时，统计量

$$F = \frac{\dfrac{S_A}{(k-1)\sigma^2}}{\dfrac{S_E}{(n-k)\sigma^2}} = \frac{\bar{S}_A}{\bar{S}_E} \sim F(k-1, n-k) .$$

如果因素 A 的各个水平对试验指标的影响相差不大，则组间平方和 S_A 较小，因此 $F = \dfrac{\bar{S}_A}{\bar{S}_E}$ 也较小；如果因素 A 的各个水平对试验指标的影响显著不同，则组间平方和 S_A 较大，从而 F 也较大. 这样，可以利用 F 值的大小来检验原假设 H_0.

对于给定的显著水平 α，由 F 分布表可查得 $F_\alpha(k-1, n-k)$. 如果根据样本观测值算得的 F 的观测值满足 $F \geqslant F_\alpha(k-1, n-k)$，则在显著水平 α 的条件下拒绝原假设 H_0，即认为因素 A 对试验指标有显著性影响；如果 $F < F_\alpha(k-1, n-k)$，则接受原假设 H_0，认为因素 A 对试验指标的影响不显著.

由于无论假设 H_0 是否为真，都有 $\dfrac{S_E}{\sigma^2} \sim \chi^2(n-k)$，因此 $E\left(\dfrac{S_E}{n-k}\right) = E(\bar{S}_E) = \sigma^2$．如果取 $\hat{\sigma}^2 = \bar{S}_E$ 作为未知参数 σ^2 的估计量，则 $\hat{\sigma}^2$ 是 σ^2 的无偏估计．又样本均值总是总体均值的无偏估计，因此可选取 $\hat{\mu}_i = \bar{X}_i$ 作为未知参数 $\mu_i (i=1,2,\cdots,k)$ 的无偏估计量．为计算方便，令

$$T_{i\cdot} = \sum_{j=1}^{n_i} X_{ij} \ (j=1,2,\cdots,s)，\quad T_{\cdot\cdot} = \sum_{i=1}^{k}\sum_{j=1}^{n_i} X_{ij} \ (i=1,2,\cdots,s; j=1,2,\cdots,s)．$$

即有

$$S_T = \sum_{i=1}^{k}\sum_{j=1}^{n_i} X_{ij}^2 - n\bar{X}^2 = \sum_{i=1}^{k}\sum_{j=1}^{n_i} X_{ij}^2 - \frac{T_{\cdot\cdot}^2}{n}，$$

$$S_A = \sum_{i=1}^{k} n_i (\bar{X}_i - \bar{X})^2 = \sum_{i=1}^{k} \frac{T_{i\cdot}^2}{n_i} - \frac{T_{\cdot\cdot}^2}{n}，$$

$$S_E = S_T - S_A．$$

对于样本观测值 $x_{ij}(i=1,2,\cdots,k; j=1,2,\cdots,n_i)$，上述计算过程可列表进行（表 9-7），并将计算结果填入表 9-8．表 9-8 称为单因素方差分析表.

表 9-7

水平	试验数据				n_i	$T_{i\cdot}$	$\sum\limits_{j=1}^{n_i} x_{ij}^2$
A_1	X_{11}	x_{12}	$\cdots$	x_{1n_1}	n_1	$\sum\limits_{j=1}^{n_1} x_{1j}$	$\sum\limits_{j=1}^{n_1} x_{1j}^2$
A_2	X_{21}	x_{22}	$\cdots$	x_{2n_2}	N_2	$\sum\limits_{j=1}^{n_2} x_{2j}$	$\sum\limits_{j=1}^{n_2} x_{2j}^2$
$\vdots$	$\vdots$	$\vdots$	$\vdots$	$\vdots$	$\vdots$	$\vdots$	$\vdots$
A_k	x_{k1}	x_{k2}	$\cdots$	x_{kn_k}	n_k	$\sum\limits_{j=1}^{n_k} x_{kj}$	$\sum\limits_{j=1}^{n_k} x_{kj}^2$

表 9-8

方差来源	离差平方和	自由度	平均离差平方和	F 值
因素 A	S_A	$k-1$	$\bar{S}_A = \dfrac{S_A}{k-1}$，	$F = \dfrac{\bar{S}_A}{\bar{S}_E}$
误差	S_E	$n-k$	$\bar{S}_E = \dfrac{S_E}{n-k}$	
总和	S_T	$n-1$		

例 9.9 设在例 9.8 中单因素方差分析的条件下，检验假设 $(\alpha = 0.05)$

$$H_0: \mu_1 = \mu_2 = \cdots = \mu_k，\quad H_1: \mu_1, \mu_2, \cdots, \mu_k \text{ 不全相等．}$$

解 首先，根据已知条件列表计算得表 9-9.

表 9-9

品种	产量				n_i	$T_{i\cdot}$	$\sum\limits_{j=1}^{n_i} x_{ij}^2$
A_1	202	215	225	218	4	860	185 178
A_2	237	215	205	226	4	883	195 495
A_3	340	325	315	334	4	1 314	432 006
A_4	250	267	242	254	4	1 013	256 869

进而可得到

$$T_{\cdot\cdot} = \sum_{i=1}^{4} T_{i\cdot} = 4070,$$

$$S_T = (185\,178 + 195\,495 + 432\,006 + 256\,869) - \frac{4\,070^2}{16} = 34\,241.75,$$

$$S_A = \frac{1}{4}(860^2 + 883^2 + 1\,314^2 + 1\,013^2) - \frac{4\,070^2}{16} = 32\,707.25,$$

$$S_E = S_T - S_A = 1\,534.5.$$

其次，把相关计算结果填入方差分析表，得表 9-10.

表 9-10

方差来源	离差平方和	自由度	平均离差平方和	F 值
因素 A	32 707.25	3	10 902.42	85.258 39
误差	1 534.5	12	127.875	
总和	34 241.75	15		

最后，根据表 9-10 下判断. 在给定显著性水平 $\alpha = 0.05$，由附表 7 查得 $F_{0.05}(3,12) = 3.49$. 因为 $F = 85.258\,39 > 3.49 = F_{0.05}(3,12)$，所以在显著性水平 0.05 下认为农作物的不同品种对产量有显著性影响.

有时为了方便计算，可以将所有数据的 x_{ij} 减去同一个常数. 容易证明这并不影响离差平方和的计算结果.

例 9.10 为考察工艺（A）对某种电子产品寿命的影响，从 4 中不同的工艺（分别记为 $A_1, A_2,$ A_3, A_4）生产的电子产品中分别抽出一些电子产品，测得其寿命（单位：h）如表 9-11.

表 9-11

工艺	寿 命				
A_1	620	670	700	750	800
A_2	580	600	640	720	
A_3	460	540	620		
A_4	500	550	610	680	

试问不同工艺对电子产品的寿命是否有显著性影响？（$\alpha = 0.05$）

解 把所有数据减去 600，而后列表计算得表 9-12.

表 9-12

水平	试验数据					n_i	$T_{i\cdot}$	$\sum_{j=1}^{n_i} x_{ij}^2$
A_1	20	70	100	150	200	5	540	77 800
A_2	−20	0	40	120		4	140	16 400
A_3	−140	−60	20			3	−180	23 600
A_4	−100	−50	10	80		4	−60	19 000

进而可得到 $T_{\cdot\cdot} = 440$，$S_T = 12\,470$，$S_A = 62\,820$，$S_E = 61\,880$. 相关计算结果填入方差分析表，得到表 9-13.

表 9-13

方差来源	离差平方和	自由度	平均离差平方和	F 值
因素 A	62 820	3	20 940	4.06
误差	61 880	12	5 157	
总和	124 700	15		

在给定显著性水平 $\alpha = 0.05$ 下，因为 $F = 4.06 > 3.49 = F_{0.05}(3,12)$，所以在显著性水平 0.05 下认为由不同的工艺生产的电子产品的寿命有显著性差异.

利用表 9-13 的计算结果，可以得到如下参数的估计值，

$$\hat{\mu}_1 = \overline{x}_1 = 1\,600 + \frac{540}{5} = 1\,708 , \quad \hat{\mu}_2 = \overline{x}_2 = 1\,600 + \frac{140}{4} = 1\,635 ,$$

$$\hat{\mu}_3 = \overline{x}_3 = 1\,600 - \frac{180}{3} = 1\,540 , \quad \hat{\mu}_4 = \overline{x}_4 = 1\,600 - \frac{60}{3} = 1\,585 ,$$

$$\hat{\sigma}^2 = S_e = 5\,157 .$$

由此可见，用第一种工艺生产的电子产品的寿命是最长的.

9.5 双因素试验的方差分析

在许多实际问题中，往往要同时考虑两个或两个以上因素对试验指标的影响. 本节中考虑双因素方差分析. 在双因素试验中，往往会出现不仅各个因素对试验结果有影响，而且因素之间联合起来对试验结果产生影响. 这种影响成为各因素的**交互作用**. 因此，在双因素试验中，除了考察每个因素的各个水平对试验结果的影响之外，还需考察两个因素的各个水平之间如何搭配才能使试验结果更为理想. 下面首先考察无交互作用的情形.

9.5.1 双因素有交互作用的方差分析

设有两个因素 A，B 作用于试验指标. 因素 A 有 r 个水平 $A_1, A_2, \cdots, A_r$，因素 B 有 s 个水平 $B_1, B_2, \cdots, B_s$. 为了考察因素 A 与因素 B 的交互作用（记 $A \times B$），需要对因素 A 的水平 A_i 与因素 B 水平 B_j 的组合 (A_i, B_j) 进行重复试验. 现在讨论一种比较简单的情形，对因素 A 与因素 B 的各个水平组合 (A_i, B_j) 都做相同次数的试验，设进行 t（$t > 1$）次重复独立试验，得到如下试验结果（见表 9-14）.

表 9-14

因素 B / 因素 A	B_1	B_2	$\cdots$	B_s
A_1	$X_{111}, X_{112}, \cdots, X_{11t}$	$X_{121}, X_{122}, \cdots, X_{12t}$	$\cdots$	$X_{1s1}, X_{1s2}, \cdots, X_{1st}$
A_2	$X_{211}, X_{212}, \cdots, X_{21t}$	$X_{221}, X_{222}, \cdots, X_{22t}$	$\cdots$	$X_{2s1}, X_{2s2}, \cdots, X_{2st}$
$\cdots$	$\cdots$	$\cdots$		$\cdots$
A_r	$X_{r11}, X_{r12}, \cdots, X_{r1t}$	$X_{r21}, X_{r22}, \cdots, X_{r2t}$	$\cdots$	$X_{rs1}, X_{rs2}, \cdots, X_{rst}$

可以把在水平组合 (A_i, B_j) 下所得试验结果看成总体 X_{ij}，其中第 k 次试验结果为 X_{ijk}（$i = 1,2,\cdots, r; j = 1,2,\cdots,s; k = 1,2\cdots,t$）. 假设在水平组合 (A_i, B_j) 下的总体 X_{ij} 服从均值为 μ_{ij}、方差为 σ^2 的正态总体，即 $X_{ij} \sim N(\mu_{ij}, \sigma^2)$（$i = 1,2,\cdots,r; j = 1,2,\cdots,s$）. 上述 μ_{ij} 可表示为

$$\mu_{ij} = \mu + \alpha_i + \beta_j + \delta_{ij} \quad (i=1,2,\cdots,r; j=1,2,\cdots,s),$$

其中，α_i 为因素 A 在水平 A_i 下的效应，β_j 为因素 B 在水平 B_j 下的效应，δ_{ij} 为因素 A 的水平 A_i 与因素 B 的水平 B_j 的交互作用效应，并且

$$\sum_{i=1}^{r}\alpha_i = 0, \quad \sum_{j=1}^{s}\beta_j = 0, \quad \sum_{i=1}^{r}\delta_{ij} = 0, \quad \sum_{j=1}^{s}\delta_{ij} = 0 \quad (i=1,2,\cdots,r; j=1,2,\cdots,s),$$

于是

$$X_{ijk} = \mu + \alpha_i + \beta_j + \delta_{ij} + \varepsilon_{ijk}, \quad \varepsilon_{ijk} \sim N(\mu_{ij}, \sigma^2),$$
$$i=1,2,\cdots,r; j=1,2,\cdots,s; k=1,2\cdots,t. \tag{9.10}$$

在式（9.10）中，各随机变量 ε_{ijk} 相互独立，$\mu, \sigma^2, \alpha_i, \beta_j, \delta_{ij}$ 均为未知参数.

要判断因素 A、因素 B 及交互作用 $A \times B$ 对试验指标的影响是否显著，相当于分别检验以下三个假设：

$H_{01}: \alpha_1 = \alpha_2 = \cdots = \alpha_r = 0,$ $H_{11}: \alpha_1, \alpha_2, \cdots, \alpha_r$ 不全为零；

$H_{02}: \beta_1 = \beta_2 = \cdots = \beta_s = 0,$ $H_{12}: \beta_1, \beta_2, \cdots, \beta_s$ 不全为零；

$H_{03}: \delta_{11} = \delta_{12} = \cdots = \delta_{rs} = 0,$ $H_{13}: \delta_{11}, \delta_{12}, \cdots, \delta_{rs}$ 不全为零.

与单因素方差分析类似，对于这些问题的检验方法建立在平方和分解的基础上. 先引入如下记号：

$$\bar{X} = \frac{1}{rst}\sum_{i=1}^{r}\sum_{j=1}^{s}\sum_{k=1}^{t}X_{ijk},$$

$$\bar{X}_{ij\cdot} = \frac{1}{t}\sum_{k=1}^{t}X_{ijk}, \quad i=1,2,\cdots,r; j=1,2,\cdots,s,$$

$$\bar{X}_{i\cdot\cdot} = \frac{1}{st}\sum_{j=1}^{s}\sum_{k=1}^{t}X_{ijk}, \quad i=1,2,\cdots,r,$$

$$\bar{X}_{\cdot j\cdot} = \frac{1}{rt}\sum_{i=1}^{r}\sum_{k=1}^{t}X_{ijk}, \quad j=1,2,\cdots,s,$$

则总偏差平方和（简称总偏差）

$$S_T = \sum_{i=1}^{r}\sum_{j=1}^{s}\sum_{k=1}^{t}(X_{ijk} - \bar{X})^2$$

$$= \sum_{i=1}^{r}\sum_{j=1}^{s}\sum_{k=1}^{t}[(X_{ijk} - \bar{X}_{ij\cdot}) + (\bar{X}_{i\cdot\cdot} - \bar{X}) + (\bar{X}_{\cdot j\cdot} - \bar{X}) + (\bar{X}_{ij\cdot} - \bar{X}_{i\cdot\cdot} - \bar{X}_{\cdot j\cdot} + \bar{X})]^2$$

$$= \sum_{i=1}^{r}\sum_{j=1}^{s}\sum_{k=1}^{t}(X_{ijk} - \bar{X}_{ij\cdot})^2 + st\sum_{i=1}^{r}(\bar{X}_{i\cdot\cdot} - \bar{X})^2 + rt\sum_{i=1}^{r}(\bar{X}_{\cdot j\cdot} - \bar{X})^2$$

$$+ t\sum_{i=1}^{r}\sum_{j=1}^{t}(\bar{X}_{ij\cdot} - \bar{X}_{i\cdot\cdot} - \bar{X}_{\cdot j\cdot} + \bar{X})^2,$$

即得平方和分解式

$$S_T = S_E + S_A + S_B + S_{A\times B},$$

其中

$$S_E = \sum_{i=1}^{r}\sum_{j=1}^{s}\sum_{k=1}^{t}(X_{ijk} - \bar{X}_{ij\cdot})^2, \quad S_A = st\sum_{i=1}^{r}(\bar{X}_{i\cdot\cdot} - \bar{X})^2, \quad S_B = rt\sum_{i=1}^{r}(\bar{X}_{\cdot j\cdot} - \bar{X})^2,$$

$$S_{A\times B} = t\sum_{i=1}^{r}\sum_{j=1}^{s}(\bar{X}_{ij\cdot} - \bar{X}_{i\cdot\cdot} - \bar{X}_{\cdot j\cdot} - \bar{X})^2,$$

S_E 称为误差平方和，S_A，S_B 分别称为因素 A、因素 B 的效应平方和，$S_{A\times B}$ 称为 A，B 交互效应平方和.

可以证明 $S_T, S_E, S_A, S_B, S_{A\times B}$ 相互独立，且 $\dfrac{S_T}{\sigma^2}, \dfrac{S_E}{\sigma^2}, \dfrac{S_A}{\sigma^2}, \dfrac{S_B}{\sigma^2}, \dfrac{S_{A\times B}}{\sigma^2}$ 分别服从自由度依次为 $rst-1$，$r-1$，$s-1$，$(r-1)(s-1)$ 的 χ^2 分布.

当 $H_{01}: \alpha_1 = \alpha_2 = \cdots = \alpha_r = 0$ 为真时，也可证明

$$F_A = \frac{S_A/(r-1)}{S_E/(rs(t-1))} \sim F(r-1, rs(t-1)),$$

取显著性水平为 α，得假设 H_{01} 的拒绝域为

$$F_A = \frac{S_A/(r-1)}{S_E/(rs(t-1))} \geqslant F_\alpha(r-1, rs(t-1));$$

类似地，在显著性水平为 α 下，检验假设 $H_{02}: \beta_1 = \beta_2 = \cdots = \beta_s = 0$ 的拒绝域

$$F_B = \frac{S_B/(s-1)}{S_E/rs(t-1)} \geqslant F_\alpha(s-1, rs(t-1));$$

在显著性水平为 α 下，检验假设 $H_{03}: \delta_{11} = \alpha_{12} = \cdots = \alpha_{rs} = 0$ 的拒绝域为

$$F_{A\times B} = \frac{S_A/(r-1)(s-1)}{S_E/(rs(t-1))} \sim F_\alpha((r-1)(s-1), rs(t-1)).$$

当有样本观测值算得的 F_A 的观测值 $F_A \geqslant F_\alpha(r-1, rs(t-1))$ 时，认为因素 A 对试验指标有显著性影响；当 $F_A < F_\alpha(r-1, rs(t-1))$ 时，认为因素 A 对试验指标无显著性影响. 类似地，可以得到关于因素 B 和交互作用 $A\times B$ 对试验结果指标是否显著影响的结论.

上述结果可汇总成下列的方差分析表（见表 9-15）.

表 9-15

方差来源	平方和	自由度	均方	F 值
因素 A	S_A	$r-1$	$\bar{S}_A = \dfrac{S_A}{r-1}$	$F_A = \dfrac{\bar{S}_A}{\bar{S}_E}$
因素 B	S_B	$s-1$	$\bar{S}_B = \dfrac{S_B}{s-1}$	$F_B = \dfrac{\bar{S}_B}{\bar{S}_E}$
交互作用	$S_{A\times B}$	$(r-1)(s-1)$	$\bar{S}_{A\times B} = \dfrac{S_{A\times B}}{(r-1)(s-1)}$	$F_{A\times B} = \dfrac{\bar{S}_{A\times B}}{\bar{S}_E}$
误差	S_E	$rs(t-1)$	$\bar{S}_E = \dfrac{S_E}{rs(t-1)}$	
总和	S_T	$rst-1$		

实际分析中，常采用如下简便算法和记号：

$$T_{\cdots} = \sum_{i=1}^{r}\sum_{j=1}^{s}\sum_{k=1}^{t} X_{ijk}, \qquad T_{ij\cdot} = \sum_{k=1}^{t} X_{ijk}, \quad i=1,2,\cdots,r; i=1,2,\cdots,s,$$

$$T_{i\cdots} = \sum_{j=1}^{s}\sum_{k=1}^{t} X_{ijk}, \quad i=1,2,\cdots,r, \qquad T_{\cdot j\cdot} = \sum_{i=1}^{r}\sum_{k=1}^{t} X_{ijk}, \quad j=1,2,\cdots,s.$$

则

$$S_T = \sum_{i=1}^{r}\sum_{j=1}^{s}\sum_{k=1}^{t} X_{ijk}^2 - \frac{T_{\cdots}^2}{rst}, \qquad S_A = \frac{1}{st}\sum_{i=1}^{r} T_{i\cdots}^2 - \frac{T_{\cdots}^2}{rst},$$

$$S_B = \frac{1}{rt}\sum_{j=1}^{s}T_{.j.}^2 - \frac{T_{...}^2}{rst}, \qquad S_{A\times B} = \left(\frac{1}{t}\sum_{i=1}^{r}\sum_{j=1}^{s}T_{ij.}^2 - \frac{T_{...}^2}{rst}\right) - S_A - S_B,$$

$$S_E = S_T - S_A - S_B - S_{A\times B},$$

例 9.11 城市道路交通管理部门为研究不同路段和不同的时间段对行车时间的影响,让一名交通警察分别在两个路段和高峰期与非高峰期亲自驾车进行试验,通过试验,共取得 20 个行车时间(分钟)的数据,如表9-16所示.试分析路段、时段及路段和时段的交互作用对行车时间的影响. ($\alpha = 0.05$)

表 9-16

时段 A ＼ 路段 B	B_1	B_2
A_1	26, 24, 27, 25, 25	19, 20, 23, 22, 21
A_2	20, 17, 22, 21, 17	18, 17, 13, 16, 12

解 假设在因素 A 的水平 A_i 和因素 B 的水平 B_j 的组合 (A_i, B_j) 下得到的行车时间 $X_{ij} \sim N(\mu_{ij}, \sigma^2)$,且 $\mu_{ij} = \mu + \alpha_i + \beta_j + \delta_{ij}$ $(i, j = 1, 2)$. 在显著水平 $\alpha = 0.05$ 下检验假设:

$H_{01} : \alpha_1 = \alpha_2 = 0$, $\qquad H_{11} : \alpha_1, \alpha_2$ 不全为零;

$H_{02} : \beta_1 = \beta_2 = 0$, $\qquad H_{12} : \beta_1, \beta_2$ 不全为零;

$H_{03} : \delta_{11} = \delta_{12} = \delta_{21} = \delta_{22} = 0$, $\qquad H_{13} : \delta_{11}, \delta_{12}, \delta_{21}, \delta_{22}$ 不全为零;

对表 9-16 中的数据计算可得:

$T_{...} = (26 + 24 + \cdots + 12) = 405$,

$T_{1..} = (26 + 24 + 27 + 25 + 19 + 20 + 23 + 22 + 21) = 232$,

$T_{2..} = (20 + 17 + 22 + 21 + 17 + 18 + 17 + 13 + 16 + 12) = 173$,

$T_{.1.} = (26 + 24 + 27 + 25 + 25 + 20 + 17 + 22 + 21 + 17) = 224$,

$T_{.2.} = (19 + 20 + 23 + 22 + 21 + 18 + 17 + 13 + 16 + 12) = 181$,

$S_T = (26^2 + 24^2 + \cdots + 12^2) - \dfrac{405^2}{20} = 329.75$,

$S_A = \dfrac{1}{10}(232^2 + 173^2) - \dfrac{405^2}{20} = 174.05$,

$S_B = \dfrac{1}{10}(224^2 + 181^2) - \dfrac{405^2}{20} = 92.45$,

$S_{A\times B} = \left[\dfrac{1}{5}(127^2 + 97^2 + 105^2 + 76^2) - \dfrac{405^2}{20}\right] - S_A - S_B = 0.05$,

$S_E = S_T - S_A - S_B - S_{A\times B} = 63.20$,

得方差分析表(见表9-17).

表 9-17

方差来源	平方和	自由度	均方	F 值
因素 A	174.05	1	174.05	$F_A = 44.0633$
因素 B	92.45	1	92.45	$F_B = 23.4051$
交互作用	0.05	1	0.05	$F_{A\times B} = 0.0127$
误差	63.20	16	3.95	
总和	325.75	19		

由于 $F_{0.05}(1,19) = 4.38 < F_A$，因此拒绝原假设 H_{01}，表明不同时段的行车时间有显著差异，即时段对行车时间有显著影响；$F_{0.05}(1,19) = 4.38 < F_B$，拒绝原假设 H_{02}，表明不同路段的行车时间有显著差异，即路段对行车时间有显著影响；交互作用反映的是"时段"因素和"路段"因素对行车时间联合产生的附加效应，而 $F_{0.05}(1,16) = 4.49 > F_{A \times B}$，接受原假设 H_{03}，没有证据表明时段和路段的交互作用对行车时间有显著影响.

9.5.2 双因素无交互作用的方差分析

设有两个因素 A，B 作用于试验指标. 因素 A 有 r 个水平 $A_1, A_2, \cdots, A_r$，因素 B 有 s 个水平 $B_1, B_2, \cdots, B_s$. 如果知道不存在因素 A 与因素 B 的交互作用或者两个因素的交互作用可以忽略不计，则可以不考虑交互作用. 此时只需对因素 A 的水平 A_i 与因素 B 的水平 B_j 的组合 (A_i, B_j) 进行一次试验即可，得到结果如表 9-18.

表 9-18

因素 A ＼ 因素 B	B_1	B_2	$\cdots$	B_s
A_1	X_{11}	X_{12}	$\cdots$	X_{1s}
A_2	X_{21}	X_{22}	$\cdots$	X_{2s}
$\cdots$	$\cdots$	$\cdots$	$\cdots$	$\cdots$
A_r	X_{r1}	X_{r2}	$\cdots$	X_{rs}

假设在水平组合 (A_i, B_j) 下的总体 X_{ij} 服从均值为 μ_{ij}、方差为 σ^2 的正态总体，即 $X_{ij} \sim N(\mu_{ij}, \sigma^2)$ $(i = 1, 2, \cdots, r; j = 1, 2, \cdots, s)$. 上述 μ_{ij} 可表示为

$$\mu_{ij} = \mu + \alpha_i + \beta_j \quad (i = 1, 2, \cdots, r; j = 1, 2, \cdots, s),$$

并且

$$\sum_{i=1}^{r} \alpha_i = 0, \quad \sum_{j=1}^{s} \beta_j = 0 \ (i = 1, 2, \cdots, r; j = 1, 2, \cdots, s),$$

于是

$$X_{ij} = \mu + \alpha_i + \beta_j + \varepsilon_{ij}, \quad \varepsilon_{ij} \sim N(\mu_{ij}, \sigma^2),$$
$$i = 1, 2, \cdots, r; j = 1, 2, \cdots, s. \tag{9.11}$$

在式（9.11）中，各随机变量 ε_{ij} 相互独立，$\mu, \sigma^2, \alpha_i, \beta_j$ 均为未知参数.

要判断因素 A、因素 B 对试验指标的影响是否显著，相当于分别检验下两个假设：

$H_{01} : \alpha_1 = \alpha_2 = \cdots = \alpha_r = 0, \qquad H_{11} : \alpha_1, \alpha_2, \cdots, \alpha_r$ 不全为零；

$H_{02} : \beta_1 = \beta_2 = \cdots = \beta_s = 0, \qquad H_{12} : \beta_1, \beta_2, \cdots, \beta_s$ 不全为零.

注意沿用 9.5.1 节的记号，可得方差分析表（见表 9-19）.

表 9-19

方差来源	平方和	自由度	均方	F 值
因素 A	S_A	$r-1$	$\bar{S}_A = \dfrac{S_A}{r-1}$	$F_A = \dfrac{\bar{S}_A}{\bar{S}_E}$
因素 B	S_B	$s-1$	$\bar{S}_B = \dfrac{S_B}{s-1}$	$F_B = \dfrac{\bar{S}_B}{\bar{S}_E}$

方差来源	平方和	自由度	均方	F 值
误差	S_E	$(r-1)(s-1)$	$\overline{S}_E = \dfrac{S_E}{(r-1)(s-1)}$	
总和	S_T	$rs-1$		

取显著性水平为 α，得假设 $H_{01}: \alpha_1 = \alpha_2 = \cdots = \alpha_r = 0$ 的拒绝域为

$$F_A = \frac{\overline{S}_A}{\overline{S}_E} \geqslant F_\alpha(r-1,(r-1)(s-1)) ,$$

检验假设 $H_{02}: \beta_1 = \beta_2 = \cdots = \beta_s = 0$ 的拒绝域

$$F_B = \frac{\overline{S}_B}{\overline{S}_E} \geqslant F_\alpha(s-1,(r-1)(s-1)) .$$

表 9-19 中的平方和可按下述公式计算：

$$S_T = \sum_{i=1}^{r}\sum_{j=1}^{s} X_{ij}^2 - \frac{T_{\cdot\cdot}^2}{rs} , \qquad S_A = \frac{1}{s}\sum_{i=1}^{r} T_{i\cdot}^2 - \frac{T_{\cdot\cdot}^2}{rs} ,$$

$$S_B = \frac{1}{r}\sum_{j=1}^{s} T_{\cdot j}^2 - \frac{T_{\cdot\cdot}^2}{rs} , \qquad S_E = S_T - S_A - S_B ,$$

其中，$T_{\cdot\cdot} = \sum_{i=1}^{r}\sum_{j=1}^{s} X_{ij}$，$T_{ij\cdot} = \sum_{k=1}^{t} X_{ijk}$，$i=1,2,\cdots,r; i=1,2,\cdots,s$，

$T_{i\cdot} = \sum_{j=1}^{s} X_{ij}$，$i=1,2,\cdots,r$，$\qquad T_{\cdot j} = \sum_{i=1}^{r} X_{ij}$，$j=1,2,\cdots,s$．

例 9.12 有 4 个品牌的手机在 5 个地区销售，为分析手机品牌（因素 A）和销售地区（因素 B）对销售是否有影响，对每个品牌在各地区的销售量取得数据（见表 9-20），试分析品牌和销售地区对手机销售量是否有显著影响．$(\alpha = 0.05)$

表 9-20

销售地区 B ＼ 手机品牌 A	B_1	B_2	B_3	B_4	B_5	$T_{i\cdot}$
A_1	365	350	343	340	323	1 721
A_2	345	368	363	330	333	1 739
A_3	358	323	353	343	308	1 685
A_4	288	280	298	260	298	1 424
$T_{\cdot j}$	1 356	1 321	1 357	1 273	1 262	6 569

解 根据题意，需要在显著性水平 $\alpha = 0.05$ 下检验假设：

$H_{01}: \alpha_1 = \alpha_2 = \alpha_3 = \alpha_4 = 0$，$\qquad H_{11}: \alpha_1, \alpha_2, \alpha_3, \alpha_4$ 不全为零；

$H_{02}: \beta_1 = \beta_2 = \beta_3 = \beta_4 = \beta_5 = 0$，$\qquad H_{12}: \beta_1, \beta_2, \beta_3, \beta_4, \beta_5$ 不全为零．

$T_{i\cdot}$，$T_{\cdot j}$ 的值已在表 9-20 中算出，而且可得到：

$$S_T = (365^2 + 350^2 + \cdots + 298^2) - \frac{6\,569^2}{20} = 17\,888.95 ,$$

$$S_A = \frac{1}{5}(1\,721^2 + 1\,739^2 + 1\,685^2 + 1\,424^2) - \frac{6\,569^2}{20} = 13\,004.35 ,$$

$$S_B = \frac{1}{4}(1\,356^2 + 1\,321^2 + 1\,357^2 + 1\,273^2 + 1\,262^2) - \frac{6\,569^2}{20} = 2\,011.70,$$

$$S_E = S_T - S_A - S_B = 2\,872.70.$$

得方差分析表（见表 9-21）.

表 9-21

方差来源	平方和	自由度	均方	F 值
因素 A	13 004.55	3	4 334.85	$F_A = 18.107\,773$
因素 B	2 011.70	4	502.925	$F_B = 2.100\,846$
误差	2 872.70	12	239.391 67	
总和	17 888.95	19		

由于 $F_{0.05}(3,12) = 3.49 < F_A$，所以拒绝假设 H_{01}，即品牌对销售量有显著影响. 又 $F_{0.05}(4,12) = 3.26 > F_B$，所以接受假设 H_{02}，即不能认为销售地对销售量有显著影响.

习题 9

9.1 对某地区生产同一产品的 8 个不同规模的企业进行生产费用调查，得产量 x（单位：万件）和生产费用 y（单位：万元）的数据（见表 9-22）.

表 9-22

产量 x/万件	1.5	2.0	3.0	4.5	7.5	9.1	10.5	12
费用 y/万元	5.6	6.6	7.2	7.8	10.1	10.8	13.5	16.5

试据此建立 y 关于 x 的回归方程.

9.2 以家庭为单位，某种商品年需求量与该商品价格之间的一组调查数据见表 9-23.

表 9-23

价格 x/元	5	2	2	2.3	2.5	2.6	2.8	3	3.3	3.5
需求量 y/千克	1	3.5	3	2.7	2.4	2.5	2	1.5	1.2	1.2

试求回归直线方程 $\hat{y} = \hat{a} + \hat{b}x$.

9.3 随机抽取了 10 个家庭，调查得到他们的家庭收入 x（单位：千元）和月支出 y（单位：千元），记录于表 9-24.

表 9-24

x/千元	20	15	20	25	16	20	18	19	22	16
y/千元	18	14	17	20	14	19	17	18	20	13

（1）试求回归直线方程 $\hat{y} = \hat{a} + \hat{b}x$；

（2）对所得回归直线方程做显著性检验（$\alpha = 0.05$）；

（3）对于家庭收入 $x_0 = 17$，求对应的 y_0 的点预测和置信水平为 95% 的置信区间.

9.4 在钢丝碳含量对于电阻的效应的研究中，得到表 9-25 中的数据.

表 9-25

碳含量 x（%）	0.10	0.30	0.40	0.55	0.70	0.80	0.95
电阻 y/μΩ	15	18	19	21	22.6	23.8	26

（1）画出散点图；

（2）求线性回归方程 $\hat{y} = \hat{a} + \hat{b}x$；

（3）检验假设 $H_0 : b = 0$，$H_1 : b \neq 0$；

（4）求 $x = 0.50$ 处的置信度为 0.95 的预测区间.

9.5　在儿童健康标准制作过程中，调查了许多儿童的身体发育情况，得到了一系列体重（容易测得的）和体积（难以测量的）之间的关系. 表 9-26 列出了 18 个 5~8 岁儿童的体重和体积.

表 9-26

重量 x/kg	17.1	10.5	13.8	15.7	11.9	10.4	15.0	16.0	17.8
体积 y/cm³	16.7	10.4	13.5	15.7	11.6	10.2	14.5	15.8	17.6
重量 x/kg	15.8	15.1	12.1	18.4	17.1	16.7	16.5	15.1	15.1
体积 y/cm³	15.2	14.8	11.9	18.3	16.7	16.6	15.9	15.1	14.5

（1）画出散点图；

（2）求 y 关于 x 的线性回归方程 $\hat{y} = \hat{a} + \hat{b}x$；

（3）求 $x = 14.0$ 时 y 的置信度为 0.95 的预测区间.

9.6　为研究某国标准普通信件（重量不超过 50 克）的邮资与时间的关系，得到表 9-27 中的数据.

表 9-27

年份 x	1984	1985	1987	1991	1995	1997	2001	2005	2008	2011	2014
价格 y/元	0.06	0.08	0.10	0.13	0.15	0.20	0.22	0.25	0.29	0.32	0.33

试求回归直线方程 $\hat{y} = \hat{a} + \hat{b}x$.

9.7　槲寄虫是一种寄生在大树上部树枝上的寄生植物. 它喜欢寄生在年轻的大树上. 下面给出在一定条件下完成的试验中采集的数据，见表 9-28.

表 9-28

大树的年龄 x/年	3	4	9	15	40
每株大树上槲寄虫的株数 y	28	10	15	6	1
	33	36	22	14	1
	22	24	10	9	

以模型 $y = \alpha e^{\beta x} \varepsilon$，$\ln \varepsilon \sim N(0, \sigma^2)$ 拟合数据，其中 α，β，σ^2 与 x 无关，试求曲线方程 $\hat{y} = \hat{\alpha} e^{\hat{\beta} x}$.

9.8　表 9-29 给出了某种产品每件平均单价 y（单位：元）与批量 x（单位：件）之间关系的一组数据.

表 9-29

x/元	20	25	30	35	40	50	60	65	70	75	80	90
y（/件）	1.81	1.70	1.65	1.55	1.48	1.40	1.30	1.26	1.24	1.21	1.20	1.18

（1）画出散点图；

（2）以模型 $Y = b_0 + b_1 x + b_2 x^2 + \varepsilon, \varepsilon \sim N(0, \sigma^2)$ 拟合数据，其中 b_0, b_1, b_2, σ^2 与 x 无关，求回归直线方程 $\hat{y} = b_0 + \hat{b}_1 x + \hat{b}_2 x^2$.

9.9　在汽油中加入两种化学添加剂，观察它们对汽车消耗 1 公升汽油所行里程的影响，共进行 9 次试验，得到里程 y 与两种添加剂用量 x_1, x_2 之间的数据，见表 9-30.

表 9-30

x_1	0	1	0	1	2	0	2	3	1
x_2	0	0	1	1	0	2	2	1	3
y	15.8	16.0	15.9	16.2	16.5	16.3	16.8	17.4	17.2

试求里程 y 关于 x_1, x_2 的线性回归方程.

9.10　某家电制造公司准备购进一批 5# 电池，现有 A、B、C 三个电池生产企业愿意供货，为比较他们生产的电池质量，从每家企业个随机抽取 5 只电池，测得其寿命（单位：h）数据，见表 9-31.

表 9-31

电池生产企业 测试编号	A	B	C
1	50	32	45
2	50	28	42
3	43	30	38
4	40	34	48
5	49	26	40

试分析三家生产企业的电池的平均寿命之间有无显著性差异. $(\alpha = 0.05)$

9.11　设有三台机器，用来生产规格相同的铝合金薄板. 取样，测量薄板的厚度精确至千分之一厘米. 结果见表 9-32.

表 9-32

机器 测量编号	机器 I	机器 II	机器 III
1	0.236	0.257	0.258
2	0.238	0.253	0.264
3	0.248	0.255	0.259
4	0.245	0.254	0.267
5	0.243	0.261	0.262

试分析三台机器生产规格相同的铝合金薄板厚度之间有无显著性差异. $(\alpha = 0.05)$

9.12　有 5 种不同的种子和 4 种不同的施肥方案，在 20 块同样面积的土地上，分别采用 5 种种子和 4 种施肥方案搭配进行试验，取得的收获量数据见表 9-33.

表 9-33

施肥方案 品种	1	2	3	4
1	12.0	9.5	10.4	9.7
2	13.7	11.5	12.4	9.6

续表

施肥方案 品种	1	2	3	4
3	14.2	12.3	11.4	11.1
4	14.2	14.0	12.5	12.0
5	13.0	14.0	13.1	11.4

检验不同的种子对收获量的影响是否有显著差异, 不同的施肥方案对收获量的影响是否有显著差异? ($\alpha = 0.05$)

9.13 为研究食品的包装和销售对其销售量是否有影响, 在三个不同地区中用三种不同包装方式进行销售, 获得的销售量数据见表 9-34.

表 9-34

包装方式 销售地区	1	2	3
1	45	75	30
2	50	50	40
3	35	65	50

检验不同的地区和不同的包装方式对食品的销售量是否有显著性影响? ($\alpha = 0.05$)

9.14 设 4 名工人操作机器 A_1, A_2, A_3 各一天, 其日产量见表 9-35.

表 9-35

工人(B) 机器(A)	B_1	B_2	B_3	B_4
A_1	50	47	47	53
A_2	53	54	57	58
A_3	52	42	41	48

问不同机器或不同工人对日产量是否有显著影响? ($\alpha = 0.05$)

9.15 为检验广告媒体和广告方案对产品销售量的影响, 一家营销公司做了一项试验, 考察 3 种广告方案和 2 种广告媒体, 获得销售量的数据见表 9-36.

表 9-36

广告媒体 广告方案	报纸	电视
A	8, 12	12, 8
B	22, 14	26, 30
C	10, 15	18, 14

检验广告方案、广告媒体或其交互作用对销售量的影响是否显著? ($\alpha = 0.05$)

9.16 (控制不良贷款) 一家大型商业银行在各个地区设有分行, 其主要业务是进行基础设施建设、国家重点项目建设、固定资产投资等项目的贷款. 近年来, 随着经济环境的变化, 该银行的贷款额平稳增长, 但是不良贷款额也有较大比例的上升, 这给银行业务的发展带来较大的压力. 为弄清楚不良贷款形式的原因, 银行行长除了对经济环境进行广泛的调研以外, 还希望利用银行业务的有关数据做出定量分析, 以便找出控制不良贷款的方法. 表 9-37 中的数据就是该银行所属的 25

家分行在 2013 年主要业务数据. x_i $(i=1,2,3,4)$ 分别代表各项贷款余额（单位：亿元）、本年累计应收贷款（单位：亿元）、贷款项目数、本年规定资产投资额（单位：亿元），y 表示不良贷款（单位：亿元）.

表 9-37

分行编号	y	x_1	x_2	x_3	x_4	分行编号	y	x_1	x_2	x_3	x_4
1	0.9	67.3	6.8	5	51.9	14	3.5	174.6	12.7	26	117.1
2	1.1	111.3	19.8	16	90.9	15	10.2	263.5	15.6	34	146.7
3	4.8	173	7.7	17	73.7	16	3	79.3	8.9	15	29.9
4	3.2	80.8	7.2	10	14.5	17	0.2	14.8	0.6	2	42.1
5	7.8	199.7	16.5	19	63.2	18	0.4	73.5	5.9	11	25.3
6	2.7	16.2	2.2	1	2.2	19	1	24.7	5	4	13.4
7	1.6	107.4	10.7	17	20.2	20	6.8	139.4	7.2	28	64.3
8	12.5	185.4	27.1	18	43.8	21	11.6	368.2	16.8	32	163.9
9	1	96.1	1.7	10	55.9	22	1.6	95.7	3.8	10	44.5
10	2.6	72.8	9.1	14	64.3	23	1.2	109.6	10.3	14	67.9
11	0.3	64.2	2.1	11	42.7	24	7.2	192.2	15.8	16	39.7
12	4	132.2	11.2	23	76.7	25	3.2	102.2	12	10	97.1
13	0.8	58.6	6	14	22.8						

试讨论：（1）不良贷款是否与贷款余额、应收贷款、贷款项目的多少、固定资产投资等因素有关？

（2）如果有关，它们之间是一种什么样的关系？关系的强度如何？

（3）能否将不良贷款与其他几个因素之间的关系用一定的数学关系式表达出来？如果可以，用什么样的关系表述它们之间的关系？可否用所建立的关系式预测不良贷款？

第10章 SPSS 软件在统计分析中的运用

随着现代科学技术的飞速发展，我们已进入一个利用和开发信息资源的信息社会，在生产、商业活动和科学研究等过程中，每天都会产生大量的数据，而通过把这些表面上杂乱无章的数据进行合理的分析和处理，将会发现大量有用的信息. 在许多问题中，我们面临数据的信息量大、范围广、变化快等特点，传统手工处理的手段已无法适应社会和经济的高速发展对统计分析提出的要求，也难以提高数据分析和处理的速度和精度. 随着计算机和软件技术的快速发展，我们已能够处理海量数据. 这一章主要介绍 SPSS（全称为 IBM SPSS Statistics 19）软件及其在统计分析中的简单应用.

10.1 SPSS 使用入门

SPSS（最初为 Statistical Package for the Social Sciences，社会科学统计软件包）是在 SPSS/PC 基础上发展起来的，它以强大的统计分析功能、方便易用的用户操作方式、灵活的表格分析报告和精美的图形展现形式，赢得了各个领域中广大数据分析人员的喜爱，并得到了广泛的应用.

10.1.1 SPSS的发展

SPSS 是世界著名的统计分析软件之一. 20 世纪 60 年代末，美国斯坦福大学的三位研究生研制开发了最早的统计分析软件 SPSS，并于 1975 年在芝加哥成立了专门研发和经营 SPSS 软件的 SPSS 公司. 此时，SPSS 软件主要在中小型计算机上运行，统称为 SPSSx 版，主要面向企事业单位的用户. 20 世纪 80 年代初，随着微型计算机的出现，SPSS 公司以其敏锐的市场洞察力和雄厚的技术实力，于 1984 年推出了运行在 DOS 操作系统上的 SPSS 微机版第 1 版，随后又推出了第 2 版、第 3 版等，统称为 SPSS/PC+版，并确立了微机个人用户市场第一的地位. 到 20 世纪 90 年代中后期，为适应用户在 Windows 操作系统环境下工作的习惯，并迎合 Internet 的广泛使用，SPSS 第 7 版至第 19 版相继诞生.

1994 年至 1998 年期间，SPSS 公司陆续收购了 SYSTAT，BMDP，Quantime 等公司，并将其各自的主要产品收纳于 SPSS 旗下，从而使 SPSS 由原来单一的统计软件发展为面向企业、教育科研、政府机构等统计决策服务的综合性产品. 为此，SPSS 公司已经将原来的英文名称更改为 "Statistical Product and Service Solution"，即统计产品与服务解决方案.

10.1.2 SPSS软件的基本特点和功能

SPSS 的命令语句、子命令及各种选项绝大部分都包含在各种菜单和对话框中，因此，用户无须花大量时间记忆繁杂的命令、过程、选项等. 在 SPSS 中，大多数操作可以通过菜单和对话框来完成，因此操作简便，易于学习和使用.

虽然大部分统计分析方法可以通过菜单和对话框来完成，但是，对于熟悉 SPSS 语言的用户，也可以在语句窗口中直接编写程序语句，从而更为灵活地完成各种复杂的统计分析任务.另外，用对话框指定命令、子命令和选项之后，通过单击 Paste 按钮可以把与选择对应的语句自动置于语句窗口中，并可以文件形式保存. 因此，SPSS for Windows 同时适用于 SPSS 的新老用户.

SPSS 具有第四代语言的特点，只要通过菜单的选择以及对话框的操作告诉系统要做什么，而无须告之怎样做. 只要粗通统计分析原理，无须通晓统计分析的各种算法，即可得到统计分析结果.

SPSS 拥有完善的数据转换接口，常见的 Excel 文件、Access 文件、关系数据库生成的 DBF 文件、文本编辑软件生成的 ASCII 码等其他软件生成的数据文件均可方便地转换成可供分析的 SPSS 数据文件.

SPSS 提供了从简单的单变量描述分析到复杂的多变量分析的多种统计方法.

SPSS 还具有强大的图形功能，不但可以得到数字结果，还可以得到直观、漂亮的统计图以形象地显示分析结果.

10.1.3　SPSS的运行模式

在 IBM SPSS Statistics 19 中提供了 3 种运行方式，分别是：

• 批处理模式. 把已编写的程序（语句程序）存为一个文件，提交给【开始】→【IBM SPSS Statistics 19】→【Production Mode Facility】程序运行.

• 完全窗口菜单运行模式. 通过选择窗口菜单和对话框完成各种操作. 用户无须学会编程，简单易用. 在本书中各统计分析大多采用这种模式.

• 程序运行模式. 在命令窗口中直接运行编写好的程序或者在脚本窗口中运行脚本程序. 它与批处理方式相同，要求用户掌握专业的 SPSS 语句或脚本语言.

10.1.4　SPSS的工作环境

SPSS 软件运行过程中会出现多个界面，各个界面用处不同，其中，最主要的界面有数据编辑窗口、结果输出窗口和语句窗口.

1. 数据编辑窗口

启动 SPSS 后看到的第一个窗口便是数据编辑窗口，如图 10-1 所示. 在数据编辑窗口中可以进行数据的录入、编辑以及变量属性的定义和编辑. SPSS 的基本界面主要由标题栏、菜单栏、工具栏、编辑栏、变量名栏、观测序号、窗口切换标签和状态栏 8 部分构成.

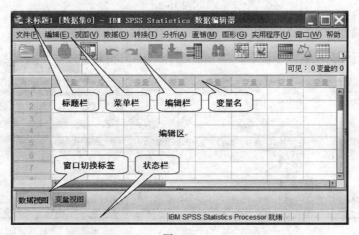

图 10-1

- 标题栏：显示数据编辑的数据文件名.
- 菜单栏：通过对这些菜单的选择，用户可以进行几乎所有的 SPSS 操作（详细的操作步骤读者可参考文献[22]）. 为了方便用户操作，SPSS 软件把菜单项中常用的命令放到了工具栏里. 当鼠标停留在工具栏中的某个按钮上时，会自动显示该按钮的提示文本，提示当前按钮的功能. 另外，如果用户对系统预设的工具栏设置不满意，也可以用【视图】→【工具栏】→【设定】命令对工具栏按钮重新进行定义.
- 编辑栏：可以输入数据，以使它显示在编辑区指定的方格里.
- 变量名栏：列出了数据文件中所包含变量的变量名.
- 观测序号：列出了数据文件中的所有观测值. 观测的个数通常与样本容量的大小一致.
- 窗口切换标签：用于"数据视图"和"变量视图"（即数据编辑窗口与变量编辑窗口）的切换. 数据编辑窗口用于样本数据的查看、录入和修改. 变量编辑窗口用于变量属性定义的输入和修改.
- 状态栏：用于说明 SPSS 当前的运行状态. SPSS 打开时，将会显示"PASW Statistics Processor"的提示信息.

2. 结果输出窗口

在 SPSS 中，大多数统计分析结果都将以表和图的形式在结果观察窗口中显示. 窗口右边部分显示统计分析结果，左边是导航窗口，用来显示输出结果的目录，可以通过单击目录来展开右边窗口中的统计分析结果. 当用户对数据进行某项统计分析时，结果输出窗口将被自动调出. 当然，用户也可以通过双击后缀名为.spo 的 SPSS 输出结果文件来打开该窗口.

执行【文件】→【新建】语法命令，即可打开输出窗口，如图 10-2 所示.

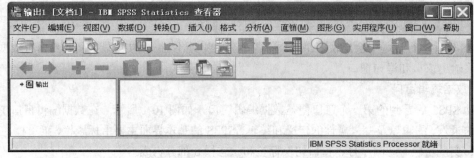

图 10-2

3. 语句窗口

用户可以执行【文件】→【新建】→【语法】命令打开语句窗口，如图 10-3 所示.

图 10-3

10.2

基于 SPSS 软件的健康医院病例分析

前面介绍了 SPSS 的基本操作，下面通过对一个案例的介绍，使读者了解数据统计分析的整个过程.

例 10.1 在某健康医院中测得有 11 例克山病患者与 12 名健康者的血磷值频率统计数据见表 10-1.

表 10-1

克山病患者	0.84	1.05	1.20	1.20	1.39	1.53	1.67	1.80	1.87	2.07	2.11
健康者	0.54	0.64	0.64	0.75	0.81	1..16	1.20	1.34	1.35	1.48	1.56	1.87

根据表 10-1 提供的数据，按照下列步骤进行数据分析.

（1）将数据输入 SPSS.

（2）根据初步用到的检验方法，进行必要的数据整理与分析，以确定是否满足检验方法的要求，并选择一种合适的检验方法.

（3）对上一步的结论进行统计分析.

（4）保存和导出分析结果.

10.2.1 输入数据

启动 SPSS，出现 SPSS 数据编辑窗口. 在 SPSS 数据编辑窗口中输入数据之前必须先切换到变量编辑窗口中定义变量，其方法如下.

（1）在 SPSS 数据编辑窗口中单击窗口左下角的"变量视图"标签，切换到"变量编辑窗口，如图 10-4 所示.

（2）在此可定义两个变量，用 X 表示患者的血磷值；$Group$ 的值表示观察对象是健康人还是克山病患者. 需要在窗口的"名称"列的第 1、第 2 行所对应的两个单元格式输入变量 X 和 $Group$，如图 10-5 所示.

图 10-4   图 10-5

（3）定义变量之后，单击变量窗口左下角的"数据视图"标签，切换到数据编辑窗口，如图 10-6 所示.

（4）在数据编辑窗口中可以看到刚才定义的两个变量 X 和 $Group$. 单击 X 变量的下一单元格式，并输入表 10-1 中患者所对应的数据 0.84，如图 10-7 所示.

图 10-6

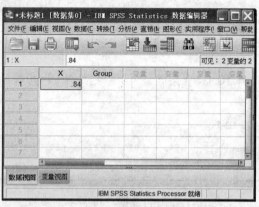

图 10-7

（5）单击下一单元格继续输入数据，直至输入完 X 变量所对应的数据.

输入数据时注意以下几点：首先，当前单元格下移，变成了 2 行 2 列单元格，而 1 行 1 列单元格的内容则被替换成了 0.84；其次，第 1 行的标号变黑，表明该行已输入了数据；最后，1 行 2 列单元格因为没有输入过数据，显示为"."，这代表该数据为缺失值. 用类似的输入方式，将患者和健康者的血磷值输入完毕，此时数据编辑窗口如图 10-8 所示.

（6）将 X 变量中患者的血磷值输相对应的 $Group$ 前 11 个单元格中输入 1，健康者的血磷值输相对应的 $Group$ 后 12 个单元格式输入 2. 最终数据集应该有 23 条记录，如图 10-9 所示.

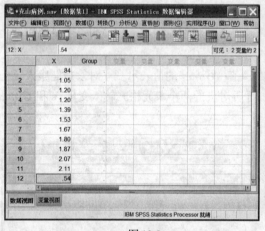

图 10-8

图 10-9

10.2.2 数据保存

输入完数据后，需要对数据进行保存，以防因意外而丢失数据. 其步骤如下.

（1）执行【文件】→【保存】命令，或单击工具栏上的"保存"按钮，弹出图 10-10 所示的对话框.

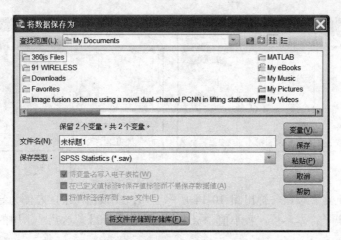

图 10-10

（2）在"将数据保存为"对话框中选取数据文件的存放位置并输入文件名，然后单击"保存"按钮，如图 10-11 所示.

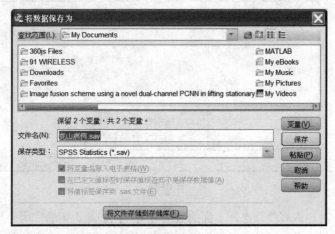

图 10-11

10.2.3 数据预分析

用户需要对已经掌握的情况进行分析：设计对两个样本均值的比较. 针对这种目的的可用的检验方法有 T 检验、U 检验以及秩和检验.由于数据量太少，不考虑 U 检验，秩和检验的效能较低，因此最合适的是 T-检验. 它的相应假设如下：

$H_0 : \mu_1 = \mu_2$　　（两个总体均值相同），

$H_1 : \mu_1 \neq \mu_2$　　（两个总体均值不同）.

注意到两个样本 T-检验对于数据是有要求的，在对于样本的情形，要求总体分布不能太偏，方差也得齐. 那么这组数据是否满足要求呢？

首先，需要知道数据的基本情况，如均值、标准差等. 执行【分析】→【描述统计】→【描述】命令，系统自动弹出图 10-12 所述的描述对话框.

对话框的左侧为所有可用的候选变量列表. 在此，只需要描述 X，即用鼠标选择 X，单击中间按钮，变量 X 的标签即移到右侧列表中，如图 10-13 所示.

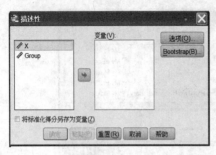

图 10-12   图 10-13

此时,单击"确定"按钮,弹出图 10-14 所示窗口. 在该窗口中,左侧为导航栏,右侧为具体输出结果. 结果给出了样本容量、极小值、极大值、均值和标准差这几个常用的统计量.

图 10-14

分析到这里,读者也许有些疑虑,上面的做法对吗?回答是否定的. 因为把克山病患者和健康者的血磷值进行总体描述是不够的,我们需要知道患病者和健康者的血磷值各自平均值、标准差,这就需要查看分组描述的情况. 此时要用到数据拆分功能,将当前窗口切换到数据编辑窗口,执行【数据】→【拆分文件】命令,弹出图 10-15 所示的"分割文件"对话框.

在"分割文件"对话框中选择"比较组"单选按钮,将变量 *Group* 添加到右侧的"分组方式"列表框中,单击"确定"按钮,如图 10-16 所示.

图 10-15   图 10-16

这时界面几乎没有多大变化，但注意到在"分割文件"对话框的右侧，有黑色的"按分组变量排序文件"单选按钮. 表明数据文件处于分拆状态，现在再做一次数据描述，就会出现输出结果，如图 10-17 所示.

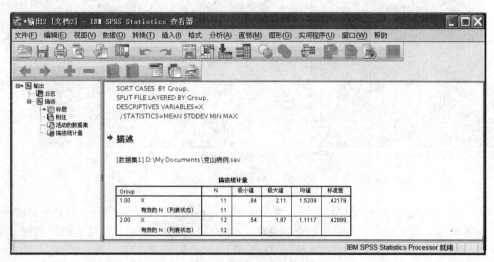

图 10-17

从图 10-17 中可以看到，现在数据是按 *Group*=1 和 *Group*=2 两种情况描述的. 从描述的结果可知，两组均值和标准差的区别不是很大，而且和均值的巨大差异相比，可以估计这种检验会拒绝 H_0.

10.2.4 绘制直方图

统计指标只能给出数据的大致情况，没有直方图那样直观，现在画直方图. 选择【图形】→【旧对话框】→【直方图】命令，系统会弹出绘制直方图对话框，如图 10-18 所示.

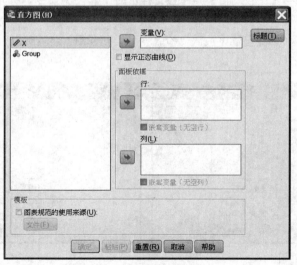

图 10-18

将变量 *X* 添加到"变量"文本框中，单击"确定"按钮. 此时结果输出窗口中会显示两个直方图，如图 10-19 及图 10-20 所示.

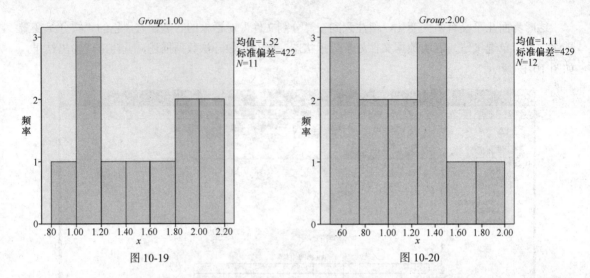

图 10-19   图 10-20

从图 10-19 和图 10-20 所示可以看到，两组数据没有特别偏的分布，也没有十分突出的离群值，因此无须变换，直接采用参数分析方法进行分析. 综合设计类型，确定采用成组设计两样本均值比较的 T 检验来分析.

最后，还要取消变量拆分，免得它影响以后的统计分析，因此需要再次调出"分割文件"对话框. 具体做法是，执行【数据】→【拆分文件】命令，在弹出的"分割文件"对话框中选择【分析所有个案，不创建组】单选按钮，然后单击"确定"按钮.

10.2.5 统计分析

下面进行最后一步，使用 SPSS 进行统计分析. 先用 SPSS 做组设计两个样本均值比较的 T-检验，其步骤如下.

（1）执行【分析】→【比较均值】→【独立样本的 T 检验】命令，打开图 10-21 所示的"独立样本 T 检验"对话框.

（2）在打开的对话框中将变量 X 放入"检验变量"列表中，将 Group 放入"分组变量"文本框中，如图 10-22 所示.

图 10-21

图 10-22

（3）单击"定义组"按钮，系统弹出"定义组"对话框，如图 10-23 所示.

（4）在"定义组"对话框的"组 1"文本框和"组 2"文本框中分别输入 1 和 2，然后单击"继续"按钮，如图 10-24 所示.

 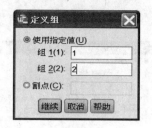

图 10-23 　　　　　　　　　　图 10-24

（5）单击"独立样本 T 检验"对话框中的"确定"按钮，如图 10-25 所示.

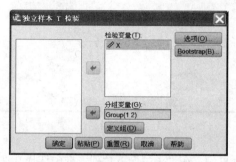

图 10-25

（6）系统经过计算后，会弹出结果输出窗口. 首先给出两组的基本情况描述，如样本均值、标准差等，然后给出 T 检验结果，见表 10-2.

表 10-2

		方差方程的 Levene 检验		均值方程的 T 检验						
									置信水平为 95% 置信区间	
		F	$Sig.$	t	df	$Sig.$（双侧）	均值差值	标准误差值	下限	上限
X	假设方差相等	.024	.879	2.304	21	.032	.409 24	.177 65	.039 81	.778 68
	假设方差不相等			2.305	20.885	.031	.409 24	.177 51	.039 97	.778 52

结果分为两大部分：第一部分为 Levene's 方差齐性检验，用于判断两个总体方差是否齐，这里的检验结果为 $F = 0.024$，$p = 0.879$，这说明在本例中方差是齐的；第二部分则分别给出两组所在总体方差齐和方差不齐时的 T 检验结果. 由于前面的方差齐性检验结果为方差齐，第二部分就应选用方差齐时的 T 检验结果，即上面一行列出的 $t = 2.304$，$df = 21$，$p = 0.032$. 从而最终的统计结论为按 $\alpha = 0.05$ 的置信水平，拒绝 H_0，认为克山病患者与健康人的血磷值不同，从样本均数来看，可认为克山病患者的血磷值较高.

10.2.6　保存和导出分析结果

在 SPSS 中分析得到的结果可以以文件的形式直接保存在计算机上，这样下次使用时不需要重新进行分析. 保存方法比较简单，只需单击工具栏上的"保存"按钮可以. 一般选取.spo 后缀，但是 spo 格式文件很难被诸如 Word、Excel 等其他软件读取. 现在 SPSS 提供了导出功能，可以把 SPSS 的统计结果保存为其他格式的文件. 这里将上述分析结果导出为 Word 格式文件，其步骤如下.

（1）执行【文件】→【导出】命令，弹出"导出输出"对话框，如图 10-26 所示.

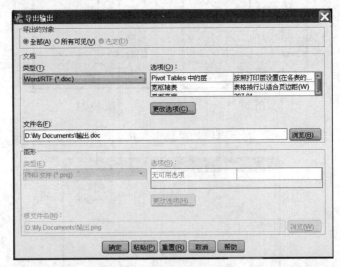

图 10-26

（2）在"导出输出"对话框中，在"类型"下拉列表框中选择文件存放的类型，并在"文件名"文本框中输入文件要存放的位置，如图 10-27 所示. 单击"确定"按钮即可完成输出.

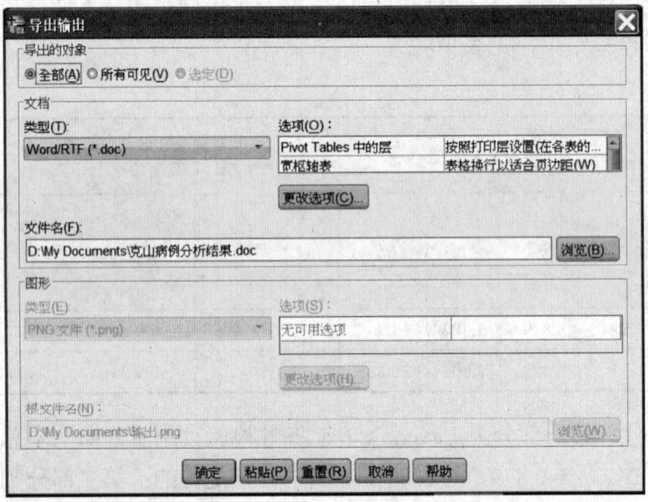

图 10-27

附表 1　几种常见的概率分布表

名称	参数	分布律或概率密度	数学期望	方差
（0-1）分布	$0 < p < 1$	$P\{X=k\} = p^k(1-p)^{1-k}$ ，　$k = 0,1$	p	$p(1-p)$
二项分布	$n \geqslant 1$ ，　$0 < p < 1$	$P\{X=k\} = C_n^k p^k (1-p)^{n-k}$ ，　$k = 0,1,\cdots,n$	np	$np(1-p)$
几何分布	$0 < p < 1$	$P\{X=k\} = p(1-p)^{k-1}$ ，　$k = 1,2,\cdots$	$\dfrac{1}{p}$	$\dfrac{1-p}{p^2}$
负二项分布	$r \geqslant 1$ ，　$0 < p < 1$	$P\{X=k\} = C_{k-1}^{r-1} p^r (1-p)^{k-r}$	$\dfrac{r}{p}$	$\dfrac{r(1-p)}{p^2}$
超几何分布	n,M,N　$(n \leqslant N, M \leqslant N)$	$P\{X=k\} = \dfrac{C_M^k C_{N-M}^{n-k}}{C_N^n}$ ，　$k = 0,1,2,\cdots,\min(n,M)$	$\dfrac{nM}{N}$	$\dfrac{nM}{N}\left(1 - \dfrac{M}{N}\right)\left(\dfrac{N-n}{N-1}\right)$
泊松分布	$\lambda > 0$	$P\{X=k\} = \dfrac{\lambda^k e^{-\lambda}}{k!}$ ，　$k = 0,1,2,\cdots,\ \lambda > 0$	λ	λ
均匀分布	$a < b$	$f(x) = \begin{cases} \dfrac{1}{b-a}, & a < x < b, \\ 0, & \text{其他} \end{cases}$	$\dfrac{a+b}{2}$	$\dfrac{(b-a)^2}{12}$
指数分布	$\lambda > 0$	$f(x) = \begin{cases} \lambda e^{-\lambda x}, & x > 0, \\ 0, & x \leqslant 0 \end{cases}$	$\dfrac{1}{\lambda}$	$\dfrac{1}{\lambda^2}$
正态分布	$\mu, \sigma > 0$	$f(x) = \dfrac{1}{\sqrt{2\pi}\sigma} e^{-\frac{(x-\mu)^2}{2\sigma^2}}$ ，　$-\infty < x < +\infty$	μ	σ^2
Γ 分布	$\alpha > 0, \beta > 0$	$f(x) = \begin{cases} \dfrac{1}{\beta^\alpha \Gamma(\alpha)} x^{\alpha-1} e^{-x/\beta}, & x > 0, \\ 0, & x \leqslant 0 \end{cases}$	$\alpha\beta$	$\alpha\beta^2$
β 分布	$\alpha > 0, \beta > 0$	$f(x) = \begin{cases} \dfrac{\Gamma(\alpha+\beta)}{\Gamma(\alpha)\Gamma(\beta)} x^{\alpha-1}(1-x)^{\beta-1}, & 0 < x < 1, \\ 0, & \text{其他} \end{cases}$	$\dfrac{\alpha}{\alpha+\beta}$	$\dfrac{\alpha\beta}{(\alpha+\beta)^2(\alpha+\beta+1)}$
χ^2 分布	$n \geqslant 1$	$f(x) = \begin{cases} \dfrac{1}{2^{n/2}\Gamma(n/2)} x^{\frac{n}{2}-1} e^{-\frac{x}{2}}, & x > 0, \\ 0, & x \leqslant 0 \end{cases}$	n	$2n$

附表 2　正态总体参数的显著性假设检验一览表

	原假设 H_0	检验统计量	H_0 成立时，统计量的分布	备择假设	拒绝域
1	$\mu \leqslant \mu_0$ $\mu \geqslant \mu_0$ $\mu = \mu_0$ σ^2 已知	$Z = \dfrac{\bar{X} - \mu_0}{\sigma / \sqrt{n}}$	$N(0,1)$	$\mu > \mu_0$ $\mu < \mu_0$ $\mu \neq \mu_0$	$z \geqslant z_\alpha$ $z \leqslant -z_\alpha$ $|z| \geqslant z_{\alpha/2}$
2	$\mu \leqslant \mu_0$ $\mu \geqslant \mu_0$ $\mu = \mu_0$ σ^2 未知	$T = \dfrac{\bar{X} - \mu_0}{S / \sqrt{n}}$	$t(n-1)$	$\mu > \mu_0$ $\mu < \mu_0$ $\mu \neq \mu_0$	$t \geqslant t_\alpha(n-1)$ $t \leqslant -t_\alpha(n-1)$ $|t| \geqslant t_{\alpha/2}(n-1)$
3	$\sigma^2 \leqslant \sigma_0^2$ $\sigma^2 \geqslant \sigma_0^2$ $\sigma^2 = \sigma_0^2$ μ 已知	$\chi^2 = \dfrac{1}{\sigma_0^2} \sum\limits_{i=1}^{n}(X_i - \mu)^2$	$\chi^2(n)$	$\sigma^2 > \sigma_0^2$ $\sigma^2 < \sigma_0^2$ $\sigma^2 \neq \sigma_0^2$	$\chi^2 \geqslant \chi_\alpha^2(n)$ $\chi^2 \leqslant \chi_{1-\alpha}^2(n)$ $\chi^2 \geqslant \chi_{\alpha/2}^2(n)$ 或 $\chi^2 \leqslant \chi_{1-\alpha/2}^2(n)$
4	$\sigma^2 \leqslant \sigma_0^2$ $\sigma^2 \geqslant \sigma_0^2$ $\sigma^2 = \sigma_0^2$ μ 未知	$\chi^2 = \dfrac{(n-1)S^2}{\sigma_0^2}$	$\chi^2(n-1)$	$\sigma^2 > \sigma_0^2$ $\sigma^2 < \sigma_0^2$ $\sigma^2 \neq \sigma_0^2$	$\chi^2 \geqslant \chi_\alpha^2(n-1)$ $\chi^2 \leqslant \chi_{1-\alpha}^2(n-1)$ $\chi^2 \geqslant \chi_{\alpha/2}^2(n-1)$ 或 $\chi^2 \leqslant \chi_{1-\alpha/2}^2(n-1)$
5	$\mu_1 - \mu_2 \leqslant \delta$ $\mu_1 - \mu_2 \geqslant \delta$ $\mu_1 - \mu_2 = \delta$ σ_1^2, σ_2^2 已知	$Z = \dfrac{(\bar{X} - \bar{Y}) - \delta}{\sqrt{\dfrac{\sigma_1^2}{n_1} + \dfrac{\sigma_2^2}{n_2}}}$	$N(0,1)$	$\mu_1 - \mu_2 > \delta$ $\mu_1 - \mu_2 < \delta$ $\mu_1 - \mu_2 \neq \delta$	$z \geqslant z_\alpha$ $z \leqslant -z_\alpha$ $|z| \geqslant z_{\alpha/2}$
6	$\mu_1 - \mu_2 \leqslant \delta$ $\mu_1 - \mu_2 \geqslant \delta$ $\mu_1 - \mu_2 = \delta$ $\sigma_1^2 = \sigma_2^2 = \sigma^2$ 未知	$T = \dfrac{(\bar{X} - \bar{Y}) - \delta}{S_W \sqrt{\dfrac{1}{n_1} + \dfrac{1}{n_2}}}$	$t(n_1 + n_2 - 2)$	$\mu_1 - \mu_2 > \delta$ $\mu_1 - \mu_2 < \delta$ $\mu_1 - \mu_2 \neq \delta$	$t \geqslant t_\alpha(n_1 + n_2 - 2)$ $t \leqslant -t_\alpha(n_1 + n_2 - 2)$ $|t| \geqslant t_{\alpha/2}(n_1 + n_2 - 2)$
7	$\sigma_1^2 \leqslant \sigma_2^2$ $\sigma_1^2 \geqslant \sigma_2^2$ $\sigma_1^2 = \sigma_2^2$ μ_1, μ_2 已知	$F = \dfrac{n_2}{n_1} \cdot \dfrac{\sum\limits_{i=1}^{n_1}(X_i - \mu_1)^2}{\sum\limits_{i=1}^{n_2}(X_i - \mu_2)^2}$	$F(n_1, n_2)$	$\sigma_1^2 > \sigma_2^2$ $\sigma_1^2 < \sigma_2^2$ $\sigma_1^2 \neq \sigma_2^2$	$F \geqslant F_\alpha(n_1, n_2)$ $F \leqslant F_{1-\alpha}(n_1, n_2)$ $F \geqslant F_{\alpha/2}(n_1, n_2)$ 或 $F \leqslant F_{1-\alpha/2}(n_1, n_2)$
8	$\sigma_1^2 \leqslant \sigma_2^2$ $\sigma_1^2 \geqslant \sigma_2^2$ $\sigma_1^2 = \sigma_2^2$ μ_1, μ_2 未知	$F = \dfrac{S_1^2}{S_2^2}$	$F(n_1-1, n_2-1)$	$\sigma_1^2 > \sigma_2^2$ $\sigma_1^2 < \sigma_2^2$ $\sigma_1^2 \neq \sigma_2^2$	$F \geqslant F_\alpha(n_1-1, n_2-1)$ $F \leqslant F_{1-\alpha}(n_1-1, n_2-1)$ $F \geqslant F_{\alpha/2}(n_1-1, n_2-1)$ 或 $F \leqslant F_{1-\alpha/2}(n_1-1, n_2-1)$

附表3　标准正态分布表

$$\Phi(x) = \int_{-\infty}^{x} \frac{1}{\sqrt{2\pi}} e^{-\frac{t^2}{2}} dt$$

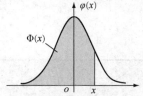

x	0	1	2	3	4	5	6	7	8	9
0.0	0.500 00	0.503 99	0.507 98	0.511 97	0.515 95	0.519 94	0.523 92	0.527 90	0.531 88	0.535 86
0.1	0.539 83	0.543 80	0.547 76	0.551 72	0.555 67	0.559 62	0.563 56	0.567 49	0.571 42	0.575 35
0.2	0.579 26	0.583 17	0.587 06	0.590 95	0.594 83	0.598 71	0.602 57	0.606 42	0.610 26	0.614 09
0.3	0.617 91	0.621 72	0.625 52	0.629 30	0.633 07	0.636 83	0.640 58	0.644 31	0.648 03	0.651 73
0.4	0.655 42	0.659 10	0.662 76	0.666 40	0.670 03	0.673 64	0.677 24	0.680 82	0.684 39	0.687 93
0.5	0.691 46	0.694 97	0.698 47	0.701 94	0.705 40	0.708 84	0.712 26	0.715 66	0.719 04	0.722 40
0.6	0.725 75	0.729 07	0.732 37	0.735 65	0.738 91	0.742 15	0.745 37	0.748 57	0.751 75	0.754 90
0.7	0.758 04	0.761 15	0.764 24	0.767 30	0.770 35	0.773 37	0.776 37	0.779 35	0.782 30	0.785 24
0.8	0.788 14	0.791 03	0.793 89	0.796 73	0.799 55	0.802 34	0.805 11	0.807 85	0.810 57	0.813 27
0.9	0.815 94	0.818 59	0.821 21	0.823 81	0.826 39	0.828 94	0.831 47	0.833 98	0.836 46	0.838 91
1.0	0.841 34	0.843 75	0.846 14	0.848 49	0.850 83	0.853 14	0.855 43	0.857 69	0.859 93	0.862 14
1.1	0.864 33	0.866 50	0.868 64	0.870 76	0.872 86	0.874 93	0.876 98	0.879 00	0.881 00	0.882 98
1.2	0.884 93	0.886 86	0.888 77	0.890 65	0.892 51	0.894 35	0.896 17	0.897 96	0.899 73	0.901 47
1.3	0.903 20	0.904 90	0.906 58	0.908 24	0.909 88	0.911 49	0.913 09	0.914 66	0.916 21	0.917 74
1.4	0.919 24	0.920 73	0.922 20	0.923 64	0.925 07	0.926 47	0.927 85	0.929 22	0.930 56	0.931 89
1.5	0.933 19	0.934 48	0.935 74	0.936 99	0.938 22	0.939 43	0.940 62	0.941 79	0.942 95	0.944 08
1.6	0.945 20	0.946 30	0.947 38	0.948 45	0.949 50	0.950 53	0.951 54	0.952 54	0.953 52	0.954 49
1.7	0.955 43	0.956 37	0.957 28	0.958 18	0.959 07	0.959 94	0.960 80	0.961 64	0.962 46	0.963 27
1.8	0.964 07	0.964 85	0.965 62	0.966 38	0.967 12	0.967 84	0.968 56	0.969 26	0.969 95	0.970 62
1.9	0.971 28	0.971 93	0.972 57	0.973 20	0.973 81	0.974 41	0.975 00	0.975 58	0.976 15	0.976 70
2.0	0.977 25	0.977 78	0.978 31	0.978 82	0.979 32	0.979 82	0.980 30	0.980 77	0.981 24	0.981 69
2.1	0.982 14	0.982 57	0.983 00	0.983 41	0.983 82	0.984 22	0.984 61	0.985 00	0.985 37	0.985 74
2.2	0.986 10	0.986 45	0.986 79	0.987 13	0.987 45	0.987 78	0.988 09	0.988 40	0.988 70	0.988 99
2.3	0.989 28	0.989 56	0.989 83	0.990 10	0.990 36	0.990 61	0.990 86	0.991 11	0.991 34	0.991 58
2.4	0.991 80	0.992 02	0.992 24	0.992 45	0.992 66	0.992 86	0.993 05	0.993 24	0.993 43	0.993 61
2.5	0.993 79	0.993 96	0.994 13	0.994 30	0.994 46	0.994 61	0.994 77	0.994 92	0.995 06	0.995 20
2.6	0.995 34	0.995 47	0.995 60	0.995 73	0.995 85	0.995 98	0.996 09	0.996 21	0.996 32	0.996 43
2.7	0.996 53	0.996 64	0.996 74	0.996 83	0.996 93	0.997 02	0.997 11	0.997 20	0.997 28	0.997 36
2.8	0.997 44	0.997 52	0.997 60	0.997 67	0.997 74	0.997 81	0.997 88	0.997 95	0.998 01	0.998 07
2.9	0.998 13	0.998 19	0.998 25	0.998 31	0.998 36	0.998 41	0.998 46	0.998 51	0.998 56	0.998 61
3.0	0.998 65	0.998 69	0.998 74	0.998 78	0.998 82	0.998 86	0.998 89	0.998 93	0.998 96	0.999 00
3.1	0.999 03	0.999 06	0.999 10	0.999 13	0.999 16	0.999 18	0.999 21	0.999 24	0.999 26	0.999 29
3.2	0.999 31	0.999 34	0.999 36	0.999 38	0.999 40	0.999 42	0.999 44	0.999 46	0.999 48	0.999 50
3.3	0.999 52	0.999 53	0.999 55	0.999 57	0.999 58	0.999 60	0.999 61	0.999 62	0.999 64	0.999 65
3.4	0.999 66	0.999 68	0.999 69	0.999 70	0.999 71	0.999 72	0.999 73	0.999 74	0.999 75	0.999 76
3.5	0.999 77	0.999 78	0.999 78	0.999 79	0.999 80	0.999 81	0.999 81	0.999 82	0.999 83	0.999 83
3.6	0.999 84	0.999 85	0.999 85	0.999 86	0.999 86	0.999 87	0.999 87	0.999 88	0.999 88	0.999 89
3.7	0.999 89	0.999 90	0.999 90	0.999 90	0.999 91	0.999 91	0.999 92	0.999 92	0.999 92	0.999 92
3.8	0.999 93	0.999 93	0.999 93	0.999 94	0.999 94	0.999 94	0.999 94	0.999 95	0.999 95	0.999 95

附表 4　泊松分布表

$$P\{X \leqslant x\} = \sum_{k=0}^{x} \frac{\lambda^k}{k!} \cdot e^{-\lambda}$$

x \ λ	0.1	0.2	0.3	0.4	0.5	0.6	0.7	0.8	0.9
0	0.904 84	0.818 73	0.740 82	0.670 32	0.606 53	0.548 81	0.496 59	0.449 33	0.406 57
1	0.995 32	0.982 48	0.963 06	0.938 45	0.909 80	0.878 10	0.844 20	0.808 79	0.772 48
2	0.999 85	0.998 85	0.996 40	0.992 07	0.985 61	0.976 88	0.965 86	0.952 58	0.937 14
3	1.000 00	0.999 94	0.999 73	0.999 22	0.998 25	0.996 64	0.994 25	0.990 92	0.986 54
4		1.000 00	0.999 98	0.999 94	0.999 83	0.999 61	0.999 21	0.998 59	0.997 66
5			1.000 00	1.000 00	0.999 99	0.999 96	0.999 91	0.999 82	0.999 66
6					1.000 00	1.000 00	0.999 99	0.999 98	0.999 96
7							1.000 00	1.000 00	1.000 00

附表 4（续）

x \ λ	1	1.5	2	2.5	3	3.5	4	4.5	5
0	0.367 88	0.223 13	0.135 34	0.082 08	0.049 79	0.030 20	0.018 32	0.011 11	0.006 74
1	0.735 76	0.557 83	0.406 01	0.287 30	0.199 15	0.135 89	0.091 58	0.061 10	0.040 43
2	0.919 70	0.808 85	0.676 68	0.543 81	0.423 19	0.320 85	0.238 10	0.173 58	0.124 65
3	0.981 01	0.934 36	0.857 12	0.757 58	0.647 23	0.536 63	0.433 47	0.342 30	0.265 03
4	0.996 34	0.981 42	0.947 35	0.891 18	0.815 26	0.725 44	0.628 84	0.532 10	0.440 49
5	0.999 41	0.995 54	0.983 44	0.957 98	0.916 08	0.857 61	0.785 13	0.702 93	0.615 96
6	0.999 92	0.999 07	0.995 47	0.985 81	0.966 49	0.934 71	0.889 33	0.831 05	0.762 18
7	0.999 99	0.999 83	0.998 90	0.995 75	0.988 10	0.973 26	0.948 87	0.913 41	0.866 63
8	1.000 00	0.999 97	0.999 76	0.998 86	0.996 20	0.990 13	0.978 64	0.959 74	0.931 91
9		1.000 00	0.999 95	0.999 72	0.998 90	0.996 69	0.991 87	0.982 91	0.968 17
10			0.999 99	0.999 94	0.999 71	0.998 98	0.997 16	0.993 33	0.986 30
11			1.000 00	0.999 99	0.999 93	0.999 71	0.999 08	0.997 60	0.994 55
12				1.000 00	0.999 98	0.999 92	0.999 73	0.999 19	0.997 98
13					1.000 00	0.999 98	0.999 92	0.999 75	0.999 30
14						1.000 00	0.999 98	0.999 93	0.999 77
15							1.000 00	0.999 98	0.999 93
16								0.999 99	0.999 98
17								1.000 00	0.999 99
18									1.000 00

附表 4（续）

x \ λ	5.5	6	6.5	7	7.5	8	8.5	9	9.5
0	0.004 09	0.002 48	0.001 50	0.000 91	0.000 55	0.000 34	0.000 20	0.000 12	0.000 07
1	0.026 56	0.017 35	0.011 28	0.007 30	0.004 70	0.003 02	0.001 93	0.001 23	0.000 79
2	0.088 38	0.061 97	0.043 04	0.029 64	0.020 26	0.013 75	0.009 28	0.006 23	0.004 16
3	0.201 70	0.151 20	0.111 85	0.081 77	0.059 15	0.042 38	0.030 11	0.021 23	0.014 86
4	0.357 52	0.285 06	0.223 67	0.172 99	0.132 06	0.099 63	0.074 36	0.054 96	0.040 26
5	0.528 92	0.445 68	0.369 04	0.300 71	0.241 44	0.191 24	0.149 60	0.115 69	0.088 53
6	0.686 04	0.606 30	0.526 52	0.449 71	0.378 15	0.313 37	0.256 18	0.206 78	0.164 95
7	0.809 49	0.743 98	0.672 76	0.598 71	0.524 64	0.452 96	0.385 60	0.323 90	0.268 66
8	0.894 36	0.847 24	0.791 57	0.729 09	0.661 97	0.592 55	0.523 11	0.455 65	0.391 82
9	0.946 22	0.916 08	0.877 38	0.830 50	0.776 41	0.716 62	0.652 97	0.587 41	0.521 83
10	0.974 75	0.957 38	0.933 16	0.901 48	0.862 24	0.815 89	0.763 36	0.705 99	0.645 33
11	0.989 01	0.979 91	0.966 12	0.946 65	0.920 76	0.888 08	0.848 66	0.803 01	0.751 99
12	0.995 55	0.991 17	0.983 97	0.973 00	0.957 33	0.936 20	0.909 08	0.875 77	0.836 43
13	0.998 31	0.996 37	0.992 90	0.987 19	0.978 44	0.965 82	0.948 59	0.926 15	0.898 14
14	0.999 40	0.998 60	0.997 04	0.994 28	0.989 74	0.982 74	0.972 57	0.958 53	0.940 01
15	0.999 80	0.999 49	0.998 84	0.997 59	0.995 39	0.991 77	0.986 17	0.977 96	0.966 53
16	0.999 94	0.999 83	0.999 57	0.999 04	0.998 04	0.996 28	0.993 39	0.988 89	0.982 27
17	0.999 98	0.999 94	0.999 85	0.999 64	0.999 21	0.998 41	0.997 00	0.994 68	0.991 07
18	0.999 99	0.999 98	0.999 95	0.999 87	0.999 70	0.999 35	0.998 70	0.997 57	0.995 72
19	1.000 00	0.999 99	0.999 98	0.999 96	0.999 89	0.999 75	0.999 47	0.998 94	0.998 04
20		1.000 00	1.000 00	0.999 99	0.999 96	0.999 91	0.999 79	0.999 56	0.999 14
21				1.000 00	0.999 99	0.999 97	0.999 92	0.999 83	0.999 64
22					1.000 00	0.999 99	0.999 97	0.999 93	0.999 85
23						1.000 00	0.999 99	0.999 98	0.999 94
24							1.000 00	0.999 99	0.999 98
25								1.000 00	0.999 99
26									1.000 00

附表 4（续）

x \ λ	10	11	12	13	14	15	16	17	18	19	20
0	0.000 05	0.000 02	0.000 01	0.000 00	0.000 00						
1	0.000 50	0.000 20	0.000 08	0.000 03	0.000 01	0.000 00	0.000 00	0.000 00			
2	0.002 77	0.001 21	0.000 52	0.000 22	0.000 09	0.000 04	0.000 02	0.000 01	0.000 00	0.000 00	
3	0.010 34	0.004 92	0.002 29	0.001 05	0.000 47	0.000 21	0.000 09	0.000 04	0.000 02	0.000 01	0.000 00
4	0.029 25	0.015 10	0.007 60	0.003 74	0.001 81	0.000 86	0.000 40	0.000 18	0.000 08	0.000 04	0.000 02
5	0.067 09	0.037 52	0.020 34	0.010 73	0.005 53	0.002 79	0.001 38	0.000 67	0.000 32	0.000 15	0.000 07
6	0.130 14	0.078 61	0.045 82	0.025 89	0.014 23	0.007 63	0.004 01	0.002 06	0.001 04	0.000 52	0.000 25

x \\ λ	10	11	12	13	14	15	16	17	18	19	20
7	0.220 22	0.143 19	0.089 50	0.054 03	0.031 62	0.018 00	0.010 00	0.005 43	0.002 89	0.001 51	0.000 78
8	0.332 82	0.231 99	0.155 03	0.099 76	0.062 06	0.037 45	0.021 99	0.012 60	0.007 06	0.003 87	0.002 09
9	0.457 93	0.340 51	0.242 39	0.165 81	0.109 40	0.069 85	0.043 30	0.026 12	0.015 38	0.008 86	0.004 99
10	0.583 04	0.459 89	0.347 23	0.251 68	0.175 68	0.118 46	0.077 40	0.049 12	0.030 37	0.018 32	0.010 81
11	0.696 78	0.579 27	0.461 60	0.353 16	0.260 04	0.184 75	0.126 99	0.084 67	0.054 89	0.034 67	0.021 39
12	0.791 56	0.688 70	0.575 97	0.463 10	0.358 46	0.267 61	0.193 12	0.135 02	0.091 67	0.060 56	0.039 01
13	0.864 46	0.781 29	0.681 54	0.573 04	0.464 45	0.363 22	0.274 51	0.200 87	0.142 60	0.098 40	0.066 13
14	0.916 54	0.854 04	0.772 02	0.675 13	0.570 44	0.465 65	0.367 53	0.280 83	0.208 08	0.149 75	0.104 86
15	0.951 26	0.907 40	0.844 42	0.763 61	0.669 36	0.568 09	0.466 74	0.371 45	0.286 65	0.214 79	0.156 51
16	0.972 96	0.944 08	0.898 71	0.835 49	0.755 92	0.664 12	0.565 96	0.467 74	0.375 05	0.292 03	0.221 07
17	0.985 72	0.967 81	0.937 03	0.890 46	0.827 20	0.748 86	0.659 34	0.564 02	0.468 65	0.378 36	0.297 03
18	0.992 81	0.982 31	0.962 58	0.930 17	0.882 64	0.819 47	0.742 35	0.654 96	0.562 24	0.469 48	0.381 42
19	0.996 55	0.990 71	0.978 72	0.957 33	0.923 50	0.875 22	0.812 25	0.736 32	0.650 92	0.560 61	0.470 26
20	0.998 41	0.995 33	0.988 40	0.974 99	0.952 09	0.917 03	0.868 17	0.805 48	0.730 72	0.647 17	0.559 09
21	0.999 30	0.997 75	0.993 93	0.985 92	0.971 16	0.946 89	0.910 77	0.861 47	0.799 12	0.725 50	0.643 70
22	0.999 70	0.998 96	0.996 95	0.992 38	0.983 29	0.967 26	0.941 76	0.904 73	0.855 09	0.793 14	0.720 61
23	0.999 88	0.999 54	0.998 53	0.996 03	0.990 67	0.980 54	0.963 31	0.936 70	0.898 89	0.849 02	0.787 49
24	0.999 95	0.999 80	0.999 31	0.998 01	0.994 98	0.988 83	0.977 68	0.959 35	0.931 74	0.893 25	0.843 23
25	0.999 98	0.999 92	0.999 69	0.999 03	0.997 39	0.993 81	0.986 88	0.974 76	0.955 39	0.926 87	0.887 81
26	0.999 99	0.999 97	0.999 87	0.999 55	0.998 69	0.996 69	0.992 54	0.984 83	0.971 77	0.951 44	0.922 11
27	1.000 00	0.999 99	0.999 94	0.999 80	0.999 36	0.998 28	0.995 89	0.991 17	0.982 68	0.968 73	0.947 52
28		1.000 00	0.999 98	0.999 91	0.999 70	0.999 14	0.997 81	0.995 02	0.989 70	0.980 46	0.965 67
29			0.999 99	0.999 96	0.999 86	0.999 58	0.998 87	0.997 27	0.994 06	0.988 15	0.978 18
30			1.000 00	0.999 98	0.999 94	0.999 80	0.999 43	0.998 55	0.996 67	0.993 02	0.986 52
31				0.999 99	0.999 97	0.999 91	0.999 72	0.999 25	0.998 19	0.996 00	0.991 91
32				1.000 00	0.999 99	0.999 96	0.999 87	0.999 63	0.999 04	0.997 77	0.995 27
33					1.000 00	0.999 98	0.999 94	0.999 82	0.999 51	0.998 79	0.997 31
34						0.999 99	0.999 97	0.999 91	0.999 75	0.999 36	0.998 51
35						1.000 00	0.999 99	0.999 96	0.999 88	0.999 67	0.999 20
36							0.999 99	0.999 98	0.999 94	0.999 84	0.999 58
37							1.000 00	0.999 99	0.999 97	0.999 92	0.999 78
38								1.000 00	0.999 99	0.999 96	0.999 89
39									0.999 99	0.999 98	0.999 95
40									1.000 00	0.999 99	0.999 97
41										1.000 00	0.999 99
42											0.999 99
43											1.000 00

附表5　t分布表

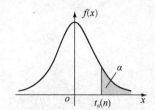

$P\{t(n) > t_\alpha(n)\} = \alpha$

n＼α	0.2	0.15	0.100	0.050	0.025	0.010	0.005	n＼α	0.2	0.15	0.100	0.050	0.025	0.010	0.005
1	1.376 4	1.962 6	3.077 7	6.313 8	12.706 2	31.820 5	63.656 7	30	0.853 8	1.054 7	1.310 4	1.697 3	2.042 3	2.457 3	2.750 0
2	1.060 7	1.386 2	1.885 6	2.920 0	4.302 7	6.964 6	9.924 8	31	0.853 4	1.054 1	1.309 5	1.695 5	2.039 5	2.452 8	2.744 0
3	0.978 5	1.249 8	1.637 7	2.353 4	3.182 4	4.540 7	5.840 9	32	0.853 0	1.053 5	1.308 6	1.693 9	2.036 9	2.448 7	2.738 5
4	0.941 0	1.189 6	1.533 2	2.131 8	2.776 4	3.746 9	4.604 1	33	0.852 6	1.053 0	1.307 7	1.692 4	2.034 5	2.444 8	2.733 3
5	0.919 5	1.155 8	1.475 9	2.015 0	2.570 6	3.364 9	4.032 1	34	0.852 3	1.052 5	1.307 0	1.690 9	2.032 2	2.441 1	2.728 4
6	0.905 7	1.134 2	1.439 8	1.943 2	2.446 9	3.142 7	3.707 4	35	0.852 0	1.052 0	1.306 2	1.689 6	2.030 1	2.437 7	2.723 8
7	0.896 0	1.119 2	1.414 9	1.894 6	2.364 6	2.998 0	3.499 5	36	0.851 7	1.051 6	1.305 5	1.688 3	2.028 1	2.434 5	2.719 5
8	0.888 9	1.108 1	1.396 8	1.859 5	2.306 0	2.896 5	3.355 4	37	0.851 4	1.051 2	1.304 9	1.687 1	2.026 2	2.431 4	2.715 4
9	0.883 4	1.099 7	1.383 0	1.833 1	2.262 2	2.821 4	3.249 8	38	0.851 2	1.050 8	1.304 2	1.686 0	2.024 4	2.428 6	2.711 6
10	0.879 1	1.093 1	1.372 2	1.812 5	2.228 1	2.763 8	3.169 3	39	0.850 9	1.050 4	1.303 6	1.684 9	2.022 7	2.425 8	2.707 9
11	0.875 5	1.087 7	1.363 4	1.795 9	2.201 0	2.718 1	3.105 8	40	0.850 7	1.050 0	1.303 1	1.683 9	2.021 1	2.423 3	2.704 5
12	0.872 6	1.083 2	1.356 2	1.782 3	2.178 8	2.681 0	3.054 5	41	0.850 5	1.049 7	1.302 5	1.682 9	2.019 5	2.420 8	2.701 2
13	0.870 2	1.079 5	1.350 2	1.770 9	2.160 4	2.650 3	3.012 3	42	0.850 3	1.049 4	1.302 0	1.682 0	2.018 1	2.418 5	2.698 1
14	0.868 1	1.076 3	1.345 0	1.761 3	2.144 8	2.624 5	2.976 8	43	0.850 1	1.049 1	1.301 6	1.681 1	2.016 7	2.416 3	2.695 1
15	0.866 2	1.073 5	1.340 6	1.753 1	2.131 4	2.602 5	2.946 7	44	0.849 9	1.048 8	1.301 1	1.680 2	2.015 4	2.414 1	2.692 3
16	0.864 7	1.071 1	1.336 8	1.745 9	2.119 9	2.583 5	2.920 8	45	0.849 7	1.048 5	1.300 6	1.679 4	2.014 1	2.412 1	2.689 6
17	0.863 3	1.069 0	1.333 4	1.739 6	2.109 8	2.566 9	2.898 2	46	0.849 5	1.048 3	1.300 2	1.678 7	2.012 9	2.410 2	2.687 0
18	0.862 0	1.067 2	1.330 4	1.734 1	2.100 9	2.552 4	2.878 4	47	0.849 3	1.048 0	1.299 8	1.677 9	2.011 7	2.408 3	2.684 6
19	0.861 0	1.065 5	1.327 7	1.729 1	2.093 0	2.539 5	2.860 9	48	0.849 2	1.047 8	1.299 4	1.677 2	2.010 6	2.406 6	2.682 2
20	0.860 0	1.064 0	1.325 3	1.724 7	2.086 0	2.528 0	2.845 3	49	0.849 0	1.047 5	1.299 1	1.676 6	2.009 6	2.404 9	2.680 0
21	0.859 1	1.062 7	1.323 2	1.720 7	2.079 6	2.517 6	2.831 4	50	0.848 9	1.047 3	1.298 7	1.675 9	2.008 6	2.403 3	2.677 8
22	0.858 3	1.061 4	1.321 2	1.717 1	2.073 9	2.508 3	2.818 8	55	0.848 2	1.046 3	1.297 1	1.673 0	2.004 0	2.396 1	2.668 2
23	0.857 5	1.060 3	1.319 5	1.713 9	2.068 7	2.499 9	2.807 3	60	0.847 7	1.045 5	1.295 8	1.670 6	2.000 3	2.390 1	2.660 3
24	0.856 9	1.059 3	1.317 8	1.710 9	2.063 9	2.492 2	2.796 9	70	0.846 8	1.044 2	1.293 8	1.666 9	1.994 4	2.380 8	2.647 9
25	0.856 2	1.058 4	1.316 3	1.708 1	2.059 5	2.485 1	2.787 4	80	0.846 1	1.043 2	1.292 2	1.664 1	1.990 1	2.373 9	2.638 7
26	0.855 7	1.057 5	1.315 0	1.705 6	2.055 5	2.478 6	2.778 7	90	0.845 6	1.042 4	1.291 0	1.662 0	1.986 7	2.368 5	2.631 6
27	0.855 1	1.056 7	1.313 7	1.703 3	2.051 8	2.472 7	2.770 7	100	0.845 2	1.041 8	1.290 1	1.660 2	1.984 0	2.364 2	2.625 9
28	0.854 6	1.056 0	1.312 5	1.701 1	2.048 4	2.467 1	2.763 3	200	0.843 4	1.039 1	1.285 8	1.652 5	1.971 9	2.345 1	2.600 6
29	0.854 2	1.055 3	1.311 4	1.699 1	2.045 2	2.462 0	2.756 4	∞	0.841 6	1.036 4	1.281 6	1.644 9	1.960 0	2.326 3	2.575 8

附表6　χ^2分布表

$$P\{\chi^2(n) > \chi^2_\alpha(n)\} = \alpha$$

α / n	0.995	0.990	0.975	0.950	0.900	0.100	0.050	0.025	0.010	0.005
1	0.000 0	0.000 2	0.001 0	0.003 9	0.015 8	2.705 5	3.841 5	5.023 9	6.634 9	7.879 4
2	0.010 0	0.020 1	0.050 6	0.102 6	0.210 7	4.605 2	5.991 5	7.377 8	9.210 3	10.596 6
3	0.071 7	0.114 8	0.215 8	0.351 8	0.584 4	6.251 4	7.814 7	9.348 4	11.344 9	12.838 2
4	0.207 0	0.297 1	0.484 4	0.710 7	1.063 6	7.779 4	9.487 7	11.143 3	13.276 7	14.860 3
5	0.411 7	0.554 3	0.831 2	1.145 5	1.610 3	9.236 4	11.070 5	12.832 5	15.086 3	16.749 6
6	0.675 7	0.872 1	1.237 3	1.635 4	2.204 1	10.644 6	12.591 6	14.449 4	16.811 9	18.547 6
7	0.989 3	1.239 0	1.689 9	2.167 3	2.833 1	12.017 0	14.067 1	16.012 8	18.475 3	20.277 7
8	1.344 4	1.646 5	2.179 7	2.732 6	3.489 5	13.361 6	15.507 3	17.534 5	20.090 2	21.955 0
9	1.734 9	2.087 9	2.700 4	3.325 1	4.168 2	14.683 7	16.919 0	19.022 8	21.666 0	23.589 4
10	2.155 9	2.558 2	3.247 0	3.940 3	4.865 2	15.987 2	18.307 0	20.483 2	23.209 3	25.188 2
11	2.603 2	3.053 5	3.815 7	4.574 8	5.577 8	17.275 0	19.675 1	21.920 0	24.725 0	26.756 8
12	3.073 8	3.570 6	4.403 8	5.226 0	6.303 8	18.549 3	21.026 1	23.336 7	26.217 0	28.299 5
13	3.565 0	4.106 9	5.008 8	5.891 9	7.041 5	19.811 9	22.362 0	24.735 6	27.688 2	29.819 5
14	4.074 7	4.660 4	5.628 7	6.570 6	7.789 5	21.064 1	23.684 8	26.118 9	29.141 2	31.319 3
15	4.600 9	5.229 3	6.262 1	7.260 9	8.546 8	22.307 1	24.995 8	27.488 4	30.577 9	32.801 3
16	5.142 2	5.812 2	6.907 7	7.961 6	9.312 2	23.541 8	26.296 2	28.845 4	31.999 9	34.267 2
17	5.697 2	6.407 8	7.564 2	8.671 8	10.085 2	24.769 0	27.587 1	30.191 0	33.408 7	35.718 5
18	6.264 8	7.014 9	8.230 7	9.390 5	10.864 9	25.989 4	28.869 3	31.526 4	34.805 3	37.156 5
19	6.844 0	7.632 7	8.906 5	10.117 0	11.650 9	27.203 6	30.143 5	32.852 3	36.190 9	38.582 3
20	7.433 8	8.260 4	9.590 8	10.850 8	12.442 6	28.412 0	31.410 4	34.169 6	37.566 2	39.996 8
21	8.033 7	8.897 2	10.282 9	11.591 3	13.239 6	29.615 1	32.670 6	35.478 9	38.932 2	41.401 1
22	8.642 7	9.542 5	10.982 3	12.338 0	14.041 5	30.813 3	33.924 4	36.780 7	40.289 4	42.795 7
23	9.260 4	10.195 7	11.688 6	13.090 5	14.848 0	32.006 9	35.172 5	38.075 6	41.638 4	44.181 3
24	9.886 2	10.856 4	12.401 2	13.848 4	15.658 7	33.196 2	36.415 0	39.364 1	42.979 8	45.558 5
25	10.519 7	11.524 0	13.119 7	14.611 4	16.473 4	34.381 6	37.652 5	40.646 5	44.314 1	46.927 9
26	11.160 2	12.198 1	13.843 9	15.379 2	17.291 9	35.563 2	38.885 1	41.923 2	45.641 7	48.289 9
27	11.807 6	12.878 5	14.573 4	16.151 4	18.113 9	36.741 2	40.113 3	43.194 5	46.962 9	49.644 9
28	12.461 3	13.564 7	15.307 9	16.927 9	18.939 2	37.915 9	41.337 1	44.460 8	48.278 2	50.993 4
29	13.121 1	14.256 5	16.047 1	17.708 4	19.767 7	39.087 5	42.557 0	45.722 3	49.587 9	52.335 6
30	13.786 7	14.953 5	16.790 8	18.492 7	20.599 2	40.256 0	43.773 0	46.979 2	50.892 2	53.672 0
31	14.457 8	15.655 5	17.538 7	19.280 6	21.433 6	41.421 7	44.985 3	48.231 9	52.191 4	55.002 7
32	15.134 0	16.362 2	18.290 8	20.071 9	22.270 6	42.584 7	46.194 3	49.480 4	53.485 8	56.328 1
33	15.815 3	17.073 5	19.046 7	20.866 5	23.110 2	43.745 2	47.399 9	50.725 1	54.775 5	57.648 4
34	16.501 3	17.789 1	19.806 3	21.664 3	23.952 3	44.903 2	48.602 4	51.966 0	56.060 9	58.963 9
35	17.191 8	18.508 9	20.569 4	22.465 0	24.796 7	46.058 8	49.801 8	53.203 3	57.342 1	60.274 8
36	17.886 7	19.232 7	21.335 9	23.268 6	25.643 3	47.212 2	50.998 5	54.437 3	58.619 2	61.581 2
37	18.585 8	19.960 2	22.105 6	24.074 9	26.492 1	48.363 4	52.192 3	55.668 0	59.892 5	62.883 3
38	19.288 9	20.691 4	22.878 5	24.883 9	27.343 0	49.512 6	53.383 5	56.895 5	61.162 1	64.181 4
39	19.995 9	21.426 2	23.654 3	25.695 4	28.195 8	50.659 8	54.572 2	58.120 1	62.428 1	65.475 6
40	20.706 5	22.164 3	24.433 0	26.509 3	29.050 5	51.805 1	55.758 5	59.341 7	63.690 7	66.766 0
45	24.311 0	25.901 3	28.366 2	30.612 3	33.350 4	57.505 3	61.656 2	65.410 2	69.956 8	73.166 1
50	27.990 7	29.706 7	32.357 4	34.764 3	37.688 6	63.167 1	67.504 8	71.420 2	76.153 9	79.490 0
55	31.734 8	33.570 5	36.398 1	38.958 0	42.059 6	68.796 2	73.311 5	77.380 5	82.292 1	85.749 0
60	35.534 5	37.484 9	40.481 7	43.188 0	46.458 9	74.397 0	79.081 9	83.297 7	88.379 4	91.951 7
70	43.275 2	45.441 7	48.757 6	51.739 3	55.328 9	85.527 0	90.531 2	95.023 2	100.425 2	104.214 9
80	51.171 9	53.540 1	57.153 2	60.391 5	64.277 8	96.578 2	101.879 5	106.628 6	112.328 8	116.321 1
90	59.196 3	61.754 1	65.646 6	69.126 0	73.291 1	107.565 0	113.145 3	118.135 9	124.116 3	128.298 9
100	67.327 6	70.064 9	74.221 9	77.929 5	82.358 1	118.498 0	124.342 1	129.561 2	135.806 7	140.169 5

附表 7 F 分布表

$$P\{F(n_1, n_2) > F_\alpha(n_1, n_2)\} = \alpha \quad (\alpha = 0.10)$$

n_2＼n_1	1	2	3	4	5	6	7	8	9	10	11	12	13	14	15	16	17	18	19	20	25	30	40	60	120	∞
1	39.86	49.50	53.59	55.83	57.24	58.20	58.91	59.44	59.86	60.19	60.47	60.71	60.90	61.07	61.22	61.35	61.46	61.57	61.66	61.74	62.05	62.26	62.53	62.79	63.06	63.33
2	8.53	9.00	9.16	9.24	9.29	9.33	9.35	9.37	9.38	9.39	9.40	9.41	9.41	9.42	9.42	9.43	9.43	9.44	9.44	9.44	9.45	9.46	9.47	9.47	9.48	9.49
3	5.54	5.46	5.39	5.34	5.31	5.28	5.27	5.25	5.24	5.23	5.22	5.22	5.21	5.20	5.20	5.20	5.19	5.19	5.19	5.18	5.17	5.17	5.16	5.15	5.14	5.13
4	4.54	4.32	4.19	4.11	4.05	4.01	3.98	3.95	3.94	3.92	3.91	3.90	3.89	3.88	3.87	3.86	3.86	3.85	3.85	3.84	3.83	3.82	3.80	3.79	3.78	3.76
5	4.06	3.78	3.62	3.52	3.45	3.40	3.37	3.34	3.32	3.30	3.28	3.27	3.26	3.25	3.24	3.23	3.22	3.22	3.21	3.21	3.19	3.17	3.16	3.14	3.12	3.11
6	3.78	3.46	3.29	3.18	3.11	3.05	3.01	2.98	2.96	2.94	2.92	2.90	2.89	2.88	2.87	2.86	2.85	2.85	2.84	2.84	2.81	2.80	2.78	2.76	2.74	2.72
7	3.59	3.26	3.07	2.96	2.88	2.83	2.78	2.75	2.72	2.70	2.68	2.67	2.65	2.64	2.63	2.62	2.61	2.61	2.60	2.59	2.57	2.56	2.54	2.51	2.49	2.47
8	3.46	3.11	2.92	2.81	2.73	2.67	2.62	2.59	2.56	2.54	2.52	2.50	2.49	2.48	2.46	2.45	2.45	2.44	2.43	2.42	2.40	2.38	2.36	2.34	2.32	2.29
9	3.36	3.01	2.81	2.69	2.61	2.55	2.51	2.47	2.44	2.42	2.40	2.38	2.36	2.35	2.34	2.33	2.32	2.31	2.30	2.30	2.27	2.25	2.23	2.21	2.18	2.16
10	3.29	2.92	2.73	2.61	2.52	2.46	2.41	2.38	2.35	2.32	2.30	2.28	2.27	2.26	2.24	2.23	2.22	2.22	2.21	2.20	2.17	2.16	2.13	2.11	2.08	2.06
11	3.23	2.86	2.66	2.54	2.45	2.39	2.34	2.30	2.27	2.25	2.23	2.21	2.19	2.18	2.17	2.16	2.15	2.14	2.13	2.12	2.10	2.08	2.05	2.03	2.00	1.97
12	3.18	2.81	2.61	2.48	2.39	2.33	2.28	2.24	2.21	2.19	2.17	2.15	2.13	2.12	2.10	2.09	2.08	2.08	2.07	2.06	2.03	2.01	1.99	1.96	1.93	1.90
13	3.14	2.76	2.56	2.43	2.35	2.28	2.23	2.20	2.16	2.14	2.12	2.10	2.08	2.07	2.05	2.04	2.03	2.02	2.01	2.01	1.98	1.96	1.93	1.90	1.88	1.85
14	3.10	2.73	2.52	2.39	2.31	2.24	2.19	2.15	2.12	2.10	2.07	2.05	2.04	2.02	2.01	2.00	1.99	1.98	1.97	1.96	1.93	1.91	1.89	1.86	1.83	1.80
15	3.07	2.70	2.49	2.36	2.27	2.21	2.16	2.12	2.09	2.06	2.04	2.02	2.00	1.99	1.97	1.96	1.95	1.94	1.93	1.92	1.89	1.87	1.85	1.82	1.79	1.76
16	3.05	2.67	2.46	2.33	2.24	2.18	2.13	2.09	2.06	2.03	2.01	1.99	1.97	1.95	1.94	1.93	1.92	1.91	1.90	1.89	1.86	1.84	1.81	1.78	1.75	1.72
17	3.03	2.64	2.44	2.31	2.22	2.15	2.10	2.06	2.03	2.00	1.98	1.96	1.94	1.93	1.91	1.90	1.89	1.88	1.87	1.86	1.83	1.81	1.78	1.75	1.72	1.69
18	3.01	2.62	2.42	2.29	2.20	2.13	2.08	2.04	2.00	1.98	1.95	1.93	1.92	1.90	1.89	1.87	1.86	1.85·	1.84	1.84	1.80	1.78	1.75	1.72	1.69	1.66
19	2.99	2.61	2.40	2.27	2.18	2.11	2.06	2.02	1.98	1.96	1.93	1.91	1.89	1.88	1.86	1.85	1.84	1.83	1.82	1.81	1.78	1.76	1.73	1.70	1.67	1.63

附表 7（续）

n_1 \ n_2	1	2	3	4	5	6	7	8	9	10	11	12	13	14	15	16	17	18	19	20	25	30	40	60	120	∞
20	2.97	2.59	2.38	2.25	2.16	2.09	2.04	2.00	1.96	1.94	1.91	1.89	1.87	1.86	1.84	1.83	1.82	1.81	1.80	1.79	1.76	1.74	1.71	1.68	1.64	1.61
21	2.96	2.57	2.36	2.23	2.14	2.08	2.02	1.98	1.95	1.92	1.90	1.87	1.86	1.84	1.83	1.81	1.80	1.79	1.78	1.78	1.74	1.72	1.69	1.66	1.62	1.59
22	2.95	2.56	2.35	2.22	2.13	2.06	2.01	1.97	1.93	1.90	1.88	1.86	1.84	1.83	1.81	1.80	1.79	1.78	1.77	1.76	1.73	1.70	1.67	1.64	1.60	1.57
23	2.94	2.55	2.34	2.21	2.11	2.05	1.99	1.95	1.92	1.89	1.87	1.84	1.83	1.81	1.80	1.78	1.77	1.76	1.75	1.74	1.71	1.69	1.66	1.62	1.59	1.55
24	2.93	2.54	2.33	2.19	2.10	2.04	1.98	1.94	1.91	1.88	1.85	1.83	1.81	1.80	1.78	1.77	1.76	1.75	1.74	1.73	1.70	1.67	1.64	1.61	1.57	1.53
25	2.92	2.53	2.32	2.18	2.09	2.02	1.97	1.93	1.89	1.87	1.84	1.82	1.80	1.79	1.77	1.76	1.75	1.74	1.73	1.72	1.68	1.66	1.63	1.59	1.56	1.52
26	2.91	2.52	2.31	2.17	2.08	2.01	1.96	1.92	1.88	1.86	1.83	1.81	1.79	1.77	1.76	1.75	1.73	1.72	1.71	1.71	1.67	1.65	1.61	1.58	1.54	1.50
27	2.90	2.51	2.30	2.17	2.07	2.00	1.95	1.91	1.87	1.85	1.82	1.80	1.78	1.76	1.75	1.74	1.72	1.71	1.70	1.70	1.66	1.64	1.60	1.57	1.53	1.49
28	2.89	2.50	2.29	2.16	2.06	2.00	1.94	1.90	1.87	1.84	1.81	1.79	1.77	1.75	1.74	1.73	1.71	1.70	1.69	1.69	1.65	1.63	1.59	1.56	1.52	1.48
29	2.89	2.50	2.28	2.15	2.06	1.99	1.93	1.89	1.86	1.83	1.80	1.78	1.76	1.75	1.73	1.72	1.71	1.69	1.68	1.68	1.64	1.62	1.58	1.55	1.51	1.47
30	2.88	2.49	2.28	2.14	2.05	1.98	1.93	1.88	1.85	1.82	1.79	1.77	1.75	1.74	1.72	1.71	1.70	1.69	1.68	1.67	1.63	1.61	1.57	1.54	1.50	1.46
31	2.87	2.48	2.27	2.14	2.04	1.97	1.92	1.88	1.84	1.81	1.79	1.77	1.75	1.73	1.71	1.70	1.69	1.68	1.67	1.66	1.62	1.60	1.56	1.53	1.49	1.45
32	2.87	2.48	2.26	2.13	2.04	1.97	1.91	1.87	1.83	1.81	1.78	1.76	1.74	1.72	1.71	1.69	1.68	1.67	1.66	1.65	1.62	1.59	1.56	1.52	1.48	1.44
33	2.86	2.47	2.26	2.12	2.03	1.96	1.91	1.86	1.83	1.80	1.77	1.75	1.73	1.72	1.70	1.69	1.67	1.66	1.65	1.64	1.61	1.58	1.55	1.51	1.47	1.43
34	2.86	2.47	2.25	2.12	2.02	1.96	1.90	1.86	1.82	1.79	1.77	1.75	1.73	1.71	1.69	1.68	1.67	1.65	1.64	1.64	1.60	1.58	1.54	1.50	1.46	1.42
35	2.85	2.46	2.25	2.11	2.02	1.95	1.90	1.85	1.82	1.79	1.76	1.74	1.72	1.70	1.69	1.67	1.66	1.65	1.64	1.63	1.60	1.57	1.53	1.50	1.46	1.41
40	2.84	2.44	2.23	2.09	2.00	1.93	1.87	1.83	1.79	1.76	1.74	1.71	1.70	1.68	1.66	1.65	1.64	1.62	1.61	1.61	1.57	1.54	1.51	1.47	1.42	1.38
45	2.82	2.42	2.21	2.07	1.98	1.91	1.85	1.81	1.77	1.74	1.72	1.70	1.68	1.66	1.64	1.63	1.62	1.60	1.59	1.58	1.55	1.52	1.48	1.44	1.40	1.35
50	2.81	2.41	2.20	2.06	1.97	1.90	1.84	1.80	1.76	1.73	1.70	1.68	1.66	1.64	1.63	1.61	1.60	1.59	1.58	1.57	1.53	1.50	1.46	1.42	1.38	1.33
60	2.79	2.39	2.18	2.04	1.95	1.87	1.82	1.77	1.74	1.71	1.68	1.66	1.64	1.62	1.60	1.59	1.58	1.56	1.55	1.54	1.50	1.48	1.44	1.40	1.35	1.29
120	2.75	2.35	2.13	1.99	1.90	1.82	1.77	1.72	1.68	1.65	1.63	1.60	1.58	1.56	1.55	1.53	1.52	1.50	1.49	1.48	1.44	1.41	1.37	1.32	1.26	1.19
∞	2.71	2.30	2.08	1.94	1.85	1.77	1.72	1.67	1.63	1.60	1.57	1.55	1.52	1.50	1.49	1.47	1.46	1.44	1.43	1.42	1.38	1.34	1.30	1.24	1.17	1.01

附表 7（续）

（$\alpha = 0.05$）

$n_2 \backslash n_1$	1	2	3	4	5	6	7	8	9	10	11	12	13	14	15	16	17	18	19	20	25	30	40	60	120	∞
1	161.45	199.50	215.71	224.58	230.16	233.99	236.77	238.88	240.54	241.88	242.98	243.91	244.69	245.36	245.95	246.46	246.92	247.32	247.69	248.01	249.26	250.10	251.14	252.20	253.25	254.31
2	18.51	19.00	19.16	19.25	19.25	19.33	19.35	19.37	19.38	19.40	19.40	19.41	19.42	19.42	19.43	19.43	19.44	19.44	19.44	19.45	19.46	19.46	19.47	19.48	19.49	19.50
3	10.13	9.55	9.28	9.12	9.01	8.94	8.89	8.85	8.81	8.79	8.76	8.74	8.73	8.71	8.70	8.69	8.68	8.67	8.67	8.66	8.63	8.62	8.59	8.57	8.55	8.53
4	7.71	6.94	6.59	6.39	6.26	6.16	6.09	6.04	6.00	5.96	5.94	5.91	5.89	5.87	5.86	5.84	5.83	5.82	5.81	5.80	5.77	5.75	5.72	5.69	5.66	5.63
5	6.61	5.79	5.41	5.19	5.05	4.95	4.88	4.82	4.77	4.74	4.70	4.68	4.66	4.64	4.62	4.60	4.59	4.58	4.57	4.56	4.52	4.50	4.46	4.43	4.40	4.37
6	5.99	5.14	4.76	4.53	4.39	4.28	4.21	4.15	4.10	4.06	4.03	4.00	3.98	3.96	3.94	3.92	3.91	3.90	3.88	3.87	3.83	3.81	3.77	3.74	3.70	3.67
7	5.59	4.74	4.35	4.12	3.97	3.87	3.79	3.73	3.68	3.64	3.60	3.57	3.55	3.53	3.51	3.49	3.48	3.47	3.46	3.44	3.40	3.38	3.34	3.30	3.27	3.23
8	5.32	4.46	4.07	3.84	3.69	3.58	3.50	3.44	3.39	3.35	3.31	3.28	3.26	3.24	3.22	3.20	3.19	3.17	3.16	3.15	3.11	3.08	3.04	3.01	2.97	2.93
9	5.12	4.26	3.86	3.63	3.48	3.37	3.29	3.23	3.18	3.14	3.10	3.07	3.05	3.03	3.01	2.99	2.97	2.96	2.95	2.94	2.89	2.86	2.83	2.79	2.75	2.71
10	4.96	4.10	3.71	3.48	3.33	3.22	3.14	3.07	3.02	2.98	2.94	2.91	2.89	2.86	2.85	2.83	2.81	2.80	2.79	2.77	2.73	2.70	2.66	2.62	2.58	2.54
11	4.84	3.98	3.59	3.36	3.20	3.09	3.01	2.95	2.90	2.85	2.82	2.79	2.76	2.74	2.72	2.70	2.69	2.67	2.66	2.65	2.60	2.57	2.53	2.49	2.45	2.40
12	4.75	3.89	3.49	3.26	3.11	3.00	2.91	2.85	2.80	2.75	2.72	2.69	2.66	2.64	2.62	2.60	2.58	2.57	2.56	2.54	2.50	2.47	2.43	2.38	2.34	2.30
13	4.67	3.81	3.41	3.18	3.03	2.92	2.83	2.77	2.71	2.67	2.63	2.60	2.58	2.55	2.53	2.51	2.50	2.48	2.47	2.46	2.41	2.38	2.34	2.30	2.25	2.21
14	4.60	3.74	3.34	3.11	2.96	2.85	2.76	2.70	2.65	2.60	2.57	2.53	2.51	2.48	2.46	2.44	2.43	2.41	2.40	2.39	2.34	2.31	2.27	2.22	2.18	2.13
15	4.54	3.68	3.29	3.06	2.90	2.79	2.71	2.64	2.59	2.54	2.51	2.48	2.45	2.42	2.40	2.38	2.37	2.35	2.34	2.33	2.28	2.25	2.20	2.16	2.11	2.07
16	4.49	3.63	3.24	3.01	2.85	2.74	2.66	2.59	2.54	2.49	2.46	2.42	2.40	2.37	2.35	2.33	2.32	2.30	2.29	2.28	2.23	2.19	2.15	2.11	2.06	2.01
17	4.45	3.59	3.20	2.96	2.81	2.70	2.61	2.55	2.49	2.45	2.41	2.38	2.35	2.33	2.31	2.29	2.27	2.26	2.24	2.23	2.18	2.15	2.10	2.06	2.01	1.96
18	4.41	3.55	3.16	2.93	2.77	2.66	2.58	2.51	2.46	2.41	2.37	2.34	2.31	2.29	2.27	2.25	2.23	2.22	2.20	2.19	2.14	2.11	2.06	2.02	1.97	1.92
19	4.38	3.52	3.13	2.90	2.74	2.63	2.54	2.48	2.42	2.38	2.34	2.31	2.28	2.26	2.23	2.21	2.20	2.18	2.17	2.16	2.11	2.07	2.03	1.98	1.93	1.88
20	4.35	3.49	3.10	2.87	2.71	2.60	2.51	2.45	2.39	2.35	2.31	2.28	2.25	2.22	2.20	2.18	2.17	2.15	2.14	2.12	2.07	2.04	1.99	1.95	1.90	1.84
21	4.32	3.47	3.07	2.84	2.68	2.57	2.49	2.42	2.37	2.32	2.28	2.25	2.22	2.20	2.18	2.16	2.14	2.12	2.11	2.10	2.05	2.01	1.96	1.92	1.87	1.81
22	4.30	3.44	3.05	2.82	2.66	2.55	2.46	2.40	2.34	2.30	2.26	2.23	2.20	2.17	2.15	2.13	2.11	2.10	2.08	2.07	2.02	1.98	1.94	1.89	1.84	1.78
23	4.28	3.42	3.03	2.80	2.64	2.53	2.44	2.37	2.32	2.27	2.24	2.20	2.18	2.15	2.13	2.11	2.09	2.08	2.06	2.05	2.00	1.96	1.91	1.86	1.81	1.76
24	4.26	3.40	3.01	2.78	2.62	2.51	2.42	2.36	2.30	2.25	2.22	2.18	2.15	2.13	2.11	2.09	2.07	2.05	2.04	2.03	1.97	1.94	1.89	1.84	1.79	1.73
25	4.24	3.39	2.99	2.76	2.60	2.49	2.40	2.34	2.28	2.24	2.20	2.16	2.14	2.11	2.09	2.07	2.05	2.04	2.02	2.01	1.96	1.92	1.87	1.82	1.77	1.71
26	4.23	3.37	2.98	2.74	2.59	2.47	2.39	2.32	2.27	2.22	2.18	2.15	2.12	2.09	2.07	2.05	2.03	2.02	2.00	1.99	1.94	1.90	1.85	1.80	1.75	1.69
27	4.21	3.35	2.96	2.73	2.57	2.46	2.37	2.31	2.25	2.20	2.17	2.13	2.10	2.08	2.06	2.04	2.02	2.00	1.99	1.97	1.92	1.88	1.84	1.79	1.73	1.67
28	4.20	3.34	2.95	2.71	2.56	2.45	2.36	2.29	2.24	2.19	2.15	2.12	2.09	2.06	2.04	2.02	2.00	1.99	1.97	1.96	1.91	1.87	1.82	1.77	1.71	1.65
29	4.18	3.33	2.93	2.70	2.55	2.43	2.35	2.28	2.22	2.18	2.14	2.10	2.08	2.05	2.03	2.01	1.99	1.97	1.96	1.94	1.89	1.85	1.81	1.75	1.70	1.64
30	4.17	3.32	2.92	2.69	2.53	2.42	2.33	2.27	2.21	2.16	2.13	2.09	2.06	2.04	2.01	1.99	1.98	1.96	1.95	1.93	1.88	1.84	1.79	1.74	1.68	1.62
31	4.16	3.30	2.91	2.68	2.52	2.41	2.32	2.25	2.20	2.15	2.11	2.08	2.05	2.03	2.00	1.98	1.96	1.95	1.93	1.92	1.87	1.83	1.78	1.73	1.67	1.61
32	4.15	3.29	2.90	2.67	2.51	2.40	2.31	2.24	2.18	2.14	2.10	2.07	2.04	2.01	1.99	1.97	1.95	1.94	1.92	1.91	1.85	1.82	1.77	1.71	1.66	1.59
33	4.14	3.28	2.89	2.66	2.50	2.39	2.30	2.23	2.17	2.13	2.09	2.05	2.03	2.00	1.98	1.96	1.94	1.93	1.91	1.90	1.84	1.81	1.76	1.70	1.64	1.58
34	4.13	3.28	2.88	2.65	2.49	2.38	2.29	2.23	2.16	2.12	2.08	2.04	2.02	1.99	1.97	1.95	1.93	1.92	1.90	1.89	1.83	1.80	1.75	1.70	1.63	1.57
35	4.12	3.27	2.87	2.64	2.49	2.37	2.29	2.22	2.16	2.11	2.07	2.04	2.01	1.99	1.96	1.94	1.92	1.91	1.89	1.88	1.82	1.79	1.74	1.68	1.62	1.56
40	4.08	3.23	2.84	2.61	2.45	2.34	2.25	2.18	2.12	2.08	2.04	2.00	1.97	1.95	1.92	1.90	1.89	1.87	1.85	1.84	1.78	1.74	1.69	1.64	1.58	1.51
60	4.00	3.15	2.76	2.53	2.37	2.25	2.17	2.10	2.04	1.99	1.95	1.92	1.89	1.86	1.84	1.82	1.80	1.78	1.76	1.75	1.69	1.65	1.59	1.53	1.47	1.39
120	3.92	3.07	2.68	2.45	2.29	2.18	2.09	2.02	1.96	1.91	1.87	1.83	1.80	1.78	1.75	1.73	1.71	1.69	1.67	1.66	1.60	1.55	1.50	1.43	1.35	1.25
∞	3.84	3.00	2.60	2.37	2.21	2.10	2.01	1.94	1.88	1.83	1.79	1.75	1.72	1.69	1.67	1.64	1.62	1.60	1.59	1.57	1.51	1.46	1.39	1.32	1.22	1.01

附表 7（续）

（$\alpha = 0.025$）

n_2 \ n_1	1	2	3	4	5	6	7	8	9	10	11	12	13	14	15	16	17	18	19	20	25	30	40	60	120	∞
1	648	799	864	900	922	937	948	957	963	969	973	977	980	983	985	987	989	990	992	993	998	1 001	1 006	1 010	1 014	1 018
2	38.51	39.00	39.17	39.25	39.30	39.33	39.36	39.37	39.39	39.40	39.41	39.41	39.42	39.43	39.43	39.44	39.44	39.44	39.45	39.45	39.46	39.46	39.47	39.48	39.49	39.50
3	17.44	16.04	15.44	15.10	14.88	14.73	14.62	14.54	14.47	14.42	14.37	14.34	14.30	14.28	14.25	14.23	14.21	14.20	14.18	14.17	14.12	14.08	14.04	13.99	13.95	13.90
4	12.22	10.65	9.98	9.60	9.36	9.20	9.07	8.98	8.90	8.84	8.79	8.75	8.71	8.68	8.66	8.63	8.61	8.59	8.58	8.56	8.50	8.46	8.41	8.36	8.31	8.26
5	10.01	8.43	7.76	7.39	7.15	6.98	6.85	6.76	6.68	6.62	6.57	6.52	6.49	6.46	6.43	6.40	6.38	6.36	6.34	6.33	6.27	6.23	6.18	6.12	6.07	6.02
6	8.81	7.26	6.60	6.23	5.99	5.82	5.70	5.60	5.52	5.46	5.41	5.37	5.33	5.30	5.27	5.24	5.22	5.20	5.18	5.17	5.11	5.07	5.01	4.96	4.90	4.85
7	8.07	6.54	5.89	5.52	5.29	5.12	4.99	4.90	4.82	4.76	4.71	4.67	4.63	4.60	4.57	4.54	4.52	4.50	4.48	4.47	4.40	4.36	4.31	4.25	4.20	4.14
8	7.57	6.06	5.42	5.05	4.82	4.65	4.53	4.43	4.36	4.30	4.24	4.20	4.16	4.13	4.10	4.08	4.05	4.03	4.02	4.00	3.94	3.89	3.84	3.78	3.73	3.67
9	7.21	5.71	5.08	4.72	4.48	4.32	4.20	4.10	4.03	3.96	3.91	3.87	3.83	3.80	3.77	3.74	3.72	3.70	3.68	3.67	3.60	3.56	3.51	3.45	3.39	3.33
10	6.94	5.46	4.83	4.47	4.24	4.07	3.95	3.85	3.78	3.72	3.66	3.62	3.58	3.55	3.52	3.50	3.47	3.45	3.44	3.42	3.35	3.31	3.26	3.20	3.14	3.08
11	6.72	5.26	4.63	4.28	4.04	3.88	3.76	3.66	3.59	3.53	3.47	3.43	3.39	3.36	3.33	3.30	3.28	3.26	3.24	3.23	3.16	3.12	3.06	3.00	2.94	2.88
12	6.55	5.10	4.47	4.12	3.89	3.73	3.61	3.51	3.44	3.37	3.32	3.28	3.24	3.21	3.18	3.15	3.13	3.11	3.09	3.07	3.01	2.96	2.91	2.85	2.79	2.73
13	6.41	4.97	4.35	4.00	3.77	3.60	3.48	3.39	3.31	3.25	3.20	3.15	3.12	3.08	3.05	3.03	3.00	2.98	2.96	2.95	2.88	2.84	2.78	2.72	2.66	2.60
14	6.30	4.86	4.24	3.89	3.66	3.50	3.38	3.29	3.21	3.15	3.09	3.05	3.01	2.98	2.95	2.92	2.90	2.88	2.86	2.84	2.78	2.73	2.67	2.61	2.55	2.49
15	6.20	4.77	4.15	3.80	3.58	3.41	3.29	3.20	3.12	3.06	3.01	2.96	2.92	2.89	2.86	2.84	2.81	2.79	2.77	2.76	2.69	2.64	2.59	2.52	2.46	2.40
16	6.12	4.69	4.08	3.73	3.50	3.34	3.22	3.12	3.05	2.99	2.93	2.89	2.85	2.82	2.79	2.76	2.74	2.72	2.70	2.68	2.61	2.57	2.51	2.45	2.38	2.32
17	6.04	4.62	4.01	3.66	3.44	3.28	3.16	3.06	2.98	2.92	2.87	2.82	2.79	2.75	2.72	2.70	2.67	2.65	2.63	2.62	2.55	2.50	2.44	2.38	2.32	2.25
18	5.98	4.56	3.95	3.61	3.38	3.22	3.10	3.01	2.93	2.87	2.81	2.77	2.73	2.70	2.67	2.64	2.62	2.60	2.58	2.56	2.49	2.44	2.38	2.32	2.26	2.19
19	5.92	4.51	3.90	3.56	3.33	3.17	3.05	2.96	2.88	2.82	2.76	2.72	2.68	2.65	2.62	2.59	2.57	2.55	2.53	2.51	2.44	2.39	2.33	2.27	2.20	2.13
20	5.87	4.46	3.86	3.51	3.29	3.13	3.01	2.91	2.84	2.77	2.72	2.68	2.64	2.60	2.57	2.55	2.52	2.50	2.48	2.46	2.40	2.35	2.29	2.22	2.16	2.09
21	5.83	4.42	3.82	3.48	3.25	3.09	2.97	2.87	2.80	2.73	2.68	2.64	2.60	2.56	2.53	2.51	2.48	2.46	2.44	2.42	2.36	2.31	2.25	2.18	2.11	2.04
22	5.79	4.38	3.78	3.44	3.22	3.05	2.93	2.84	2.76	2.70	2.65	2.60	2.56	2.53	2.50	2.47	2.45	2.43	2.41	2.39	2.32	2.27	2.21	2.14	2.08	2.00
23	5.75	4.35	3.75	3.41	3.18	3.02	2.90	2.81	2.73	2.67	2.62	2.57	2.53	2.50	2.47	2.44	2.42	2.39	2.37	2.36	2.29	2.24	2.18	2.11	2.04	1.97
24	5.72	4.32	3.72	3.38	3.15	2.99	2.87	2.78	2.70	2.64	2.59	2.54	2.50	2.47	2.44	2.41	2.39	2.36	2.35	2.33	2.26	2.21	2.15	2.08	2.01	1.94
25	5.69	4.29	3.69	3.35	3.13	2.97	2.85	2.75	2.68	2.61	2.56	2.51	2.48	2.44	2.41	2.38	2.36	2.34	2.32	2.30	2.23	2.18	2.12	2.05	1.98	1.91
26	5.66	4.27	3.67	3.33	3.10	2.94	2.82	2.73	2.65	2.59	2.54	2.49	2.45	2.42	2.39	2.36	2.34	2.32	2.30	2.28	2.21	2.16	2.09	2.03	1.95	1.88
27	5.63	4.24	3.65	3.31	3.08	2.92	2.80	2.71	2.63	2.57	2.51	2.47	2.43	2.39	2.36	2.34	2.31	2.29	2.27	2.25	2.18	2.13	2.07	2.00	1.93	1.85
28	5.61	4.22	3.63	3.29	3.06	2.90	2.78	2.69	2.61	2.55	2.49	2.45	2.41	2.37	2.34	2.32	2.29	2.27	2.25	2.23	2.16	2.11	2.05	1.98	1.91	1.83
29	5.59	4.20	3.61	3.27	3.04	2.88	2.76	2.67	2.59	2.53	2.48	2.43	2.39	2.36	2.32	2.30	2.27	2.25	2.23	2.21	2.14	2.09	2.03	1.96	1.89	1.81
30	5.57	4.18	3.59	3.25	3.03	2.87	2.75	2.65	2.57	2.51	2.46	2.41	2.37	2.34	2.31	2.28	2.26	2.23	2.21	2.20	2.12	2.07	2.01	1.94	1.87	1.79
31	5.55	4.16	3.57	3.23	3.01	2.85	2.73	2.64	2.56	2.50	2.44	2.40	2.36	2.32	2.29	2.26	2.24	2.22	2.20	2.18	2.11	2.06	1.99	1.92	1.85	1.77
32	5.53	4.15	3.56	3.22	3.00	2.84	2.71	2.62	2.54	2.48	2.43	2.38	2.34	2.31	2.28	2.25	2.22	2.20	2.18	2.16	2.09	2.04	1.98	1.91	1.83	1.75
33	5.51	4.13	3.54	3.20	2.98	2.82	2.70	2.61	2.53	2.47	2.41	2.37	2.33	2.29	2.26	2.23	2.21	2.19	2.17	2.15	2.08	2.03	1.96	1.89	1.81	1.73
34	5.50	4.12	3.53	3.19	2.97	2.81	2.69	2.59	2.52	2.45	2.40	2.35	2.31	2.28	2.25	2.22	2.20	2.17	2.15	2.13	2.06	2.01	1.95	1.88	1.80	1.72
35	5.48	4.11	3.52	3.18	2.96	2.80	2.68	2.58	2.50	2.44	2.39	2.34	2.30	2.27	2.23	2.21	2.18	2.16	2.14	2.12	2.05	2.00	1.93	1.86	1.79	1.70
40	5.42	4.05	3.46	3.13	2.90	2.74	2.62	2.53	2.45	2.39	2.33	2.29	2.25	2.21	2.18	2.15	2.13	2.11	2.09	2.07	1.99	1.94	1.88	1.80	1.72	1.64
60	5.29	3.93	3.34	3.01	2.79	2.63	2.51	2.41	2.33	2.27	2.22	2.17	2.13	2.09	2.06	2.03	2.01	1.98	1.96	1.94	1.87	1.82	1.74	1.67	1.58	1.48
120	5.15	3.80	3.23	2.89	2.67	2.52	2.39	2.30	2.22	2.16	2.10	2.05	2.01	1.98	1.94	1.92	1.89	1.87	1.84	1.82	1.75	1.69	1.61	1.53	1.43	1.31
∞	5.02	3.69	3.12	2.79	2.57	2.41	2.29	2.19	2.11	2.05	1.99	1.94	1.90	1.87	1.83	1.80	1.78	1.75	1.73	1.71	1.63	1.57	1.48	1.39	1.27	1.01

附表 7（续）

（$\alpha = 0.01$）

n_2 \ n_1	1	2	3	4	5	6	7	8	9	10	11	12	13	14	15	16	17	18	19	20	25	30	40	60	120	∞
1	4 052	4 999	5 403	5 625	5 764	5 859	5 928	5 981	6 022	6 056	6 083	6 106	6 126	6 143	6 157	6 170	6 181	6 192	6 201	6 209	6 240	6 261	6 287	6 313	6 339	6 366
2	98.50	99.00	99.17	99.25	99.30	99.33	99.36	99.37	99.39	99.40	99.41	99.42	99.42	99.43	99.43	99.44	99.44	99.44	99.45	99.45	99.46	99.47	99.47	99.48	99.49	99.50
3	34.12	30.82	29.46	28.71	28.24	27.91	27.67	27.49	27.35	27.23	27.13	27.05	26.98	26.92	26.87	26.83	26.79	26.75	26.72	26.69	26.58	26.50	26.41	26.32	26.22	26.13
4	21.20	18.00	16.69	15.98	15.52	15.21	14.98	14.80	14.66	14.55	14.45	14.37	14.31	14.25	14.20	14.15	14.11	14.08	14.05	14.02	13.91	13.84	13.75	13.65	13.56	13.46
5	16.26	13.27	12.06	11.39	10.97	10.67	10.46	10.29	10.16	10.05	9.96	9.89	9.82	9.77	9.72	9.68	9.64	9.61	9.58	9.55	9.45	9.38	9.29	9.20	9.11	9.02
6	13.75	10.92	9.78	9.15	8.75	8.47	8.26	8.10	7.98	7.87	7.79	7.72	7.66	7.60	7.56	7.52	7.48	7.45	7.42	7.40	7.30	7.23	7.14	7.06	6.97	6.88
7	12.25	9.55	8.45	7.85	7.46	7.19	6.99	6.84	6.72	6.62	6.54	6.47	6.41	6.36	6.31	6.28	6.24	6.21	6.18	6.16	6.06	5.99	5.91	5.82	5.74	5.65
8	11.26	8.65	7.59	7.01	6.63	6.37	6.18	6.03	5.91	5.81	5.73	5.67	5.61	5.56	5.52	5.48	5.44	5.41	5.38	5.36	5.26	5.20	5.12	5.03	4.95	4.86
9	10.56	8.02	6.99	6.42	6.06	5.80	5.61	5.47	5.35	5.26	5.18	5.11	5.05	5.01	4.96	4.92	4.89	4.86	4.83	4.81	4.71	4.65	4.57	4.48	4.40	4.31
10	10.04	7.56	6.55	5.99	5.64	5.39	5.20	5.06	4.94	4.85	4.77	4.71	4.65	4.60	4.56	4.52	4.49	4.46	4.43	4.41	4.31	4.25	4.17	4.08	4.00	3.91
11	9.65	7.21	6.22	5.67	5.32	5.07	4.89	4.74	4.63	4.54	4.46	4.40	4.34	4.29	4.25	4.21	4.18	4.15	4.12	4.10	4.01	3.94	3.86	3.78	3.69	3.60
12	9.33	6.93	5.95	5.41	5.06	4.82	4.64	4.50	4.39	4.30	4.22	4.16	4.10	4.05	4.01	3.97	3.94	3.91	3.88	3.86	3.76	3.70	3.62	3.54	3.45	3.36
13	9.07	6.70	5.74	5.21	4.86	4.62	4.44	4.30	4.19	4.10	4.02	3.96	3.91	3.86	3.82	3.78	3.75	3.72	3.69	3.66	3.57	3.51	3.43	3.34	3.25	3.17
14	8.86	6.51	5.56	5.04	4.69	4.46	4.28	4.14	4.03	3.94	3.86	3.80	3.75	3.70	3.66	3.62	3.59	3.56	3.53	3.51	3.41	3.35	3.27	3.18	3.09	3.01
15	8.68	6.36	5.42	4.89	4.56	4.32	4.14	4.00	3.89	3.80	3.73	3.67	3.61	3.56	3.52	3.49	3.45	3.42	3.40	3.37	3.28	3.21	3.13	3.05	2.96	2.87
16	8.53	6.23	5.29	4.77	4.44	4.20	4.03	3.89	3.78	3.69	3.62	3.55	3.50	3.45	3.41	3.37	3.34	3.31	3.28	3.26	3.16	3.10	3.02	2.93	2.84	2.75
17	8.40	6.11	5.18	4.67	4.34	4.10	3.93	3.79	3.68	3.59	3.52	3.46	3.40	3.35	3.31	3.27	3.24	3.21	3.19	3.16	3.07	3.00	2.92	2.83	2.75	2.65
18	8.29	6.01	5.09	4.58	4.25	4.01	3.84	3.71	3.60	3.51	3.43	3.37	3.32	3.27	3.23	3.19	3.16	3.13	3.10	3.08	2.98	2.92	2.84	2.75	2.66	2.57
19	8.18	5.93	5.01	4.50	4.17	3.94	3.77	3.63	3.52	3.43	3.36	3.30	3.24	3.19	3.15	3.12	3.08	3.05	3.03	3.00	2.91	2.84	2.76	2.67	2.58	2.49
20	8.10	5.85	4.94	4.43	4.10	3.87	3.70	3.56	3.46	3.37	3.29	3.23	3.18	3.13	3.09	3.05	3.02	2.99	2.96	2.94	2.84	2.78	2.69	2.61	2.52	2.42
21	8.02	5.78	4.87	4.37	4.04	3.81	3.64	3.51	3.40	3.31	3.24	3.17	3.12	3.07	3.03	2.99	2.96	2.93	2.90	2.88	2.79	2.72	2.64	2.55	2.46	2.36
22	7.95	5.72	4.82	4.31	3.99	3.76	3.59	3.45	3.35	3.26	3.18	3.12	3.07	3.02	2.98	2.94	2.91	2.88	2.85	2.83	2.73	2.67	2.58	2.50	2.40	2.31
23	7.88	5.66	4.76	4.26	3.94	3.71	3.54	3.41	3.30	3.21	3.14	3.07	3.02	2.97	2.93	2.89	2.86	2.83	2.80	2.78	2.69	2.62	2.54	2.45	2.35	2.26
24	7.82	5.61	4.72	4.22	3.90	3.67	3.50	3.36	3.26	3.17	3.09	3.03	2.98	2.93	2.89	2.85	2.82	2.79	2.76	2.74	2.64	2.58	2.49	2.40	2.31	2.21
25	7.77	5.57	4.68	4.18	3.85	3.63	3.46	3.32	3.22	3.13	3.06	2.99	2.94	2.89	2.85	2.81	2.78	2.75	2.72	2.70	2.60	2.54	2.45	2.36	2.27	2.17
26	7.72	5.53	4.64	4.14	3.82	3.59	3.42	3.29	3.18	3.09	3.02	2.96	2.90	2.86	2.81	2.78	2.75	2.72	2.69	2.66	2.57	2.50	2.42	2.33	2.23	2.13
27	7.68	5.49	4.60	4.11	3.78	3.56	3.39	3.26	3.15	3.06	2.99	2.93	2.87	2.82	2.78	2.75	2.71	2.68	2.66	2.63	2.54	2.47	2.38	2.29	2.20	2.10
28	7.64	5.45	4.57	4.07	3.75	3.53	3.36	3.23	3.12	3.03	2.96	2.90	2.84	2.79	2.75	2.72	2.68	2.65	2.63	2.60	2.51	2.44	2.35	2.26	2.17	2.07
29	7.60	5.42	4.54	4.04	3.73	3.50	3.33	3.20	3.09	3.00	2.93	2.87	2.81	2.77	2.73	2.69	2.66	2.63	2.60	2.57	2.48	2.41	2.33	2.23	2.14	2.04
30	7.56	5.39	4.51	4.02	3.70	3.47	3.30	3.17	3.07	2.98	2.91	2.84	2.79	2.74	2.70	2.66	2.63	2.60	2.57	2.55	2.45	2.39	2.30	2.21	2.11	2.01
31	7.53	5.36	4.48	3.99	3.67	3.45	3.28	3.15	3.04	2.96	2.88	2.82	2.77	2.72	2.68	2.64	2.61	2.58	2.55	2.52	2.43	2.36	2.27	2.18	2.09	1.98
32	7.50	5.34	4.46	3.97	3.65	3.43	3.26	3.13	3.02	2.93	2.86	2.80	2.74	2.70	2.65	2.62	2.58	2.55	2.53	2.50	2.41	2.34	2.25	2.16	2.06	1.96
33	7.47	5.31	4.44	3.95	3.63	3.41	3.24	3.11	3.00	2.91	2.84	2.78	2.72	2.68	2.63	2.60	2.56	2.53	2.51	2.48	2.39	2.32	2.23	2.14	2.04	1.93
34	7.44	5.29	4.42	3.93	3.61	3.39	3.22	3.09	2.98	2.89	2.82	2.76	2.70	2.66	2.61	2.58	2.54	2.51	2.49	2.46	2.37	2.30	2.21	2.12	2.02	1.91
35	7.42	5.27	4.40	3.91	3.59	3.37	3.20	3.07	2.96	2.88	2.80	2.74	2.69	2.64	2.60	2.56	2.53	2.50	2.47	2.44	2.35	2.28	2.19	2.10	2.00	1.89
40	7.31	5.18	4.31	3.83	3.51	3.29	3.12	2.99	2.89	2.80	2.73	2.66	2.61	2.56	2.52	2.48	2.45	2.42	2.39	2.37	2.27	2.20	2.11	2.02	1.92	1.81
60	7.08	4.98	4.13	3.65	3.34	3.12	2.95	2.82	2.72	2.63	2.56	2.50	2.44	2.39	2.35	2.31	2.28	2.25	2.22	2.20	2.10	2.03	1.94	1.84	1.73	1.60
120	6.85	4.79	3.95	3.48	3.17	2.96	2.79	2.66	2.56	2.47	2.40	2.34	2.28	2.23	2.19	2.15	2.12	2.09	2.06	2.03	1.93	1.86	1.76	1.66	1.53	1.38
∞	6.63	4.61	3.78	3.32	3.02	2.80	2.64	2.51	2.41	2.32	2.25	2.18	2.13	2.08	2.04	2.00	1.97	1.93	1.90	1.88	1.77	1.70	1.59	1.47	1.32	1.03

附表 7（续）

（α = 0.005）

n_1 \ n_2	1	2	3	4	5	6	7	8	9	10	11	12	13	14	15	16	17	18	19	20	25	30	40	60	120	∞
1	16 211	19 999	21 615	22 500	23 056	23 437	23 715	23 925	24 091	24 224	24 334	24 426	24 505	24 572	24 630	24 681	24 727	24 767	24 803	24 836	24 960	25 044	25 148	25 253	25 359	25 464
2	198.50	199.00	199.17	199.25	199.30	199.33	199.36	199.37	199.39	199.40	199.41	199.42	199.42	199.43	199.43	199.44	199.44	199.44	199.45	199.45	199.46	199.47	199.47	199.48	199.49	199.50
3	55.55	49.80	47.47	46.19	45.39	44.84	44.43	44.13	43.88	43.69	43.52	43.39	43.27	43.17	43.08	43.01	42.94	42.88	42.83	42.78	42.59	42.47	42.31	42.15	41.99	41.83
4	31.33	26.28	24.26	23.15	22.46	21.97	21.62	21.35	21.14	20.97	20.82	20.70	20.60	20.51	20.44	20.37	20.31	20.26	20.21	20.17	20.00	19.89	19.75	19.61	19.47	19.32
5	22.78	18.31	16.53	15.56	14.94	14.51	14.20	13.96	13.77	13.62	13.49	13.38	13.29	13.21	13.15	13.09	13.03	12.98	12.94	12.90	12.76	12.66	12.53	12.40	12.27	12.14
6	18.63	14.54	12.92	12.03	11.46	11.07	10.79	10.57	10.39	10.25	10.13	10.03	9.95	9.88	9.81	9.76	9.71	9.66	9.62	9.59	9.45	9.36	9.24	9.12	9.00	8.88
7	16.24	12.40	10.88	10.05	9.52	9.16	8.89	8.68	8.51	8.38	8.27	8.18	8.10	8.03	7.97	7.91	7.87	7.83	7.79	7.75	7.62	7.53	7.42	7.31	7.19	7.08
8	14.69	11.04	9.60	8.81	8.30	7.95	7.69	7.50	7.34	7.21	7.10	7.01	6.94	6.87	6.81	6.76	6.72	6.68	6.64	6.61	6.48	6.40	6.29	6.18	6.06	5.95
9	13.61	10.11	8.72	7.96	7.47	7.13	6.88	6.69	6.54	6.42	6.31	6.23	6.15	6.09	6.03	5.98	5.94	5.90	5.86	5.83	5.71	5.62	5.52	5.41	5.30	5.19
10	12.83	9.43	8.08	7.34	6.87	6.54	6.30	6.12	5.97	5.85	5.75	5.66	5.59	5.53	5.47	5.42	5.38	5.34	5.31	5.27	5.15	5.07	4.97	4.86	4.75	4.64
11	12.23	8.91	7.60	6.88	6.42	6.10	5.86	5.68	5.54	5.42	5.32	5.24	5.16	5.10	5.05	5.00	4.96	4.92	4.89	4.86	4.74	4.65	4.55	4.45	4.34	4.23
12	11.75	8.51	7.23	6.52	6.07	5.76	5.52	5.35	5.20	5.09	4.99	4.91	4.84	4.77	4.72	4.67	4.63	4.59	4.56	4.53	4.41	4.33	4.23	4.12	4.01	3.90
13	11.37	8.19	6.93	6.23	5.79	5.48	5.25	5.08	4.94	4.82	4.72	4.64	4.57	4.51	4.46	4.41	4.37	4.33	4.30	4.27	4.15	4.07	3.97	3.87	3.76	3.65
14	11.06	7.92	6.68	6.00	5.56	5.26	5.03	4.86	4.72	4.60	4.51	4.43	4.36	4.30	4.25	4.20	4.16	4.12	4.09	4.06	3.94	3.86	3.76	3.66	3.55	3.44
15	10.80	7.70	6.48	5.80	5.37	5.07	4.85	4.67	4.54	4.42	4.33	4.25	4.18	4.12	4.07	4.02	3.98	3.95	3.91	3.88	3.77	3.69	3.58	3.48	3.37	3.26
16	10.58	7.51	6.30	5.64	5.21	4.91	4.69	4.52	4.38	4.27	4.18	4.10	4.03	3.97	3.92	3.87	3.83	3.80	3.76	3.73	3.62	3.54	3.44	3.33	3.22	3.11
17	10.38	7.35	6.16	5.50	5.07	4.78	4.56	4.39	4.25	4.14	4.05	3.97	3.90	3.84	3.79	3.75	3.71	3.67	3.64	3.61	3.49	3.41	3.31	3.21	3.10	2.98
18	10.22	7.21	6.03	5.37	4.96	4.66	4.44	4.28	4.14	4.03	3.94	3.86	3.79	3.73	3.68	3.64	3.60	3.56	3.53	3.50	3.38	3.30	3.20	3.10	2.99	2.87
19	10.07	7.09	5.92	5.27	4.85	4.56	4.34	4.18	4.04	3.93	3.84	3.76	3.70	3.64	3.59	3.54	3.50	3.46	3.43	3.40	3.29	3.21	3.11	3.00	2.89	2.78
20	9.94	6.99	5.82	5.17	4.76	4.47	4.26	4.09	3.96	3.85	3.76	3.68	3.61	3.55	3.50	3.46	3.42	3.38	3.35	3.32	3.20	3.12	3.02	2.92	2.81	2.69
21	9.83	6.89	5.73	5.09	4.68	4.39	4.18	4.01	3.88	3.77	3.68	3.60	3.54	3.48	3.43	3.38	3.34	3.31	3.27	3.24	3.13	3.05	2.95	2.84	2.73	2.61
22	9.73	6.81	5.65	5.02	4.61	4.32	4.11	3.94	3.81	3.70	3.61	3.54	3.47	3.41	3.36	3.31	3.27	3.24	3.21	3.18	3.06	2.98	2.88	2.77	2.66	2.55
23	9.63	6.73	5.58	4.95	4.54	4.26	4.05	3.88	3.75	3.64	3.55	3.47	3.41	3.35	3.30	3.25	3.21	3.18	3.15	3.12	3.00	2.92	2.82	2.71	2.60	2.48
24	9.55	6.66	5.52	4.89	4.49	4.20	3.99	3.83	3.69	3.59	3.50	3.42	3.35	3.30	3.25	3.20	3.16	3.12	3.09	3.06	2.95	2.87	2.77	2.66	2.55	2.43
25	9.48	6.60	5.46	4.84	4.43	4.15	3.94	3.78	3.64	3.54	3.45	3.37	3.30	3.25	3.20	3.15	3.11	3.08	3.04	3.01	2.90	2.82	2.72	2.61	2.50	2.38
26	9.41	6.54	5.41	4.79	4.38	4.10	3.89	3.73	3.60	3.49	3.40	3.33	3.26	3.20	3.15	3.11	3.07	3.03	3.00	2.97	2.85	2.77	2.67	2.56	2.45	2.33
27	9.34	6.49	5.36	4.74	4.34	4.06	3.85	3.69	3.56	3.45	3.36	3.28	3.22	3.16	3.11	3.07	3.03	2.99	2.96	2.93	2.81	2.73	2.63	2.52	2.41	2.29
28	9.28	6.44	5.32	4.70	4.30	4.02	3.81	3.65	3.52	3.41	3.32	3.25	3.18	3.12	3.07	3.03	2.99	2.95	2.92	2.89	2.77	2.69	2.59	2.48	2.37	2.25
29	9.23	6.40	5.28	4.66	4.26	3.98	3.77	3.61	3.48	3.38	3.29	3.21	3.15	3.09	3.04	2.99	2.95	2.92	2.88	2.86	2.74	2.66	2.56	2.45	2.33	2.21
30	9.18	6.35	5.24	4.62	4.23	3.95	3.74	3.58	3.45	3.34	3.25	3.18	3.11	3.06	3.01	2.96	2.92	2.89	2.85	2.82	2.71	2.63	2.52	2.42	2.30	2.18
31	9.13	6.32	5.20	4.59	4.20	3.92	3.71	3.55	3.42	3.31	3.22	3.15	3.08	3.03	2.98	2.93	2.89	2.86	2.82	2.79	2.68	2.60	2.49	2.38	2.27	2.14
32	9.09	6.28	5.17	4.56	4.17	3.89	3.68	3.52	3.39	3.29	3.20	3.12	3.06	3.00	2.95	2.90	2.86	2.83	2.80	2.77	2.65	2.57	2.47	2.36	2.24	2.11
33	9.05	6.25	5.14	4.53	4.14	3.86	3.66	3.49	3.37	3.26	3.17	3.09	3.03	2.97	2.92	2.88	2.84	2.80	2.77	2.74	2.62	2.54	2.44	2.33	2.21	2.09
34	9.01	6.22	5.11	4.50	4.11	3.84	3.63	3.47	3.34	3.24	3.15	3.07	3.01	2.95	2.90	2.85	2.81	2.78	2.75	2.72	2.60	2.52	2.42	2.30	2.19	2.06
35	8.98	6.19	5.09	4.48	4.09	3.81	3.61	3.45	3.32	3.21	3.12	3.05	2.98	2.93	2.88	2.83	2.79	2.76	2.72	2.69	2.58	2.50	2.39	2.28	2.16	2.04
40	8.83	6.07	4.98	4.37	3.99	3.71	3.51	3.35	3.22	3.12	3.03	2.95	2.89	2.83	2.78	2.74	2.70	2.66	2.63	2.60	2.48	2.40	2.30	2.18	2.06	1.93
120	8.18	5.54	4.50	3.92	3.55	3.28	3.09	2.93	2.81	2.71	2.62	2.54	2.48	2.42	2.37	2.33	2.29	2.25	2.22	2.19	2.07	1.98	1.87	1.75	1.61	1.43
∞	7.88	5.30	4.28	3.72	3.35	3.09	2.90	2.74	2.62	2.52	2.43	2.36	2.29	2.24	2.19	2.14	2.10	2.06	2.03	2.00	1.88	1.79	1.67	1.53	1.36	1.01

参 考 答 案

习题 1

1.1 （1）$S = \{2,3,4,5,6,7\}$；   （2）$S = \{2,3,4,\cdots\}$；

（3）$S = \{(x,y) \mid x^2 + y^2 < 1\}$；   （4）$S = \left\{ \dfrac{i}{n} \mid i = 0,1,2,\cdots,100n \right\}$；

（5）$S = \{00,100,0100,0101,0110,1100,1010,1011,0111,1101,1110,1111\}$．

1.2 （1）$A\bar{B}\bar{C}$；   （2）$\bar{A}\,\bar{B}\bar{C}$；   （3）$A\cup B\cup C$；

（4）$AB\bar{C}\cup A\bar{B}C\cup\bar{A}BC$； （5）$AB\cup BC\cup CA$；   （6）$\bar{A}\,\bar{B}\cup\bar{A}\,\bar{C}\cup\bar{B}\,\bar{C}$；

（7）$\bar{A}\cup\bar{B}\cup\bar{C}$．

1.3 $\varnothing$，$\{1,3,4\}$，$\{2,3,4,6\}$，$\{5\}$，$\{3\}$．

1.4 $0.7,0.8$．

1.5 （1）当 $P(AB) = P(A)$ 时，$P(AB)$ 取得值最大，且最大值为 0.6；

（2）当 $P(A\cup B) = P(S)$ 时，$P(AB)$ 取最小值，且最小值为 0.3．

1.6 （1）0； （2）$\dfrac{1}{2}$； （3）$\dfrac{1}{2}$．

1.7 0.72．

1.8 $\dfrac{99}{392}$．

1.9 $\dfrac{13}{21}$．

1.10 （1）$\dfrac{7}{40}$； （2）$\dfrac{7}{40}$； （3）$\dfrac{189}{1000}$．

1.11 $\dfrac{2}{15}$．

1.12 （1）$\dfrac{27}{64}$； （2）$\dfrac{3}{32}$； （3）0．

1.13 $\dfrac{3}{4}$．

1.14 $\dfrac{1}{6}$

1.15 0.597．

1.16 $\dfrac{1}{4}$

1.17 $\dfrac{1}{4}$．

1.18 $\dfrac{1}{3}$．

1.19 $\dfrac{1}{2}$．

1.20 $\dfrac{2}{17}$.

1.21 （1）0.327；　（2）0.678.

1.22 0.181 75.

1.23 0.72.

1.24 0.1，　0.008 2，　0.007 7.

1.25 0.4

1.26 $\dfrac{3}{5}$.

1.27 0.145.

1.28 $\dfrac{20}{21}$.

1.29 $\dfrac{21}{23}$.

1.30 （1）$\dfrac{73}{75}$；　（2）$\dfrac{1}{4}$.

1.31 （1）$\dfrac{2}{5}$；　（2）$\dfrac{690}{1241}$.

1.32 $\dfrac{8}{9}$.

1.33 0.510 3.

1.34 （1）0.98；　（2）$\dfrac{9}{49}$.

1.35 0.388，0.059，0.329.

1.36 （1）$\dfrac{63}{256}$；　（2）$\dfrac{21}{32}$.

习题 2

2.1 $F(x)=\begin{cases} 0, & x<2, \\ \dfrac{x-2}{4}, & 2\leqslant x<6, \\ 1, & x\geqslant 1. \end{cases}$

2.2 （1）$a=c=0$，$b=d=1$；（2）0.4.

2.3 （1）$a=\dfrac{27}{40}$；　（2）0.9；　（3）0.3.

2.4

X	0	1	2
P	$\dfrac{1}{5}$	$\dfrac{3}{5}$	$\dfrac{1}{5}$

$F(x)=\begin{cases} 0, & x<0, \\ \dfrac{1}{5}, & 0\leqslant x<1, \\ \dfrac{4}{5}, & 1\leqslant x<2, \\ 1, & x\geqslant 2. \end{cases}$

2.5

X	-1	1	3
P	0.4	0.4	0.2

2.6

X	0	1	2	3	4
P	$\dfrac{1}{3}$	$\dfrac{2}{9}$	$\dfrac{4}{27}$	$\dfrac{8}{81}$	$\dfrac{16}{243}$

2.7

X	0	1	2	4
P	$\dfrac{7}{16}$	$\dfrac{1}{4}$	$\dfrac{1}{4}$	$\dfrac{1}{16}$

2.8 （1）

X	1	2	3	4
P	$\dfrac{7}{10}$	$\dfrac{7}{30}$	$\dfrac{7}{120}$	$\dfrac{1}{120}$

（2）$\left(\dfrac{3}{10}\right)^{k-1} \times \dfrac{7}{10}$, $k = 1, 2, \cdots$.

（3）

X	1	2	3	4
P	$\dfrac{7}{10}$	$\dfrac{6}{25}$	$\dfrac{27}{500}$	$\dfrac{3}{500}$

2.9

Y	0	$\dfrac{1}{4}$	$\dfrac{2}{3}$	$\dfrac{3}{2}$	4
P	$\dfrac{1}{31}$	$\dfrac{5}{31}$	$\dfrac{10}{31}$	$\dfrac{10}{31}$	$\dfrac{5}{31}$

2.10 $C_{k-1}^{1}\left(\dfrac{1}{4}\right)^{k-2}\left(\dfrac{3}{4}\right)^{2}$, $k = 2, 3, \cdots$, $C_{k-1}^{2}\left(\dfrac{1}{4}\right)^{k-3}\left(\dfrac{3}{4}\right)^{3}$, $k = 3, 4, 5, \cdots$.

2.11 $\dfrac{15}{64}$.

2.12 当 $k = [(n+1)p]$ 时，$P\{X = k\}$ 为最大.

2.13 30 米.

2.14 0.004 679.

2.15 （1）0.029 77; （2）0.002 84.

2.16 当 $k = [\lambda]$ 时，$P\{X = k\}$ 为最大.

2.17 $F(x) = \begin{cases} 0, & x < 0, \\ 0.2 + \dfrac{2x}{75}, & 0 \leqslant x \leqslant 30, \\ 1, & x > 30. \end{cases}$ X 既不是离散型随机变量，也不是连续型随机变量.

2.18　(1) $A = \dfrac{1}{2}$，$B = \dfrac{1}{\pi}$；　(2) $\dfrac{1}{3}$；　(3) $f(x) = \begin{cases} \dfrac{1}{\pi\sqrt{a^2 - x^2}}, & |x| < a, \\ 0, & |x| \geqslant a. \end{cases}$

2.19　(1) $c = 1$；　(2) 0.75；　(3) $F(x) = \begin{cases} 0, & x < -1, \\ \dfrac{1}{2}(1+x)^2, & -1 \leqslant x < 0, \\ 1 - \dfrac{1}{2}(1-x)^2, & 0 \leqslant x < 1, \\ 1, & x \geqslant 1. \end{cases}$

2.20　$a = -\dfrac{3}{2}$，$b = \dfrac{7}{4}$.

2.21　(1) $A = \dfrac{1}{2}$；　(2) $\dfrac{1}{2}(1 - \mathrm{e}^{-1})$；　(3) $F(x) = \begin{cases} \dfrac{1}{2}\mathrm{e}^x, & x < 0, \\ 1 - \dfrac{1}{2}\mathrm{e}^{-x}, & x \geqslant 0. \end{cases}$

2.22　$\dfrac{4}{5}$.

2.23　$1 - \dfrac{1}{\mathrm{e}}$.

2.24　(1) $\dfrac{7}{27}$；

(2)

Y	0	1	2	3
P	$\dfrac{8}{27}$	$\dfrac{12}{27}$	$\dfrac{6}{27}$	$\dfrac{1}{27}$

(3)

$$F(y) = \begin{cases} 0, & y < 0, \\ \dfrac{8}{27}, & 0 \leqslant y < 1, \\ \dfrac{20}{27}, & 1 \leqslant y < 2, \\ \dfrac{26}{27}, & 2 \leqslant y < 3, \\ 1, & y \geqslant 3. \end{cases}$$

2.25　$C_5^k \mathrm{e}^{-2k}(1 - \mathrm{e}^{-2})^{5-k}$，0.516 7.

2.26　(1) $F_T(t) = \begin{cases} 1 - \mathrm{e}^{-\lambda t}, & t \geqslant 0, \\ 0, & t < 0. \end{cases}$　(2) e^{-8t}.

2.27　(1) 0.805 11；(2) 0.547 76；(3) 0.326 36；(4) 0.667 72；(5) 0.932 03；(6) 0.825 34.

2.28　0.2.

2.29　0.682 68.

2.30　(1) 0.836 39；(2) 0.001 35.

2.31 （1）

Y	0	1	4
P	0.4	0.3	0.3

（2）

Z	−5	−2	1	7
P	0.2	0.3	0.4	0.1

（3）

W	−1	0	1
P	0.4	0.3	0.3

2.32　$f_Y(y) = \begin{cases} \dfrac{y-8}{32}, & 8 < y < 16, \\ 0, & \text{其他}. \end{cases}$

2.33　（1）$f_Y(y) = \begin{cases} \dfrac{1}{y}, & 1 \leqslant y < \mathrm{e}, \\ 0, & \text{其他}; \end{cases}$　（2）$f_Z(z) = \begin{cases} \dfrac{1}{2}\mathrm{e}^{-\frac{z}{2}}, & z \geqslant 0, \\ 0, & z < 0. \end{cases}$

2.34　$f_Y(y) = \begin{cases} \dfrac{3}{y^4}, & y > 1, \\ 0, & \text{其他}. \end{cases}$

2.35　（1）$a = \dfrac{1}{\pi}$；　（2）$f_Y(y) = \begin{cases} \dfrac{1}{\pi}, & -\dfrac{\pi}{2} < y < \dfrac{\pi}{2}, \\ 0, & \text{其他}; \end{cases}$　（3）$f_Z(z) = \begin{cases} \dfrac{1}{\pi(1+z)\sqrt{z}}, & z > 0, \\ 0, & z \leqslant 0. \end{cases}$

习题 3

3.1　（1）$A = \dfrac{1}{\pi^2}, B = C = \dfrac{\pi}{2}$.　（2）$\dfrac{1}{16}$.

3.2　（1）放回抽样情况：

X＼Y	0	1
0	$\dfrac{25}{36}$	$\dfrac{5}{36}$
1	$\dfrac{5}{36}$	$\dfrac{1}{36}$

（2）不放回抽样的情况：

X＼Y	0	1
0	$\dfrac{45}{66}$	$\dfrac{10}{66}$
1	$\dfrac{10}{66}$	$\dfrac{1}{66}$

3.3 $P\{X=i,Y=j\}=\dfrac{C_2^i C_3^{3-i}}{C_8^3}$ $(i=0,1,2;\ j=0,1,2,3)$

3.4

Y X	1	2	3
1	0	$\dfrac{1}{6}$	$\dfrac{1}{12}$
2	$\dfrac{1}{6}$	$\dfrac{1}{6}$	$\dfrac{1}{6}$
3	$\dfrac{1}{12}$	$\dfrac{1}{6}$	0

$\dfrac{1}{6}$.

3.5 (1) $C=\dfrac{1}{3}$.   (2) $\dfrac{65}{72}$.   (3) $F(x,y)=\begin{cases} 0, & x<0\text{或}y<0, \\[2mm] \dfrac{1}{3}x^3 y+\dfrac{1}{12}x^2 y^2, & 0\leqslant x<1, y\geqslant 2, \\[2mm] \dfrac{2}{3}x^3+\dfrac{1}{3}x^2, & 0<x<1, y\geqslant 2, \\[2mm] \dfrac{1}{3}y+\dfrac{1}{12}y^2, & x\geqslant 1, 0<y<2, \\[2mm] 1, & x\geqslant 1, y\geqslant 2. \end{cases}$

3.6 (1) $C=8$;   (2) $\dfrac{2}{3}$;   (3) $F(x,y)=\begin{cases}(1-\mathrm{e}^{-2x})(1-\mathrm{e}^{-4y}), & x>0, y>0, \\ 0, & \text{其他}.\end{cases}$

3.7 $F_X(x)=\dfrac{1}{\pi}\left(\dfrac{\pi}{2}+\arctan\dfrac{x}{2}\right)$, $F_Y(y)=\dfrac{1}{\pi}\left(\dfrac{\pi}{2}+\arctan\dfrac{y}{3}\right)$;

$f_X(x)=\dfrac{2}{\pi(4+x^2)}$, $f_Y(y)=\dfrac{3}{\pi(9+y^2)}$.

3.8 (X,Y) 的分布律为

Y X	0	1	2	3
1	0	$\dfrac{3}{8}$	$\dfrac{3}{8}$	0
3	$\dfrac{1}{8}$	0	0	$\dfrac{1}{8}$

关于随机变量 x 的边缘分布律为

X	1	3
P	$\dfrac{3}{4}$	$\dfrac{1}{4}$

关于随机变量 y 的边缘分布律为

Y	0	1	2	3
P	$\dfrac{1}{8}$	$\dfrac{3}{8}$	$\dfrac{3}{8}$	$\dfrac{1}{8}$

3.9　$f(x,y)=\begin{cases}6, & 0\leqslant x\leqslant 1, x^2\leqslant y\leqslant x,\\ 0, & \text{其他};\end{cases}$

$f_X(x)=\begin{cases}6(x-x^2), & 0\leqslant x\leqslant 1,\\ 0, & \text{其他};\end{cases}$　$f_Y(y)=\begin{cases}6(\sqrt{y}-y), & 0\leqslant y\leqslant 1,\\ 0, & \text{其他}.\end{cases}$

3.10　$f_X(x)=\begin{cases}\mathrm{e}^{-x}, & x>0,\\ 0, & x\leqslant 0;\end{cases}$　$f_Y(y)=\begin{cases}y\mathrm{e}^{-y}, & y>0,\\ 0, & y\leqslant 0.\end{cases}$

3.11　$f_X(x)=\dfrac{1}{\sqrt{2\pi}}\mathrm{e}^{-\frac{1}{2}x^2}$，$f_Y(y)=\dfrac{1}{\sqrt{2\pi}}\mathrm{e}^{-\frac{1}{2}x^2}$.

3.12

Y	1	2	3
$P\{Y\mid X=2\}$	1/3	1/3	1/3

X	1	2	3
$P\{X\mid Y=1\}$	0	2/3	1/3

3.13　（1）X，Y 的边缘分布律分别为

X	51	52	53	54	55
P	0.18	0.15	0.35	0.12	0.20

（2）

X	51	52	53	54	55
$P\{X=i\mid Y=51\}$	6/28	7/28	5/28	5/28	5/28

3.14　当 $0<x<1$ 时，$f_{Y\mid X}(y\mid x)=\begin{cases}\dfrac{1}{x-x^2}, & x^2<y<x,\\ 0, & \text{其他};\end{cases}$

当 $0<y<1$ 时，$f_{X\mid Y}(x\mid y)=\begin{cases}\dfrac{1}{\sqrt{y}-y}, & y<x<\sqrt{y},\\ 0, & \text{其他}.\end{cases}$

3.15　当 $y>0$ 时，$f_{X\mid Y}(x\mid y)=\begin{cases}x(1+y)^2\mathrm{e}^{-x(1+y)}, & x>0,\\ 0, & x\leqslant 0;\end{cases}$

当 $x>0$ 时，$f_{Y\mid X}(y\mid x)=\begin{cases}x\mathrm{e}^{-xy}, & y>0,\\ 0, & y\leqslant 0;\end{cases}$

e^{-3}.

3.16　$f(x,y)=\begin{cases}\dfrac{1}{x}, & 0<y<x,\\ 0, & \text{其他}.\end{cases}$

3.17　（1）不独立；（2）不独立.

3.18

Y_1 \ Y_2	-1	0	1
-1	$\theta^2/4$	$\theta(1-\theta)/2$	$\theta^2/4$
0	$\theta(1-\theta)/2$	$(1-\theta)^2$	$\theta(1-\theta)/2$
1	$\theta^2/4$	$\theta(1-\theta)/2$	$\theta^2/4$

$(1-\theta)^2 + \theta^2/2$.

3.19 （1）

X_1 \ X_2	0	1	$p_{i\cdot}$
-1	$\dfrac{1}{4}$	0	$\dfrac{1}{4}$
0	0	$\dfrac{1}{2}$	$\dfrac{1}{2}$
1	$\dfrac{1}{4}$	0	$\dfrac{1}{4}$
$p_{\cdot j}$	$\dfrac{1}{2}$	$\dfrac{1}{2}$	

（2）不独立.

3.20 相互独立.

3.21 $f(x,y) = \begin{cases} 8y, & 0 < x < 1,\, 0 < y < \dfrac{1}{2}, \\ 0, & \text{其他}; \end{cases}$ $\quad \dfrac{2}{3}$.

3.22 （1） $f(x,y) = \begin{cases} \dfrac{1}{2}\mathrm{e}^{-\frac{y}{2}}, & 0 \leqslant x \leqslant 1,\, y > 0, \\ 0, & \text{其他}; \end{cases}$ $\quad$ （2）0.145.

3.23

Z	0	1
P	$\dfrac{\mu}{\lambda+\mu}$	$\dfrac{\lambda}{\lambda+\mu}$

$$F_Z(z) = \begin{cases} 0, & z < 0, \\ \dfrac{\mu}{\lambda+\mu}, & 0 \leqslant z < 1, \\ 1, & z \geqslant 1. \end{cases}$$

3.24 （1）

U	0	1	2	3
P	$\dfrac{1}{12}$	$\dfrac{2}{3}$	$\dfrac{29}{120}$	$\dfrac{1}{120}$

（2）

U	0	1
P	$\dfrac{27}{40}$	$\dfrac{13}{40}$

（3）

W	0	1	2	3
P	$\dfrac{1}{12}$	$\dfrac{5}{12}$	$\dfrac{5}{12}$	$\dfrac{1}{12}$

3.25　$P\{Z=k\}=C_{n+m}^{k}p^{k}(1-p)^{n+m-k}$,　$k=0,1,2,\cdots,n+m$.

3.26　$f_Z(z)=\dfrac{1}{2\pi}[\arctan(z+1)-\arctan(z-1)]$.

3.27　$f_Z(z)=\begin{cases}2-z, & 1\leqslant z<2,\\ z, & 0\leqslant z<1,\\ 0, & \text{其他}.\end{cases}$

3.28　$f_Z(z)=\dfrac{1}{\pi(z^2+1)}$.

3.29　$f_Z(z)=\begin{cases}\dfrac{1}{(1+z)^2}, & z>0,\\ 0, & \text{其他}.\end{cases}$

3.30　（1）$f_X(x)=\begin{cases}3\mathrm{e}^{-3x}, & x>0,\\ 0, & \text{其他};\end{cases}$　　$f_Y(y)=\begin{cases}\dfrac{1}{2}, & 0\leqslant y\leqslant 2,\\ 0, & \text{其他}.\end{cases}$

（2）$F_Z(z)=\begin{cases}0, & z<0,\\ \dfrac{z}{2}\left(1-\mathrm{e}^{-3z}\right), & 0\leqslant z\leqslant 2,\\ 1-\mathrm{e}^{-3z}, & z>2.\end{cases}$

3.31　0.000 63

3.32　（1）$A=\dfrac{1}{1-\mathrm{e}^{-1}}$;　　（2）$f_X(x)=\begin{cases}0, & x\leqslant 0\text{或}x\geqslant 1,\\ \dfrac{\mathrm{e}^{-x}}{1-\mathrm{e}^{-1}}, & 0<x<1,\end{cases}$　$f_Y(y)=\begin{cases}0 & y\leqslant 0,\\ \mathrm{e}^{-y}, & y>0;\end{cases}$

（3）$F(u)=\begin{cases}0, & u<0,\\ \dfrac{(1-\mathrm{e}^{-u})^2}{1-\mathrm{e}^{-1}}, & 0\leqslant u<1,\\ 1-\mathrm{e}^{-u}, & u\geqslant 1.\end{cases}$

3.33　$f_Z(z)=\begin{cases}-4z\ln z, & 0<z<1,\\ 0, & \text{其他}.\end{cases}$

3.34　$f_Z(z)=\begin{cases}\dfrac{3}{2}(1-z^2), & 0<z<1,\\ 0, & \text{其他}.\end{cases}$

习题 4

4.1　$\dfrac{25}{16}$.

4.2　略.

4.3　4.

4.4　4.66.

4.5　6.

4.6　$\dfrac{1}{3}$，　$\dfrac{2}{3}$，　$\dfrac{35}{24}$，　$\dfrac{97}{72}$．

4.7　$-\dfrac{1}{3}$，　$\dfrac{1}{3}$，　$\dfrac{1}{12}$．

4.8　350 000．

4.9　1．

4.10　10．

4.11　9.65，　18.25．

4.12　−6．

4.13　（1）$a=\dfrac{1}{4},b=1,c=-\dfrac{1}{4}$；　　（2）$\dfrac{1}{4}(e^2-1)^2$，　$\dfrac{1}{4}e^2(e^2-1)^2$．

4.14　$\dfrac{4}{5}$，　$\dfrac{3}{5}$，　$\dfrac{1}{2}$，　$\dfrac{16}{15}$，　$\dfrac{2}{75}$，　$\dfrac{1}{75}$．

4.15　（1）$\dfrac{3}{4}$，　$\dfrac{5}{8}$；（2）$\dfrac{1}{8}$，　$\dfrac{5}{16}$．

4.16　44．

4.17　$-\dfrac{3}{2}$．

4.18　$\dfrac{2}{3}$，　0，　$\dfrac{1}{18}$，　$\dfrac{1}{6}$，　0，　0．

4.19　85，　37．

4.20　0，　43．

4.21　1.2．

4.22　−1．

4.23　略．

4.24　略．

4.25　略．

4.26　121；　$-\dfrac{1}{3}$．

4.27　（1）3；（2）2.5．

4.28　3，　108．

4.29　（1）$f_X(x)=\dfrac{1}{\sqrt{2\pi}}e^{-\frac{x^2}{2}}$，　$f_Y(y)=\dfrac{1}{\sqrt{2\pi}}e^{-\frac{y^2}{2}}$；（2）0；（3）随机变量 X 和 Y 不独立．

4.30　略．

习题 5

5.1　0.91．

5.2　0.996 62．

5.3　0.211 86．

5.4　0.022 75．

5.5　0.348 27．

5.6　（1）0.180 24；　（2）443．

5.7 98.

5.8 0.748 57.

5.9 2121.1.

5.10 （1）0.515 83；（2）11.

5.11 （1）0.894 35；（2）0.137 86.

5.12 （1）0.120 57；（2）0.993 79.

5.13 0.682 68.

习题 6

6.1 $p^{\sum\limits_{i=1}^{n}x_i}(1-p)^{n-\sum\limits_{i=1}^{n}x_i}$.

6.2 $f(x_1,x_2,\cdots,x_n)=\begin{cases}\dfrac{1}{\theta^n}, & 0\leqslant\min\limits_{1\leqslant i\leqslant n}\{x_i\}\leqslant\max\limits_{1\leqslant i\leqslant n}\{x_i\}\leqslant\theta,\\ 0, & \text{其他.}\end{cases}$

6.3 $f(x_1,x_2,\cdots,x_n)=\begin{cases}\prod\limits_{i=1}^{n}\dfrac{x_i}{\theta^2}\mathrm{e}^{-\frac{x_i}{\theta}}, & \min\limits_{1\leqslant i\leqslant n}\{x_i\}>0,\\ 0, & \text{其他.}\end{cases}$

6.4 $\dfrac{1}{n}\sum\limits_{i=1}^{n}(X_i-\mu)^2$ 不是统计量，$\dfrac{1}{n}\sum\limits_{i=1}^{n}(X_i-\overline{X})^2$ 是统计量.

6.5 T_1 和 T_4 是统计量，T_2 和 T_3 不是.

6.6 （1）p，$\dfrac{p(1-p)}{n}$，$(1-\dfrac{1}{n})p(1-p)$；（2）$\dfrac{1}{\lambda}$，$\dfrac{1}{n\lambda^2}$，$(1-\dfrac{1}{n})\dfrac{1}{\lambda^2}$；（3）$\theta,\dfrac{\theta^2}{3n},(1-\dfrac{1}{n})\dfrac{\theta^2}{3}$.

6.7 0.977 25.

6.8 4.

6.9 0.682 66.

6.10 4.600 4,29.142,-2.624 5,2.73,0.242 7.

6.11 −1.753 1.

6.12 略.

6.13 $a=\dfrac{1}{9}$，$b=\dfrac{1}{18}$，$c=\dfrac{1}{18}$. 自由度为 3 的 χ^2 分布.

6.14 （1）$c=1$，自由度为 2；（2）$d=1$，自由度为 3.

6.15 0.95.

6.16 $F(1,n)$.

6.17 $t(n-1)$.

6.18 略.

习题 7

7.1 $\hat{\theta}=3\overline{X}$.

7.2 $\hat{a}=\overline{X}-\sqrt{\dfrac{3}{n}\sum\limits_{i=1}^{n}(X_i-\overline{X})^2}$，$\hat{b}=\overline{X}+\sqrt{\dfrac{3}{n}\sum\limits_{i=1}^{n}(X_i-\overline{X})^2}$.

7.3 $\hat{\theta}=\sqrt{\dfrac{1}{n}\sum\limits_{i=1}^{n}(X_i-\overline{X})^2}$，$\hat{\mu}=\overline{X}-\sqrt{\dfrac{1}{n}\sum\limits_{i=1}^{n}(X_i-\overline{X})^2}$.

7.4　$\hat{p} = \bar{x}$.

7.5　$\hat{p} = \dfrac{1}{\bar{X}}$.

7.6　$\hat{\sigma} = \dfrac{1}{n} \sum\limits_{i=1}^{n} |X_i|$.

7.7　参数 p 的矩估计量为 $\hat{p} = \dfrac{\bar{X}}{m}$；参数 p 最大似然估计量 $\hat{p} = \dfrac{\bar{X}}{m}$.

7.8　参数 p 的矩估计量 $\hat{\lambda} = \dfrac{1}{\bar{X}}$；参数 p 最大似然估计量 $\hat{\lambda} = \dfrac{1}{\bar{X}}$.

7.9　（1）$\hat{\beta} = \dfrac{\bar{X}}{\bar{X} - 1}$；（2）$\hat{\beta} = \dfrac{n}{\sum\limits_{i=1}^{n} \ln X_i}$；（3）$\hat{\alpha} = \min\{X_1, X_2, \cdots, X_n\}$.

7.10　略.

7.11　略.

7.12　略.

7.13　略.

7.14　（4.269 33，4.458 67）.

7.15　（500.4, 507.1）.

7.16　（1）（2.964 74，3.135 26）；（2）（0.013 97，0.061 32）.

7.17　（−140.96, 168.96）.

7.18　（−1.68, 7.68）.

7.19　（0.066, 3.094）.

7.20　1 065.073 .

习题 8

8.1　可认为这批灯泡的平均寿命等于 1 600 小时.

8.2　认为这批枪弹的初速 V 显著降低.

8.3　可认为四乙基铅中毒患者与正常人的脉搏有显著差异.

8.4　可认为这批罐头的平均质量符合标准.

8.5　可认为镜框宽与长比例的均值与黄金比例无显著差异.

8.6　认为这批圆珠笔的平均长度在 12cm 以上.

8.7　认为这细纱支数的均匀度较平时有显著差异.

8.8　认为这批保险丝的熔化时间的标准等于 12.

8.9　（1）拒绝原假设 $\mu = 0.5\%$；（2）应接受 $\sigma = 0.04\%$.

8.10　可认为这俩台车床加工零件的平均尺寸没有显著差异.

8.11　可认为这种谷物的平均亩产量没有显著差异.

8.12　认为两台车床加工零件的精度相同.

8.13　认为两种配方生产的橡胶的伸长率的方差不相同.

8.14　（1）认为方差相同；（2）认为均值是相等的.

8.15　认为该地区正常成年人的红细胞平均数与性别有关.

8.16　认为调整后的机床加工轴的椭圆度有显著降低.

8.17 认为当日机器工作不正常.

8.18 甲厂铸件质量的均值比乙厂的小；甲厂铸件质量的方差比乙厂的大.

8.19 认为各鱼类数量之比较 10 年前有显著改变.

8.20 认为次品数服从二项分布.

8.21 略.

习题 9

9.1 $\hat{y} = 4.13 + 0.90x$.

9.2 $\hat{y} = 4.495 - 0.826x$.

9.3 （1）$\hat{y} = 2.484\,922 + 0.759\,952x$；（2）认为回归方程是显著的；（3）$(12.671\,69, 18.136\,81)$.

9.4 （1）略；（2）$\hat{y} = 13.957\,8 + 12.551\,4x$；（3）认为回归方程是显著的；（4）$(19.965\,2, 20.501\,8)$.

9.5 （1）略；（2）$\hat{y} = -0.104\,8 + 0.988\,1x$，认为回归方程是显著的；（3）$(13.288\,5, 14.168\,7)$.

9.6 $\hat{y} = 5.898 \times 10^{-2} + 0.961\,8 \times 10^{-2}(x - 1\,984)$.

9.7 $\hat{y} = 32.920\,6e^{-0.087\,96x}$.

9.8 （1）略；（2）$\hat{y} = 2.198\,266\,29 - 0.022\,522\,36x + 0.000\,125\,07x^2$.

9.9 $\hat{y} = 15.646\,8 + 0.413\,9x_1 + 0.313\,9x_2$.

9.10 可认为三家生产企业的电池的平均寿命之间有显著性差异.

9.11 可认为三台机器生产规格相同的铝合金薄板厚度之间有显著性差异.

9.12 不同的种子对收获具有显著影响；不同的施肥方案对收获量也具有显著影响.

9.13 不同的地区和不同的包装方式对食品的销售量均无显著影响.

9.14 不同机器对日产量具有显著影响；不同工人对日产量无显著影响.

9.15 广告方案对销售量有显著差异；没有证据表明广告媒体对销售量有显著差异；没有证据表明广告方案和广告媒体的交互作用对销售量有显著影响.

9.16 略.

参 考 文 献

[1] 盛骤，谢式千，潘承毅. 概率论与数理统计（第三版）. 北京：高等教育出版社，2001.

[2] 龙永红. 概率论与数理统计. 北京：高等教育出版社，2001.

[3] 沈恒范. 概率论与数理统计教程（第四版）. 北京：高等教育出版社，2003.

[4] 盛骤，谢式千. 概率论与数理统计及其应用. 北京：高等教育出版社，2004.

[5] 吴传生. 经济数学——概率论与数理统计（第二版）. 北京：高等教育出版社，2004.

[6] 丁正生. 概率论与数理统计简明教程. 北京：高等教育出版社，2005.

[7] 王松桂，张忠占等. 概率论与数理统计. 北京：科学出版社，2006.

[8] 李博纳. 概率论与数理统计. 北京：高等教育出版社，2006.

[9] 杨荣，郑文瑞. 概率论与数理统计. 北京：清华大学出版社，2007.

[10] 韩明. 概率论与数理统计. 上海：同济大学出版社，2004.

[11] 吴赣昌. 概率论与数理统计（第四版）. 北京：人民大学出版社，2006.

[12] 贾怀勤. 应用统计学（第四版）. 北京：外经贸大学出版社出版，2006.

[13] 曹振华，赵平. 概率论与数理统计. 南京：东南大学出版社，2007.

[14] 盛骤，谢式千，潘承毅. 概率论与数理统计（第四版）. 北京：高等教育出版社，2008.

[15] 周概容. 概率论与数理统计. 北京：高等教育出版社，2008.

[16] 王玉孝，姜炳麟，汪彩云. 概率论、随机过程与数理统计. 北京：北京邮电大学出版社，2008.

[17] 同济大学统计教研室. 概率统计. 上海：同济大学出版社，2008.

[18] 赵秀恒，米立民. 概率论与数理统计. 北京：高等教育出版社，2008.

[19] 李昌兴. 概率论与数理统计辅导. 西安：陕西教育出版社出版，2009.

[20] 李昌兴. 概率统计简明教程—重点 难点 考点辅导与精析. 西安：西北工业大学出版社，2010.

[21] 袁卫. 统计学（第三版）. 北京：高等教育出版社，2010.

[22] 倪雪梅. 精通 SPSS 统计分析. 北京：清华大学出版社出版，2010.

[23] 沈恒范. 概率论与数理统计教程（第四版）. 北京：高等教育出版社，2011.